特种经济动物养殖致富直通车

貉高效养殖关键技术

李文立　主编

中国农业出版社
北　京

编写人员

主　编　李文立

副主编　崔　凯　郭慧君　张洪学　司志文
邢婷婷

参　编（按姓氏笔画排序）

马泽芳　王玉茂　王利华　王贵升
孙海涛　李富金　邱建华　林　英
姜八一　姜东晖　高淑霞　黄　兵
惠涌泉　温建新　谢之景　谭善杰
樊新忠

丛书序

近年来，山东省特种经济动物养殖业发展迅猛，已成为我国第一养殖大省。2016 年，水貂、狐和貉养殖总量分别为 2408 万只、605 万只和 447 万只，占全国养殖总量的 73.4%、35.4%和 21.4%；兔养殖总量为 4 000 万只，占全国养殖总量的 35%；鹿养殖总量达 1 万余只。特种经济动物养殖业已成为山东省畜牧业的重要组成部分，也是广大农民脱贫致富的有效途径。山东省虽然是我国特种经济动物养殖第一大省，但不是强省，还存在优良种质资源匮乏、繁育水平低、饲料营养不平衡、疫病防控程序和技术不合理、养殖场建造不规范、环境控制技术水平低和产品品质低劣等严重影响产业经济效益和阻碍产业健康发展的瓶颈问题。急需建立一支科研和技术推广队伍，研究和解决生产中存在的这些实际问题，提高养殖水平，促进产业持续稳定健康发展。

山东省人民政府对山东省特种经济动物养殖业的发展高度重视，率先于 2014 年组建了“山东省现代农业产业技术体系毛皮动物创新团队”（2016 年更名为“特种经济动物创新团队”），这也是我国特种经济动物行业唯一的一支省级创新团队。该团队由来自全省的 20 名优秀专家组成，设有育种与繁育、营养与饲料、疫病防控、设施与环境控制、加工与质量控制和产业经济 6 大研究方向 11 位岗位专家，以及山东省、济南市、青岛市、潍坊市、临沂市、滨州市、烟台市、莱芜市8个综合试验站1名联络员，山东省财政每年给予支持经费350万元。创新团队建立以来，专家们深入生产一线开展了特种经济动物养殖场环境状况、繁殖育种现状、配合饲料生产技术、重大疫病防控现状、褪黑激素使用情况、屠宰方式、动物福利等方面的调查，撰写了调研报告17篇，发现了大量迫切需要解决的问题；针对水貂、狐、貉及家兔的光控、营养调控、疾病防治、毛绒品质和育种核心群建立等30余项技术开展了研究；同时对“提高水貂生产性能综合配套技术”“水貂主要疫病防控关键技术研究”“水貂核心群培育和毛皮动物疫病综合防控技术研究与应用”“绒毛型长毛兔专门化品系培育与标准化生产”等6项综合配套技术开展了技术攻关。发表研究论文158篇（SCI 5篇），获国家发明专利16项、实用新型专利39项、计算机软件著作权4项，申报山东省科研成果一等1奖，获得山东省农牧渔业丰收奖3项、山东省地市级科技进步奖10项、山东省主推技术5项，技术推广培训5万余人次等。创新团队取得的成果及技术的推广应用，一方面为特种经济动物养殖提供了科技支撑，极大地提高了山东省乃至全国特种经济动物的养殖水平，同时也为山东省由养殖大省迈向养殖强省奠定了基础，更为出版《特种经济动物养殖致富直通车》提供了丰富的资料。

《特种经济动物养殖致富直通车》包括《毛皮动物疾病诊疗图谱》《水貂高效养殖关键技术》《狐狸高效养殖关键技术》《貉高效养殖关键技术》《肉兔高效养殖关键技术》《獭兔高效养殖关键技术》《长毛兔高效养殖关键技术》《梅花鹿高效养殖关键技术》《宠物兔健康养殖技术》。本套丛书凝集了创新团队专家们多年来对特种经济动物的研究成果和实践经验的积累，内容丰富，技术涵盖面广，涉及特种经济动物饲养管理、营养需要、饲料配制加工、繁殖育种、疾病防控和产品加工等实用关键技术；内容表达深入浅出，语言通俗易懂，实用性强，便于广大农民阅读和使用。相信本套丛书的出版发行，将对提高广大养殖者的养殖水平和经济效益起到积极的指导作用。

山东省现代农业产业技术体系特种经济动物创新团队

2018年9月

前言

貉是珍贵毛皮动物。貉皮属于大毛细皮，具有坚韧耐磨、轻便柔软、美观保暖等优点，主要为裘皮服装、服饰生产提供原料，是制作大衣、皮领、帽子的优质原料，深受消费者青睐。

据统计，2017年我国貉取皮数量为1 240万张，主要分布于河北、山东、黑龙江、辽宁、吉林、内蒙古、山西等地。经过60多年的发展，我国在貉的良种繁育、饲料营养、疫病防控、环境控制、产品加工等关键技术方面取得了长足进展，养殖数量逐步稳定，皮张质量逐步改善，但仍然存在养殖的规模化和标准化程度低、养殖技术粗放、饲养标准缺乏、产品加工技术粗糙、环境污染较大等问题，严重制约着养貉业的健康和可持续发展。针对产业中存在的突出问题，我们组织编写了《貉高效养殖关键技术》一书，期望能解决产业发展中的部分问题，为广大养貉生产者提供必要的理论指导和技术支持。

全书共分九章，主要包括貉的生物学习性、貉场建设及环境控制、繁育、营养需要及饲料配制、饲养管理、疾病防控、皮张加工及生产经营管理等关键技术。全书侧重于生产实用技术的阐述，同时简要介绍了有关理论知识，力求做到科学实用、通俗易懂、图文并茂、可操作性强，适合养貉场、专业户、饲料厂、皮张加工厂等相关技术人员参考，也可供有关科技工作者阅读参考。

《貉高效养殖关键技术》由山东省现代农业产业技术体系特种经济动物创新团队组织青岛农业大学、山东农业大学，以及相关企业长期从事毛皮动物教学、科研和生产示范的相关专家编写，所有编者均为该创新团队的岗位专家、综合试验站站长及其团队成员。

本书在编写过程中，参考和引用了诸多文献的相关内容，部分已注明出处或在参考文献中列出，但限于篇幅仍有部分未加标注或列出。在此，我们谨向原作者表示真诚的谢意。

由于编者水平有限，书中难免存在许多不足或错误之处，敬请读者批评指正。

编　者

2018年6月于青岛

第三章　貉场建设及环境控制关键技术

第四章　貉繁育关键技术

第五章　貉营养需要与饲料配制关键技术

第六章　饲养管理关键技术

第七章　貉疾病防控关键技术

第八章　貉皮加工关键技术

第九章　养貉生产经营管理关键技术

第一章 养貉业发展概况及前景

第一节　养貉业发展概况

貉属脊椎动物门，哺乳纲，食肉目，犬科，貉属，是我国人工养殖的三大毛皮动物种类之一。我国养殖的貉，可分为乌苏里貉、朝鲜貉、阿穆尔貉、江苏貉、闽越貉、湖北貉及云南貉7个亚种。近年来，我国养貉业发展迅速，在品种选育、饲料配制、养殖模式、疫病防控等关键技术方面取得了显著进步，毛皮质量进一步改善，养殖业经济效益进一步提升。

一、我国养貉业发展历史

1. 兴起阶段　貉是我国独有的毛皮动物品种，通过野生驯养转变成家养。新中国成立初期，依据国务院下达的“关于创办毛皮动物饲养业”的指示精神，满足出口创汇的需要，从国外引入水貂、狐狸品种，创建了国内毛皮动物饲养业。最初，貉的养殖主要用来消耗水貂的剩料。1957年由中国农业科学院特产研究所经过多年的研究，完全摸清了乌苏里貉的人工驯养和繁殖方法，在生长速度、繁殖性能、毛皮品质等方面取得了较好的效果，为人工养殖打下了良好基础。

2. 停滞阶段 1962—1976 年，养貉业一直很低迷。“文化大革命”期间，毛皮动物养殖业被批评成为资产阶级服务的产业，关闭了大部分毛皮动物养殖场，只有一小部分保存了下来。毛皮动物的相关研究更是停滞不前。

3. 起步发展阶段 1978 年十一届三中全会以后，国家开始引导和鼓励农民搞家庭养殖，黑龙江等地的农民开始进行了家庭养貉。科研部门也开始重新引进新的优良品种，进行人工繁殖，养貉业很快步入了正规，发展速度很快。20 世纪 80 年代，我国农业和农村进入了新的发展阶段。为了适应新形势的发展需要，国家对农业和农村结构进行了全面战略性的调整，开辟了农民致富的新途径，更加有力地促进了养貉业的发展。

伴随着貉皮在国际市场上的热销和国内需求的不断扩大，人们养貉的积极性增加，养貉业得到了前所未有的发展。2000 年前后我国种貉存栏量达到了 40 万只以上，年产貉皮 100 余万张，是世界上第一养貉大国。

4. 快速发展阶段 我国养貉业经历半个多世纪的曲折发展，已经成为我国农民脱贫致富的有效途径，也是我国特色畜牧业的重要组成部分。目前，我国貉的养殖数量已居世界第一，并已趋于稳定发展阶段。据中国皮革协会统计，2017 年我国貉取皮数量 1 240 万张，取皮数量最大的为河北省，约占全国总量的 66.32%，山东省位居第二位，占 24.85%，其次为黑龙江省，约占 5.28%，三个省份貉取皮总量约占全国总量的 96.45%。2010—2017 年，貉取皮数量最多的年份是 2015 年，近年来持续小幅下滑。

貉的驯化之路已有 50 多年，已成为我国养殖业必不可少的组成部分。在品种选育、饲料配制、疫病防控、环境控制、毛皮加工等养殖技术方面都取得了显著进步，有力推动了我国养貉业的健康发展。

二、我国养貉业存在的主要问题

1. 优良种质资源匮乏，貉子繁育技术和水平低，毛皮品质差，经济效益低 我国目前饲养的主要是乌苏里貉，是我国特有的地方品种。尽管经过了一定时间的驯化、改良和培育，但由于长期只重视利用而忽视了培育，国内尚未建立乌苏里貉育种场或育种基地，大多数处于企业和农户自繁自养状态，由于种质来源不明，育种技术落后，导致品种退化，繁殖性能和毛皮质量低，影响了整个产业的经济效益。

2. 饲养标准缺乏，饲料营养不平衡，饲料配制技术不合理，饲料生产工艺落后，严重制约着毛皮动物养殖业的健康发展 由于我国乌苏里貉的营养需要及饲料营养价值评定等基础研究滞后，缺乏营养需要及饲料营养价值方面的基础数据，配方设计没有技术依据，只能根据国外数据和生产实践经验设计，与貉的营养需要差距较大。很多养殖企业采用自配料饲喂，饲料加工设备简陋、陈旧，加工工艺不合理，饲料加工车间不卫生，难以保障饲料卫生质量。多数养殖场没有专门的饲料配方设计人员，对饲料营养的基础知识掌握不多，自配料配方主要依据实践经验设计，原料种类较少，配方比例不合适，与动物的营养需要差距较大，尤其饲料原料经常变换，夏季高温季节原料容易腐败变质，更难以保证其产品质量。生产中营养缺乏症、营养代谢病时有发生，影响了种貉的繁殖性能和仔貉的生长发育。

3. 疫病防控程序和技术不合理，养殖业经济损失大 生产中存在防疫程序不合理、诊断和治疗方法不科学等诸多问题，导致免疫失败、治疗效果差，严重影响动物的健康和成活率。加之对一些主要疫病的诊断方法存在误区，也是影响动物健康的重要因素。

4. 养殖模式落后，养殖的标准化和自动化程度低 目前，我国养貉的主要模式包括庭院式、养殖小区式和场区式，其中以庭院式为主。棚舍建造不规范或直接露天养殖，养殖设备设施落后，环境控制技术差。现有貉舍的棚高、跨度和棚间距在不同养殖场之间有较大差异。多数棚舍高度过低会造成夏季辐射热的蓄积和通风不良，棚舍跨度小限制自动饲喂设备的应用，棚间距小不利于通风、防疫和日常管理。

5. 取皮加工不规范不科学，影响产业整体效益 国际上对毛皮动物取皮具有严格的规定，既要遵守动物福利法，也要有科学的操作规程。由于我国尚没有颁布和实施动物福利法，也没有符合我国国情的貉取皮操作规范，大多数养殖户取皮、初加工混乱，严重影响皮张质量。

第二节　养貉业发展前景

一、经济价值

貉皮的经济价值很高，坚韧耐磨、柔软轻便、美观大方、保暖性能好，是制作大衣、皮领、皮帽、皮褥等高级裘皮制品的优质原料。貉的副产品也有很大的开发价值，针毛和尾毛是制作毛刷、毛笔等的原料。没有针毛的貉皮叫做貉绒皮，是制作裘皮的原料。貉的肉质鲜美细嫩，营养丰富，还可入药，是高级的滋补营养品。据本草纲目记载“貉肉性甘温，无毒，食后可治虚疲等症”。同时貉肉治疗妇科病及寒症十分有效。貉胆汁干燥后可代替熊胆入药，不仅对人有很大的滋补作用，还能治疗肠胃病和小儿痫症。貉的食性杂，对动物性饲料要求不高，易饲养，抗病力强，养殖成本低于水貂和狐狸。目前，貉皮已成为国际裘皮市场的重要产品。

二、发展方向及措施

1. 建立优质种源基地，提高改良技术，制定貉的繁育技术规范 在全国主要产区（如河北、山东）建立优良种貉繁育基地，研究貉的配种及选育技术，全面开展繁育的应用基础研究，积极推广应用各种繁育新技术，创新、集成、示范提高繁殖性能的技术措施。针对貉产业标准化程度低的问题，尽快制定出台行业或地方的貉生产技术规范（标准），从而规范养殖生产过程，逐步使貉养殖生产实现标准化。

2. 加强饲料营养基础研究，完善饲料标准体系，强化饲料安全与监测体系建设，提高配合饲料生产的专业化程度 貉的配合饲料标准化程度低，饲料原料和饲料产品都缺乏可供参考的国家标准和地方标准，生产中应用的多为企业标准。今后应进一步加强饲料营养的基础研究，丰富我国饲料营养数据库，研究制定与国际接轨的饲料工业标准体系，为饲料配方的设计和标准化饲养提供技术支撑。在养殖密集地区，建立饲料化验检测中心，提高饲料监测体系的整体水平。积极推进配合饲料生产的专业化进程，借鉴畜禽饲料产业发展的经验，饲料产品主要由专业化程度更高的饲料公司生产，养殖场（户）不再进行饲料生产和加工。

3. 加强主要疫病防控技术研究和新产品研发，提高养殖场疫病防控能力，制定疫病防控技术规程 我国水貂、狐狸的疫病防控体系已经比较完善，但在貉的防疫体系方面还缺乏系统性、科学性，重治疗轻防疫。今后应重视貉的防疫工作，尽快建立和完善貉的防疫体系，提高防疫技术。针对危害养貉业生产的主要疫病，进行流行病学调查，揭示其在国内的生态分布、分子演化等特点，解析新突变株的生物学特征与致病性，为研发新的生物制品或治疗制剂提供理论基础。尽快制定主要疫病防控技术规范（标准），逐步使养殖生产中疫病的防控实现标准化、规范化。

4. 升级改造养殖设施与设备，加强环境控制技术研究，实现粪污处理的科学化和资源化 升级改造落后的养殖设施与设备，尤其是在棚舍结构、笼具、饲喂、粪污处理、毛皮加工等设备设施方面进行重点改造；加强养殖场环境控制技术研究，通过饲料营养调控、棚舍通风等技术防止恶臭气体的产生；全面推行粪污处理基础设施标准化改造，推广干清粪技术，实现干湿分离与雨污分离，在源头上减少粪污生成量。并根据养殖量确定相配套的贮粪池和污水池。尽快制定养殖设施与设备相关标准，出台相关粪污处理的技术标准，从而规范养殖生产过程。

5. 科学合理利用胴体，改进取皮和初加工技术 貉的胴体产量丰富，营养价值较高，可作为畜禽肉骨粉的生产原料。如何规范处理和科学利用胴体，也是养貉产业健康发展中急需解决的科学问题。在遵循国际动物福利法前提下，实行福利屠宰，研制适合我国国情的处死、取皮、初加工皮张的技术方法和工艺设施，对提高生产效能、提升毛皮品质具有重要意义。同时，也利于毛皮动物产业规范化、健康可持续发展。

6. 延长产业链，推进产业的交叉融合，提高产业整体效益 加快推进一、二、三产业融合发展，延伸养貉产业链，构建形成交叉融合的特种经济动物产业体系，利用互联网等新技术提升生产、经营、管理和服务水平，创新公益性农技推广服务方式，建立产学研一体化的技术推广联盟。针对产业链过短的问题，纵向整合产业链，形成系统的配套产业链，完善产前、产中、产后的服务体系，发展产业“新六产”。

第二章

貉的生物学分类及习性

第一节 貉的分类及分布

一、分类

貉属哺乳纲、食肉目犬科貉属，别名狸、貉子、土狗、毛狗等。主要分布在中国、俄罗斯、蒙古、朝鲜、日本、越南、丹麦、芬兰等国家。产于我国的貉可分为以下 7 个亚种。

1. 乌苏里貉 产于我国东北地区的大兴安岭、长白山、三江平原等地。

2. 阿穆尔貉 产于我国东北部的黑龙江沿岸和吉林的东北部。

3. 朝鲜貉 产于我国东北地区的黑龙江、吉林、辽宁的部分地区。

4. 江西貉 产于我国江西及其附近各省。

5. 闽越貉 产于我国江苏、浙江、福建、湖南、四川、陕西、安徽、江西等省。

6. 湖北貉 产于我国湖北、四川等省。

7. 云南貉 产于我国云南及其附近各省。

目前我国人工饲养数量最多的是以经济价值较高的乌苏

里貉为主，还有朝鲜貉和阿穆尔貉。

二、分布

貉在我国分布很广，几乎遍及各省（自治区、直辖市）。商业上，习惯根据其毛皮质量特点和产区，以长江为界分为北貉和南貉。分布在黑龙江省的黑河、抚远、虎林、北安、泰康、穆棱、尚志、五常等地及内蒙古自治区北部的北貉，体型大，绒毛长而密、光泽油亮、呈青灰色或灰黄色，尾短，毛皮品质居全国之首；而分布于吉林、辽宁、河北、山西等省及西北地区的北貉，体型略小，针毛细而尖，绒毛色泽光润，被毛灰黄，有黑色毛尖。总体上北貉皮毛品质要优于南貉。南貉主要分布于江苏、浙江、安徽、湖北、湖南、江西、河南、四川、贵州、云南、陕西、福建等地，其体型要小于北貉，毛色鲜艳美观、差异较大，但其针毛短、底绒松薄。

第二节　貉的形态特征

一、外貌

貉的外貌似狐，但较肥胖、短粗，尾短，四肢亦短小。头部大小与狐接近，面部较狭长，颧弓扩张，鼻骨狭长，额骨中央无显著凹陷。吻部灰棕色，两颊横生淡色长毛。眼的周围尤其是下眼生黑色长毛，突出于两头侧，构成明显的“八”字形黑纹，常向后延伸到耳下方或略后。前后肢均有发达的足垫，足垫无毛。前足 5 趾，第一趾较短，高悬不能着地；后足 4 趾，缺第一趾。爪短粗，不能伸缩。

貉的被毛长而蓬松，底绒丰厚，头部吻钝，四肢短而细，两耳及尾较狐短小，尾毛蓬松。背毛基部呈淡黄色或略带橘黄色，针毛尖端为黑色，底绒黑灰色。两耳周围及背部中央掺杂较多黑色的针毛梢。由头顶直到尾基或尾尖形成界线不明显的黑色纵纹。体侧毛色较浅，呈灰黄或棕黄色。腹部毛色最浅，呈白黄或白灰色，针毛细短，无黑色毛梢。四肢毛的颜色较深，呈黑色或咖啡色，也有黑褐色。尾的背毛为灰棕色。中央针毛有明显的黑色毛梢，形成纵纹，尾腹面毛色较浅。

成年公貉体重 5.4～10 千克，体长 58～67 厘米，体高 28～38 厘米，尾长 18～23 厘米；成年母貉体重 5.3～9.52 千克，体长 57～65 厘米，体高 25～35 厘米，尾长 15～20 厘米。

二、毛色与色型

貉的毛色因种类不同而表现不同，同一亚种的毛色变异范围也很大，即使在同一饲养场，饲养管理水平相同的条件下，毛色也可能不相同。

1. 乌苏里貉色型 颈背部针毛尖、呈黑色，主体部分呈黄白色或略带橘黄色，底绒呈灰色。两耳后侧及背中央掺杂较多的黑色针毛尖，由头顶伸延到尾尖，有的形成明显的黑色纵带。体侧毛色较浅，两颊横生淡色长毛，眼睛周围呈黑色，长毛突出于头的两侧，构成明显的“八”字形黑纹。

2. 其他色型

（1）黑十字型 从颈背开始，沿脊背呈现一条明显的黑色毛带，一直延伸到尾部，前肢、两肩也呈现明显的黑色毛带，与脊背黑带相交，构成鲜明的黑十字。这种色型颇受欢迎。

（2）黑八字型　体躯上部覆盖的黑毛尖，呈现“八”字形。

（3）黑色型　除下腹部毛呈灰色外，其余全呈黑色，这种色型极少。

（4）白色型　全身呈白色毛，或稍有微红色，这种貉是貉的白化型，或称毛色突变型。

3. 笼养条件下乌苏里貉的毛色变异　家养乌苏里貉的毛色变异非常明显，大体可归纳如下几种类型。

（1）黑毛尖、灰底绒　这种类型的特点是黑色毛尖的针毛覆盖面大，整个背部及两侧呈现灰黑色或黑色，底绒呈现灰色、深灰色、浅灰色或红灰色。其毛皮价值较高，在国际裘皮市场上备受欢迎。

（2）红毛尖、白底绒　这种类型的特点是针毛多呈现红毛尖，覆盖面大，外表多呈现红褐色，重者类似草狐皮或浅色赤狐皮，吹开或拨开针毛，可见到白色、黄白色或黄褐色底绒。

（3）白毛尖　这种类型的主要特点是白色毛尖十分明显，覆盖分布面很大，与黑毛尖和黄毛尖相混杂，其整体趋向白色，底绒呈现灰色、浅灰色或白色。

第三节　貉的栖息环境及生活习性

一、栖息环境

野生貉对各种环境都有较强的适应性，经常栖居于山野、森林、河川和湖沼附近的荒地草原、灌木丛，以及土堤或海岸，有时居住于草堆里。喜穴居，多数利用岩洞、自然洞穴、大木空洞等处，经加工后穴居，或利用獾、狐、狼等兽类的弃穴为穴，故民间又有“獾子盗洞貉子住”之说，也有个别貉自行挖洞营窝。

貉不喜潮湿的低洼地，选穴地点要求干燥，并具备繁茂的植被条件，以供隐蔽和提供丰富的食物来源。为了饮水方便，貉多选择有水的栖息地，如河、沼、小溪附近。貉不固定洞穴栖息，一年中，于不同季节选择不同类型的洞穴栖息。繁殖期选用浅穴产仔哺乳；夏季天气炎热，则利用岩洞或凉爽的洞穴栖息；在严寒的冬季，便选择保温性能好的深洞居住。在同一个季节也不固定栖息地，而是根据食物条件、气候变化，以及哺育仔幼兽和安全的需要，经常变换栖息场所。

二、食性

野生貉的食性比较杂，主要捕食鼠、鱼、蛙、鸟、蛇、虾、蟹等，以及昆虫类，如甲虫、金龟子、蝗虫、蜜蜂、蛾、鳞翅目的幼虫等；也食用作物的籽实、根、茎、叶和野果、野菜、瓜皮等，尤其喜食山葡萄；还到村边、道边食用人和畜禽的粪便。野生貉根据季节决定采食量和采食品种，如在4—9月，貉易获得的营养价值较高的动物性饲料是鼠类。

三、活动规律

野生貉的活动范围很广，常在半径6千米的范围内进行活动。夜行性强，白天多在洞穴中卧伏、睡眠，或到附近隐蔽处休息，如遇到不良天气、天敌袭击或有声响，则马上奔跑躲藏起来。傍晚和拂晓前出来觅食和活动。家养貉局限于较窄的范围内，活动不灵便。

貉行动缓笨，动作不灵活，时常弓着背行走，奔跑时速度也不快，能爬树但不太灵活，还能游泳、下河捕食。性情温驯而迟钝，听觉不够灵敏。活动范围较狭窄，习惯于直线往返活动。出洞后，常常在洞口周围胡乱走动，造成足迹混乱不清，以此来迷惑猎人的视觉。在敌害追击时，往往排尿，随后排粪。在人工养殖条件下，抓貉提尾时也有排尿行为。

四、集群习性

貉有集群特性，往往成对在一起，每穴洞内一公一母的较多，也有一公多母或一母多公的。双亲可以长期与其仔同窝而居，也有与邻近洞穴中幼貉合居的。母貉有时也不分彼此，相互代乳。一般在入冬前，幼貉长成，寻穴分居。

五、集粪习性

貉有定点排粪的习惯，比较爱清洁，同穴群居的几个个体，排粪时都会到同一地点，从而使得该处粪便越积越高，臭味越来越大，因而有“溜粪成山”之说。排粪地点一般距洞穴 2～6 米。熟练的猎手往往根据嗅到的粪味发现和捕猎貉。貉在家养条件下，也有定点排便的习惯，一般排到笼的某一角落。但个别貉有向食槽或水盆内排便的恶习。貉喜欢饮清洁水，当饮足水后，会用足趾将洁水弄脏，然后走开。

六、冬眠和半冬眠习性

野生貉在严寒的冬季，为了耐过食物缺乏和不良气候，常隐居于洞穴中，消耗入秋以来蓄积的皮下脂肪，形成非持续性冬眠。它的冬眠呈昏睡状态，只是少食，活动减少，所以也叫冬休。貉在冬眠时，把吻蜷向腹部，蜷缩成一团。由于吻插入腹中呼吸，能够节约体内水分的丧失，使貉的耐受能力增强。

貉的冬眠有早有晚，有的明显，有的不明显。东北地区的野生貉冬眠明显，从立冬、小雪（11 月中旬）到翌年 2 月上旬，也有的从 12 月中旬进入冬眠，若气温偏低则延续到 3 月初。貉的冬眠与天气关系极为密切，如大雪天，天气寒冷，貉的活动显著减少；如遇天气暖和，也会有个别貉出来活动和觅食。在家养条件下，由于人为干扰和饲料的保证，冬眠现象不十分明显，甚至没有冬眠，但也会出现活动减少和食欲减退的现象。野生貉冬眠后，体重平均减少 1/3。

七、换毛特点

貉每年换毛 1 次。从 2 月下旬起，绒毛逐渐上窜；3 月后才开始脱落；4—5 月，越冬时的绒毛成片脱掉，并陆续再生出细小的绒毛；6—7 月，针毛逐渐脱落；8 月，针毛基本脱完并迅速长出冬毛；约在 11 月，被毛生长基本完成。当年出生的幼貉与成年貉一样，冬毛均在该时期成熟。

八、寿命与繁殖特点

野生貉的寿命为8～16岁，繁殖期限7～10年，繁殖最佳年龄3～5岁。貉是自发排卵的动物，季节性单次发情，每年的2—4月是貉的发情配种季节，发情期10～12天，但发情旺期只有2～4天。个别貉可在1月和4月发情配种，妊娠期60天左右，胎平均产仔6～10只，哺乳期50～55天。

九、主要天敌

貉的主要天敌是狼、猞猁等大型猛兽、猛禽。一旦有狼出没，貉的数量就会明显减少，特别在早春，貉的减少尤为突出。貉、獾生境相似，彼此相处和睦，冬季貉、獾同居，很少发生争斗现象。

十、生理常数

貉的体温为38.1～40.2℃，平均39.3℃；脉搏每分钟70～146次，呼吸每分钟23～43次，红细胞5.84×10^{12}/L，白细胞（8～10）$\times10^{9}$/L。

第三章 貉场建设及环境控制关键技术

第一节 场址选择

貉场是貉生活居住的地方，场址选择应符合国家相关法律法规的要求，符合各地区农牧业生产发展规划、土地利用发展规划、城乡建设规划的要求。建场前应根据养貉的生产需要和建场后可能引起的一些问题进行可行性分析，认真调查论证后，科学规划、合理选场。貉场的生态环境及设施力求符合貉自然生存时的要求，否则将影响其生产性能及经济效益，同时一切建筑设施应坚固、耐用、安全并符合卫生防疫要求。

一、地理环境因素

野生貉在我国分布很广，南至热带、亚热带，北至寒温带都有分布。但以北纬 45°带的野生貉被毛品质较好，表现为针毛长，毛色好，底绒丰厚、致密，毛皮面积大；南方的野生貉个体小、针毛短、绒毛空疏，毛的色型也没有北貉好看。所以，皮用貉目前人工养殖的均为北貉，没有南貉。

养貉的主要目的是生产优质毛皮，北方寒冷的自然资源有利于生产优质毛皮。珍贵毛皮动物养殖区地理纬度不宜低于北纬 30°。有报道称，将乌苏里貉从北纬 45°的黑龙江引种到北纬 35°左右的中原地区，纬度向南推移 10°，4 代后，貉的体重、针毛长度、绒毛密度、繁殖力等都没有明显变化。这一结果证明北貉可以在淮河以北的温暖带地区人工饲养，短期内不会有退化现象，是适合北貉养殖的。所以北貉养殖场应选在淮河以北的地区，这里的环境条件对貉的被毛品质没有影响。再往南就进入了亚热带，夏秋季高温高湿，北貉毛长、毛被厚不能适应那里的气候条件，夏毛换冬毛都会受到影响。

除了纬度影响以外，海拔高度和光照强度、温度等对貉的毛皮品质都会有一定影响，选择场址的时候也要考虑这些因素。例如，在平原地区长期生活的貉，如果养在高海拔的地区，就会使貉不适应空气稀薄的环境，体质衰弱而生病，影响种貉的繁殖和仔、幼貉的生长发育，直接影响养貉的经济效益。

二、自然条件因素

自然条件是貉场建设的首选条件，貉场场址的自然环境条件必须符合貉的生物学特性，使其能在该地区正常生长发育、繁殖和生产优质毛皮产品。

貉场的自然条件包括地形、地势及水源、土质条件、气候因素。

1. 地形、地势 养貉场应修建在地势稍高、地面平坦干燥、排水良好的地方。通风向阳的南面或东南面山麓，能避开强风吹袭和寒流侵袭的山谷、平原，是修建养貉场较理想的地方。平原地区一般场地比较平坦、开阔，场址应选择在地势稍高的地方，以利于排水。地下水位要低，以低于建场地基 0.5 米为宜。

靠近河流、湖泊的地区，场址要选择在较高的地方，应比当地水文资料中最高水位高 1～2 米，以防涨水时被水淹没。

山区建场，应选在稍平缓的坡上，坡面向阳，总坡度不超过 25%，建筑区坡度应在 2.5%以内。若坡度过大，不但在施工中需要挖大量土方，增加工程投资，而且在建成投产后也会给场内运输和管理工作造成不便。山区建场还要注意地质构造情况，避开断层、滑坡、塌方地段，也要避开坡底、谷地及风口，以免受到山洪和暴风雪的袭击。

低洼泥泞的沼泽地带、有洪水泛滥的地区，利于病原微生物大量繁殖，不利于貉体热的调节和毛绒的生长，影响动物的健康和生产，不适于修建养貉场。

2. 水源 养貉场因加工饲料、清扫冲洗、动物饮用等，需水量较大。因此，场址应尽量选在有小溪、河流、湖泊等地带，或有丰富清洁地下水源的地方。

要求水质符合饮用水标准，水源充足、清洁，绝不能使用死水、臭水或被病原微生物、农药污染的水。自来水卫生指标一般都符合规定标准，是适宜的水源；没有污染的地下水也是较适宜的水源；溪水一般来自山涧，不易被污染，也可作为饮用水；江河水常常流经城市，容易受到污染，一般不用作饮水。

建场前要了解水源的情况，如地面水（河流、湖泊）的流量，汛期水位；地下水的初见水位和最高水位，含水层的层次、厚度和流向。对水质情况需了解酸碱度、硬度、透明度，有无污染源和有害化学物质等，并应提取水样进行水质的物理、化学和生物污染等方面的检测分析。

3. 土质条件 土质要求透气性、透水性强，毛细管作用弱，吸湿性和导热性小，质地均匀。抗压性强的土壤，沙土、沙壤土或壤土透水性能较好，易于清扫，并易于排出场内的各种污物，这种土质最适宜修建养貉场。而透水性能较差的黏土，因不易排出积水而易造成潮湿泥泞，这样的地方不适宜建场。

4. 气候因素 主要指与建筑设计有关和造成貉场小气候的气候气象资料，如气温、风向、风力及灾害性天气的情况。气温资料对貉场防暑、防寒措施及貉舍朝向、遮阴设施的设置等均有意义。风向、风力、日照情况与貉舍的建筑方位、朝向、间距、排列次序均有关系。我国地处北纬20°～50°，北方冬季寒冷，南方夏季炎热。因此，北方应注意貉舍的防寒问题，由于北方冬季大多为西北风，所以貉舍应坐北朝南或坐西北朝东南。严禁貉舍的长轴朝向西北，造成冬季西北风穿堂而过，给冬季保温带来困难。南方夏季的东南风较多，所以应使貉舍的长轴对着东南，以使在炎热的夏季获得更多的穿堂风。

三、饲料条件因素

饲料来源是建场需要考虑的因素之一。在饲料来源广泛、价格便宜的地区养貉比较好。如果不能就近解决饲料来源问题，势必会增加运输成本，甚至会影响貉场的正常生产。一般对于一个貉群而言，平均每只貉每年需要动物性饲料20～25千克、谷物类饲料40～50千克、叶菜瓜果类饲料20～30千克。饲养规模越大，饲料需要量越大，饲料保证的难度就越大。一般大型貉场最好选在动物制品加工厂或屠宰场附近，或有大片的农田可供生产植物性饲料。所以，建场时还要考虑交通方便，以便能迅速地从外面运进大量饲料。随着我国貉营养研究的进步，貉商品性全价饲料也是很好的选择，所以鲜动物性饲料不丰富的地方也可以养貉，只是饲养成本比较高。

貉场场址选择在饲料来源广、主要饲料来源稳定、价格便宜且容易获得及运输方便的地方，可以获得更大的收益。如渔业区、畜牧业区，靠近肉类、鱼类加工厂等地方。非沿海地区应建在畜禽屠宰加工厂或大型畜禽饲养场附近，以便于利用这些单位的副产品。如养貉规模较大，又不具备邻近动物性饲料来源的条件，可以建一个冷库，用以贮存大量动物性饲料。

随着饲料配制技术的进步，貉的干粉饲料基本可以替代价格日益上升的海鱼、肉类等传统的貉饲料，成为当今貉养殖业新的饲料支撑。貉干粉或颗粒饲料饲养可以减少生产设备如加工厂、冷库的投入，而且解决了目前我国海鱼资源日益减少对养貉业的威胁问题。

四、社会条件因素

社会环境条件包括交通、电源、环境卫生、土地资源和环境保护等。

1. 交通 养貉场一方面为了防疫和防干扰的需要，要求离开交通主干道一定的距离；但是另一方面养貉场饲养管理人员的生活物资、貉的饲料都要从社会上采购运进来，人和动物的排泄物以及其他废物又要运出去净化环境，所以养貉场又不能远离交通主干道，造成物资运进、运出不方便。因此，养貉场应建在交通条件比较方便的地方，特别是大型集约化的养殖场，应尽可能接近饲料产地和加工地，靠近产品销售地，确保其合理的运输半径，这样才能保证饲料及其他物质的及时运输，但也要保证貉场的环境安静。

2. 电源 电是养貉场重要的能源。饲料加工调制、饲料冷冻贮藏以及场内进行的各种科学研究工作，都不能缺少电。可配备小型发电机，以备停电时应急使用。

3. 环境卫生 貉与其他动物的传染源很多都是交叉感染的，例如貉的病毒性疾病很多与水貂、狐狸交叉感染；貉的细菌性疾病病原除了与水貂、狐狸交叉感染以外，还与家畜、家禽交叉感染。所以，为了搞好貉场的卫生防疫工作，养貉场建场时就要考虑与其他畜牧场、养禽场和居民区保持一定距离，原则上与其他养殖场距离应保持500～1 000米，防止有风时将其他场传染源吹到本场来。如果当地发生过畜禽传染病，则必须经过严格的消毒灭菌处理，符合卫生防疫要求后才能建场。

另外，还应该考虑空气和噪声污染对貉的不良影响。选址建场时，应远离化工厂、机械厂等排出有害气体或产生噪声的工厂。貉是驯化历史不长的野生动物，产仔后护仔性很强，若外界环境应激大，则会造成母貉惊恐，有时甚至会把仔貉整窝吃掉。所以，建场时一定要远离工厂、学校等不安静的单位，防止对貉群造成干扰。

4. 土地资源 养貉场场地要尽量避免占用耕地，可利用贫瘠土地或闲置地建场，以保护我国的土地资源。场地面积要留出余地，以利于长远发展。

5. 环境保护 在建养貉场时，还应考虑到貉场对环境的污染问题，一般要选在居民点的下风处，地势低于居民点。养貉场的主要污物是貉的粪便及清扫冲洗后的污水，前者可经发酵处理后作农田的有机肥料。貉场的污水不能直接排入江、河、湖泊，可进行无害化处理后再排放。

第二节　貉场规划、建筑及设施

一、场地规划及布局

在规划貉场布局时，除着重考虑风向（特别是夏、冬季的主导风向）、地形与各建筑物的朝向及距离问题外，更要考虑生产作业的流程，以便提高劳动生产率，节省投资费用；同时要考虑卫生防疫条件，防止疫病传播。

貉饲养场分为生活管理区、生产区和隔离区三个主要功能区（图 3-1）。

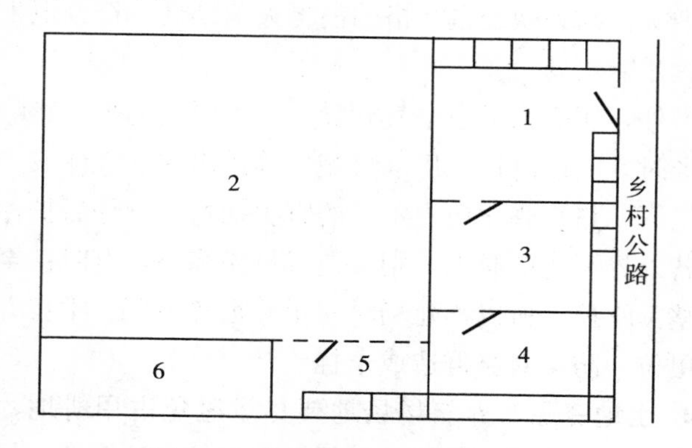

图 3-1　规范化貉场平面示意图

1. 办公生活区　2. 养殖区　3. 饲料加工区　4. 商品屠宰、皮加工区　5. 防疫治疗区　6. 粪便处理区

1. 生活管理区 设在场区上风向及地势较高处，主要包括生活设施、办公设施、饲料贮存室、饲料加工室等与外界接触密切的生产辅助设施。入口处设消毒池，其规格5米×3米×0.1米（长×宽×深），进出两端有适度坡度，便于车辆通行。

2. 生产区 主要建筑为貉棚舍。生产区占地总面积按每只1.5～2.0米^{2}计算。生产区设在管理区下风向较低处，但要高于病貉管理区，并在其上风向。各区建筑物之间的位置在联系方便、节约用地的基础上，应该保持一定的距离，并防止管理区的生活污水和地面径流流入生产区。生产区是养貉场的核心，要位于全场的中心地段，其地势比管理区略低。貉舍是生产区的主体建筑，要根据地势、地形、气候、风向、采光和作业间联系等因素综合考虑，确定位置。

3. 隔离区 设在生产区下风向或侧风向及地势较低处，主要包括兽医室、隔离室、病貉治疗室、毛皮初加工室、无害化处理场等。

各功能区之间应修建隔离墙，分界明显，设有专用通道，出入口设消毒池；生产区入口设密闭消毒间，安装紫外线灯，设置消毒手盆，地面铺设浸有消毒液的踏垫。人员在消毒间消毒，更换工作服后进入生产区。貉饲养场与外界有专用道路相连通，场内道路分净道和污道。

二、养殖场建筑及设施

（一）棚舍、圈舍和笼舍

1. 棚舍 貉棚的主要作用是遮挡雨雪和防止夏季烈日暴晒，一般为开放式建筑，要求坚固耐用、便于饲养管理。

棚舍建筑要求通风采光、避雨雪，在棚舍设计、建造和改造过程中，应充分考虑光照条件、空气质量、地理位置、水源条件等各种环境因素，创造适合毛皮动物生理特点的生活环境。棚舍建设应该根据场地实际情况，在确保采光和通风的条件下，自行确定走向和长度。棚脊高 2.6～2.8 米，棚檐高 1.4～1.6 米，棚宽 3.5～4.0 米，棚间距 3.5～4.0 米（图 3－2）。建设时用角钢、木材、竹子做成“人”字架，下面由砖和水泥砂浆建起垛子支撑，或用粗的钢管或宽厚的角钢等做成支架撑起。

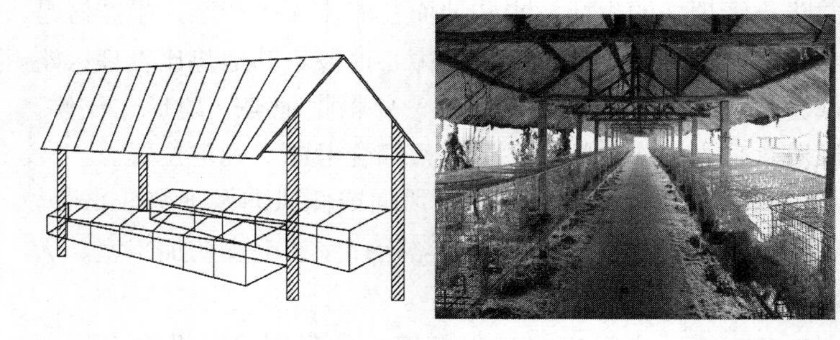

图 3－2　“人”字形棚舍

双排笼舍的貉棚两侧放置貉笼，中间设 1.2 米宽的作业道。棚内地面要求平坦不滑，高出棚外地面 20～30 厘米。笼下或笼后设排污沟，棚舍两侧设雨水排放沟，与排污沟并行、分开，地面坡度 1.0％～1.5％。家庭养殖一般可以采用简易棚舍（图 3－3，图 3－4），用砖石筑起离地面 30～50 厘米的地基，在上面安放笼舍，在笼舍上面安放好石棉瓦等，这种棚舍建造比较简单，投资也较少。缺点是遮挡风雨和防晒效果不好，在炎热的夏季必须在石棉瓦上加盖棉被、草帘等，防止太阳将石棉瓦晒得过热而使笼内温度过高，也可以加盖双层石棉瓦，并让两层石棉瓦中间有一定缝隙。貉棚朝向根据地理位置、地形地势综合考虑，多采取南北朝向。

图 3-3　简易棚舍（不带窝箱）

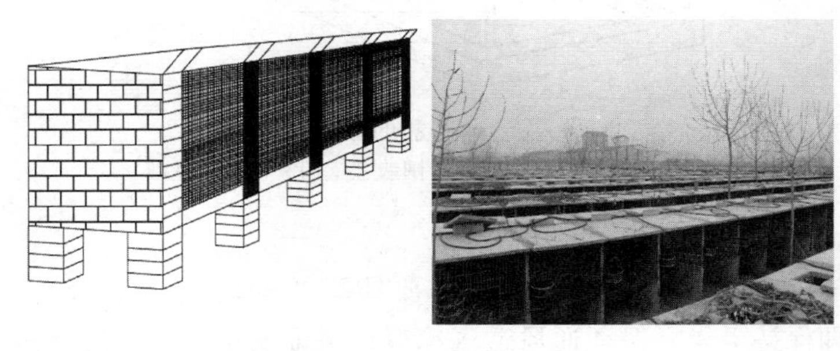
图 3-4　水泥简易棚舍（带窝箱）

2. 圈舍　貉可以圈养（图 3-5），圈舍地面用砖或水泥铺成，以利清扫和冲洗。四壁可用砖石砌成，也可用铁皮或光滑的竹子围成，高 1.2～1.5 米，以不跑貉为准。圈内设置小室、饮水盆、食盆等。种貉圈舍，面积以 3～5 米^2 养 1 只为好；圈舍中要备有产仔箱（与笼养的产仔箱相同），安放在圈舍里面，也可放在圈舍外面，要求高出地面 5～10 厘米；围墙和圈舍地面与幼貉和成貉的相同。

幼貉和皮貉的面积以 8～10 米^2 为好，幼貉可集群圈养，饲养密度为每平方米1只，每圈最多养10～15只。为保证毛皮质量，必须加盖防雨、防雪的上盖；否则，秋雨连绵加上粪尿污染，易造成貉毛绒缠结，严重降低毛皮质量。

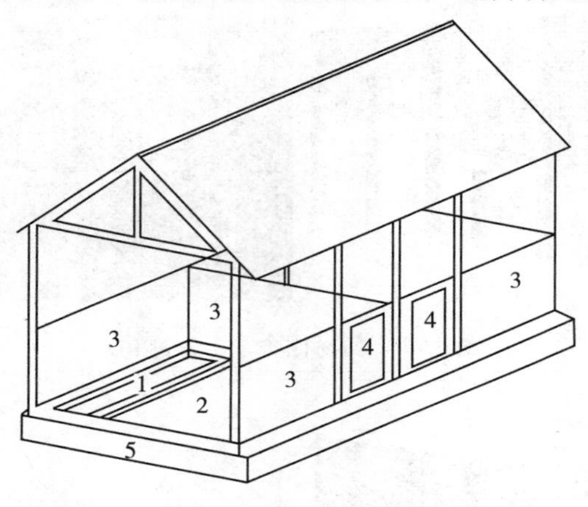

图3-5 貉的圈舍

1. 休息地 2. 运动场 3. 围墙 4. 门 5. 围墙基础

3. 笼舍

（1）*笼舍要求* 常用笼舍要具备“三保三防”的条件，即保持干燥、保证通风透气凉爽、保证安全健康，防止逃跑、防止疾病、防止阳光直接照射。因此，在设计上要考虑笼舍的规格尺寸、形状、门的位置等。貉的笼舍构造要便于喂食、给水、观察和捕捉，便于清除粪便、防疫消毒等。构建笼舍的材料既要经济实用，又要坚固耐用。要防止貉的啃咬、逃跑和天敌的侵害。

（2）*笼舍规格* 笼舍的结构可用金属构架，用钢筋或角钢制成笼架，然后用铁丝网围成笼子（图3-6）。金属笼采用市售的12号或14号铁丝网片制作，网眼3.5厘米×3.5厘米，笼子应用架子支撑起来，用木柱、铁架或水泥、砖石等做成立柱，底网距地面 50～60 厘米。因各地气候条件不一，经济条件不同，笼舍建筑取材可以不尽一致。除直接从厂家购买笼舍外，也可自行制作，下面主要介绍金属笼舍的尺寸及制作，砖结构笼舍的尺寸可参考执行。

图 3-6　固定式笼舍

①种公貉笼舍（图 3-7）：长 100～150 厘米，宽 70～80 厘米，高 60～70 厘米，整个笼舍以铁丝网片焊接为好。笼舍前面靠边端留一个宽 30 厘米、高 40 厘米的门供貉出入。

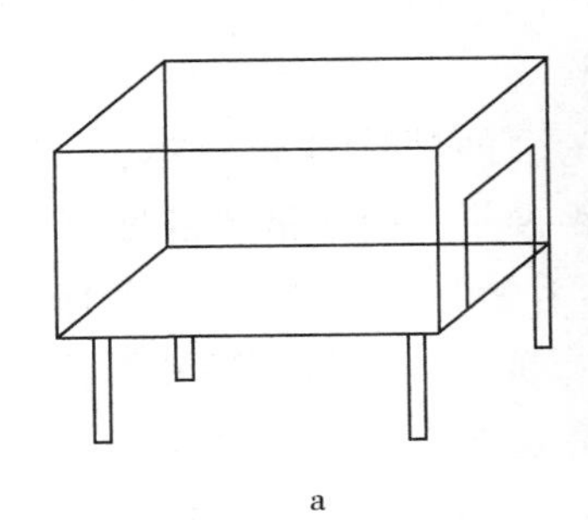

a

b

图 3-7　种公貉笼舍示意及实物

a. 示意　b. 实物

②种母貉笼舍（图 3－8）：种母貉笼舍尺寸同种公貉笼舍，笼舍前面靠边端同样留一个宽 30 厘米、高 40 厘米的门，在门的对面留一个宽 30 厘米、高 30 厘米的活动门，以便挂产仔箱。

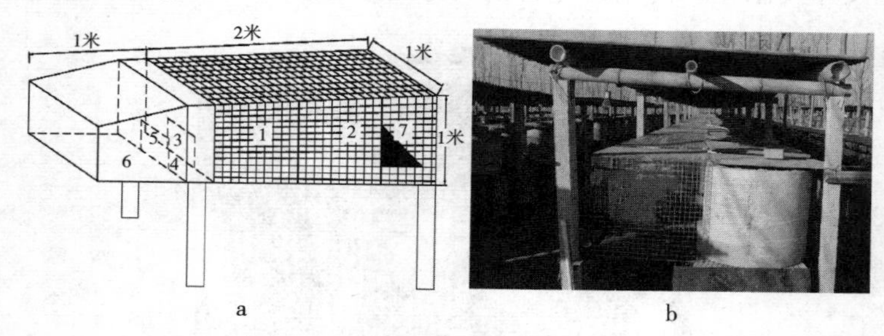

图 3－8　种母貉笼舍示意及实物

a. 示意　b. 实物

1. 笼子　2. 活动门　3. 通小室的入口　4. 小室内的通道部分

5. 通道与产箱间出入口　6. 产仔箱　7. 卧床

③皮用笼舍：与种用笼舍相比，皮用笼舍相对较小，因为皮用貉重点不在于繁殖，保证个体生长发育即可，所以活动空间可相对较小一些，一般规格为 80 厘米×70 厘米×65 厘米。往往在制作笼舍时，把皮用笼舍双双合二为一，以节省笼舍的材料。

④产仔箱：产仔箱是木制的。产仔时期挂上产仔箱，幼貉断乳前将产仔箱摘下，留下来年再用。产仔箱规格是 40 厘米×（70～80）厘米×（60～70）厘米（图 3－8），产仔箱板厚 2.0～2.5 厘米。木板内面要光滑，木板衔接处无缝隙，小室顶部设产仔观察孔，孔径 12 厘米或盖一活动的盖板。箱底做成双层，上层是笼网，下层是木板，中间加垫草。天气炎热时，可抽掉木板。小室正面要留 30 厘米×30 厘米的小门（下方距小室底部 5 厘米），和貉笼连为一体。

在种貉的小室与网笼相通的出入口处设置插门。

⑤幼貉笼：约为种公、母貉笼舍的一半大小，即在公、母貉笼中间加一个中格，可在断乳后饲养幼貉。也可以是与公、母貉笼同样规格，分窝后饲养2～3只幼貉。

（3）笼舍的配置　在养殖场里，各种貉笼舍的摆放要科学合理，既要方便饲养管理，又要有利于貉的生长发育和繁殖。笼舍的配置，一般要注意以下几点：

①同类、同时期的貉笼舍摆放在同一个地方。这些貉饲喂的日粮基本相同，有利于饲养管理和发情配种。

②将母貉的笼舍、产仔箱（窝）安置在养殖场中的僻静处，尽量减少外界的惊扰，使其有安全感。这样有利于母貉的妊娠、产仔和泌乳，提高仔貉的成活率。

③在恢复期的后一阶段，种公貉和种母貉的笼舍一定要分开摆放（如果场地比较宽敞，一开始就把它们分开放）。如果场地狭小，就在公、母貉的笼舍中间加一道屏障，使双方不能互相看见。这样安排能使双方配种时有一种新鲜感，有利于提高母貉发情配种的成功率。

④笼舍的摆放要规矩、整齐，能充分利用养殖场的有效空间，合理增加饲养密度。

建造及安装笼舍时，应注意以下几点：

①貉笼及小室内壁不得有铁丝头、钉尖、铁皮尖等露出笼舍平面，以防刮伤貉。

②貉笼底离地面需留60～80厘米的距离，以便清扫操作。

③使用食碗喂食的笼舍，在笼内应用粗号铁丝安装一个食碗架，以防貉把盛有饲料的食碗拖走或弄翻，浪费饲料。

④水盒应挂在貉笼的前侧，既便于冲洗添水，又便于貉

饮用。国内大型专业养貉场多采用木制小室，占地面积少，单位面积载貉量多，且方便管理。砖砌的窝室造价较低，隔音好，但不宜修得过大，以免占地太多。

（二）围墙

为防止逃貉及有利于加强卫生防疫和安全工作，要在距貉棚3～5米处修建围墙，高度1.7～1.9米。墙基牢固光滑，无孔洞，可用砖石、光滑的竹板或铁皮围成，墙基排水沟处设铁丝拦截网。选择适合当地生长的花草树木进行场区绿化。

（三）饲料加工和贮存室

1. 饲料加工室 是植物性饲料和动物性饲料熟制、全价配合饲料调制的地方。规模养貉时，必须单独建立饲料加工室，加工室内应建清洗池，动物性饲料、果蔬饲料的清洗都可以在这里进行；经常用的熟制设备、绞碎设备、搅拌设备都应合理摆放。为了便于清扫、洗涮，地面应用水泥抹平，墙壁应贴瓷砖。饲料加工室内不宜长时间存放饲料，进入饲料加工室的饲料应当天用完，剩余的当天送回库房。每次加工完饲料，应及时、彻底清扫，不留杂物或污物。饲料加工应有专人负责，除工作人员外，禁止其他人进入。饲料加工人员进入饲料加工室时，要穿工作服和水靴，以防把污染源带入饲料加工室。

2. 饲料贮存室 对于大型貉饲养场而言，应该同时具备冷藏库、菜窖及一般性仓库。

（1）*冷藏库* 贮存动物性饲料即肉食，保证它们在低温状态下能存放一段时间。实际上，如果饲养规模不大，取得动物性饲料又十分方便，往往只需安装冷藏柜即可。

（2）菜窖　用来贮藏蔬菜。菜窖在北方更为适用，冬天可以贮藏白菜、土豆等蔬菜。

（3）饲料库　用来贮藏谷物性饲料。饲料库内部环境要干燥、通风。

（四）卫生防疫设施

1. 清洁消毒设施　清洁消毒主要包括水冲清洁、喷雾消毒和火焰消毒。水冲清洁设备一般选高压清洗机或由高压水泵、管路等连接的水枪组成的高压、冲水系统。消毒设备一般选机动背负式超低量喷雾机、手动背负式喷雾器，疫情严重的情况下，可选火焰消毒器。规模化貉场须有高压清洗机和喷雾器消毒设备。

2. 兽医公共卫生设施　大、中养貉场的兽医公共卫生设施包括防疫室、兽医室及无害化处理设施设备等，小型养貉场可根据条件自行配置。

（1）防疫室　主要配备饲养场卫生防疫的常规药品及相应设施，负责日常的卫生防疫管理。

（2）兽医室　是负责貉的疾病诊疗的工作室。主要配备各种药品、医疗器械、解剖台、显微镜、培养箱、温箱；还应有手术间，内备手术台及各种手术用具。兽医室和隔离舍应设在场区下风向相对偏僻一角，且不应与种貉舍、幼貉舍在同一主风向轴线上，以减少污染，防止疫病传播。

（3）无害化处理设施设备　无害化处理设备应远离生产区，建在地势最低的下风向处，主要对貉场粪便、污水、病死貉尸体等废弃污染物进行生物安全处理。应根据貉饲养场粪便污染排放量确定无害化处理设施的建设规模。

①中小型的规模养貉场：可采取多级沉淀井处理污水的

方法，在貉舍内设立排污管道，舍端设置沉井（小沉井），舍外设置排污管道，在场外下风向处建立两个较大的污水沉井（大小根据污水排放量确定）。近端为一级沉井，沉降污物和发酵污水、污物；远端为污水发酵井，两井间隔 1 米左右即可。

②大型的养殖场：采取水冲粪便的方法，在排污管道终端建立沼气池，处理彻底，效果好，又可产生新的能源。在远离场区的下风向处建立与饲养规模相适应的粪便堆积发酵场，保证所有粪便按要求彻底发酵，消灭其中的病原体。

（五）毛皮加工室及设施

毛皮加工室及设施是皮用貉养殖场必须配备的，是屠宰取皮以及貉皮初加工的场所。毛皮加工室主要包括屠宰间、剥皮间、刮油间、洗皮间、烘干间及贮藏间等。屠宰间应配备屠宰工具，包括注射器、电麻器、大水盆、笼舍等。剥皮间主要配备剥皮台、剥皮刀及剪刀等工具，还应有锯末、麸皮或碎玉米芯等。刮油间应配备操作平台、刮油刀、剪刀、锯末或糠麸等。洗皮间配备工作平台、小木棍、硬锯末、麦麸、筛子等，有条件的可配备洗皮机。烘干间除配备自动烘干机以外，还应配备一定规格的貉皮楦板及上楦所用的相关器具。贮藏间配备一些挂晾上楦貉皮的支架即可，保持室内通风干燥。

毛皮加工室的工作间要按顺序一字排开，每个工作间之间都要有门直接相通，便于顺序作业。实践中，工作间可以一室多用，这样不仅可以节约用地，有时还更加方便。

（六）其他设施和工具

1. 供水采食设备　饮水器常用圆柱形的搪瓷碗制成。

方法是在刷干净的搪瓷碗的上口处，用钉子钉两个眼，穿上铁丝，拴绑在笼角处即可。注意搪瓷碗的上口边缘要光滑，不能刮伤貉；饮水盒的高度要适宜，加水方便。

食盒可采用不锈钢盆、盘等，也可用铁皮制成长 25 厘米、宽 15 厘米、高 3.5 厘米的食盒，也有的直接将食盒放在笼舍的网上。

2. 捕貉器 捕貉是一项基本技术，许多饲养者带皮手套捕貉，有的用网套，不易抓到。这里介绍两种制作方法简单、易捕、安全的捕貉工具。

（1）捕貉套 简易的貉套用铁丝将三角带或尼龙绳的两端与木棒的一头固定，捕貉套的直径略大于貉头（也有采用铁圈的）。使用三角带或尼龙绳形成的圈套住貉脖子，把貉从笼中提出，然后一手持杆，一手提貉尾保定。

（2）捕貉夹 取两根直径 8～10 毫米、长 90 厘米的钢筋，在钢筋的一端 15 厘米处制作成弧状，两弧之间距离 7～8 厘米（图 3-9）。使用时，用捕貉夹夹住貉的颈部，提出笼，用一手抓住貉夹，另一手提貉尾。

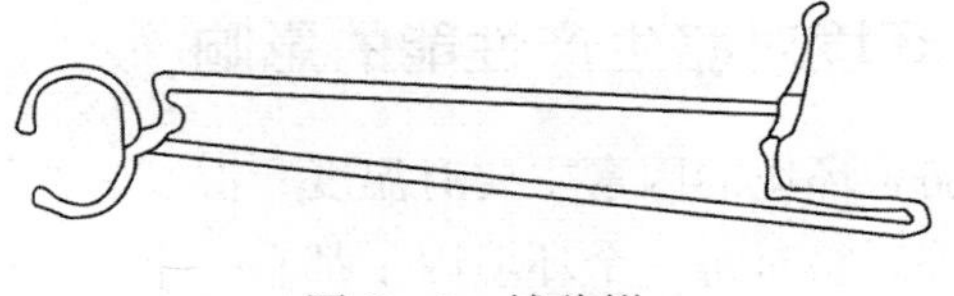

图 3-9 捕貉钳

3. 电力、水暖系统 大型养貉场，为了保证场内有充足的电力及水暖供应，需要建设自己的电力、水暖系统。主要包括配电房，里面配备整套变电、配电设备；还必须自备小型柴油发电机，各种电器元件，如灯管、电线管，以及各种电工工具。水暖房需安装锅炉，修建水塔，配置提水供水设备。同时在全场范围内，架设电线、铺通管道，形成完备的电力、水暖系统。

4. 办公室及住宅区 大型养貉场管理人员一般较多，需要建设相应的办公区及住宅区。

（1）办公区 应靠近饲养笼舍，以方便管理，主要包括场长办公室、业务室、技术室、信息室、休息室、会议室、警卫室等。必要时，在笼舍区也应修建一些办公室。前面的一些配套设施，如防疫室、医疗室等也可设在办公区。

（2）住宅区 应离饲养区有一定距离，以防止人类与貉相互影响，如人为干扰，生活灯光干扰，家畜、家禽与貉疾病交叉感染等。一般以间隔 2 千米左右为宜。另外，在貉场大门及各区域入口处，应设相应的消毒设施，如车辆消毒池、人的脚踏消毒槽或喷雾消毒室、更衣换鞋间、粪便处理设施等。

第三节 貉舍环境控制技术

一、环境对貉生产性能的影响

影响貉舍环境的因素主要有温度、湿度、光照、通风与空气质量等。貉对每一个环境因子都有一个适应范围，这个范围的上限是最大耐受量。在耐受限度内，有一个最适合于该动物生存的区域，称为最适范围。所有环境因子中，温度和光照是主导因子，对貉子的生产性能起到重要作用。

貉属光周期动物，其繁殖周期受光照的影响较大。比如性器官的发育、卵泡的发育及卵子和精子的生成、发情和配种等都受光周期的影响。如果貉不能够接受充足的自然光照，将会导致其激素分泌紊乱、性器官不发育或发情延后、生殖细胞无法正常生成等严重后果，造成重大经济损失。另外，适宜的温度对于貉的健康、发情配种等也是非常重要的，炎热的夏季要注意防暑降温，寒冷的冬天要注意防寒保暖，这样才能保证貉的正常生产性能。

良好的空气质量和通风对于貉的生长发育也至关重要。尤其是在生长期，空气炎热潮湿，如果粪污不及时清理，发酵后的粪污产生大量的氨气，对貉的呼吸道刺激严重，长期处于这样的环境下容易引发貉的呼吸道疾病且严重影响貉的生长发育，最终导致貉生产性能受损。因此，夏季应增加貉舍的通风量，并及时清理粪污，避免貉舍内空气污浊和闷热带来的经济损失。

二、貉舍环境控制技术措施

貉舍环境控制措施就是采用各种方法，为动物创造一个最适宜的生存环境，获取尽可能高的生产率和尽可能低的死亡率，提高其生产性能和养殖效益。

1. 温度控制 对于严寒地区，冬季需要对貉舍进行半封闭式处理，即在貉舍的周围使用塑料布或者其他防风布料等实施半包围，主要作用是防风保暖。接近中午时温度比较高，可以把布料撤掉，让貉子接受自然光照。貉能够抵御一定的风寒，冬季不需要对貉舍采取额外的供暖措施，但可以采取增加小室木板厚度或垫草等方式进行防寒保暖。

夏季防暑最简单的方法就是用凉水冲洗貉舍的地面、墙壁等，能够快速对貉舍进行降温；还可以在貉舍内采用淋浴或者定期喷雾方法；貉舍周围搭设遮阳板或者遮阳网，避免酷暑时期太阳光直射。

2. 光照控制 貉舍必须全年接受自然光照，否则将会对性器官发育、发情配种及换毛产生不利影响。另外，养貉场须避免生活光源的污染，否则也会影响貉的发情配种及生长发育。

3. 通风量和空气质量控制 貉处于高生长、高代谢状态时，对氧气需求量较大。通风在任何季节都是需要的，不仅可以排出舍内有害气体和病原微生物，保持舍内空气新鲜，还可降温防暑，保持舍内干燥。有害气体以氨气、硫化氢危害最大，还有一氧化碳、二氧化碳，易挥发的有机酸、酯、醇等。应选择树木较多地区建场或对场区进行绿化，以改善场区内外空气质量。通常使用功率和半径较大的风扇在貉舍的一端来增加貉舍内的通风量，以改善舍内空气质量和降温防暑。

第四章 貉繁育关键技术

第一节 貉的生殖系统

一、公貉的生殖系统

公貉的生殖系统由睾丸、附睾、输精管、阴茎及副性腺等部分组成（图 4－1）。

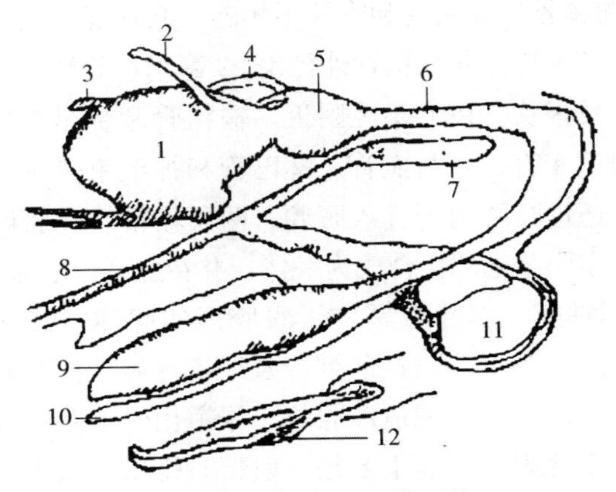

图 4－1 公貉的生殖系统

1. 膀胱 2. 左输尿管 3. 右输尿管 4. 输精管 5. 前列腺 6. 尿道 7. 耻骨联合 8. 腹壁 9. 阴茎 10. 包皮 11. 睾丸 12. 阴茎骨

（引自白秀娟，2007）

1. 睾丸 与大多数动物一样，公貉有一对睾丸，呈卵圆形，由睾丸囊包裹着，位于鼠蹊部阴囊里。睾丸的功能是产生精子并分泌雄性激素，睾丸内富含曲细精管，是生成精子的场所。貉是季节性繁殖的动物，一年中其睾丸有明显的季节性变化。5—10 月为静止期，睾丸直径为 5～10 毫米，0.55～1 克，内无精子；11 月至翌年 1 月为发育期，体积和质量都不断增加；2—4 月为成熟期，直径 25～30 毫米，2.3～3.2 克，产生成熟精子，同时分泌雄性激素，使公貉产生性欲。

2. 附睾 长度 35～45 毫米，分头、体、尾三部分，紧贴附于睾丸一侧。附睾里有盘曲的附睾管。附睾的头部位于睾丸近端，形状扁平、呈 U 形。附睾体的形状细长，沿睾丸后缘向下行，延长至睾丸的远端为附睾尾。附睾的作用是运输、浓缩和储存精子，而精子必须在附睾中发育成熟。

3. 输精管 输精管和附睾尾相连，其功能是把精子从附睾尾输送到尿道。貉输精管外径 1～2 毫米，管壁的肌肉层厚且坚实，呈索状。在附睾尾附近，输精管基部是弯曲的，到附睾头附近变直，并与血管、淋巴管和神经束等缠合形成精索，然后通过腹股沟管进入腹腔。两条输精管在膀胱上方并列而行，在阴茎基部会合成为一体，并在此开口于尿道。

4. 副性腺 副性腺是位于腹腔内的腺体，其功能是辅助排精。副性腺主要包括前列腺及尿道球腺。前列腺包围在尿道周围，较发达；尿道球腺位于尿道出骨盆腔的附近，小而坚实。副性腺的功能主要是在射精时排出前列腺及尿道球腺分泌物。其中，尿道球腺分泌物的主要作用是清理和冲洗尿道，而前列腺分泌物主要是稀释精液和提高精子的活力。

5. 阴茎和包皮 阴茎属外生殖器官，是公貉的交配器官，呈圆棒状，长 65～95 毫米，直径 10～12 毫米。阴茎包括阴茎根、阴茎体和龟头。阴茎根部连接坐骨海绵体肌，阴茎根向前延伸形成圆柱状的阴茎体，其游离末端即龟头。整个阴茎富含海绵组织，发情时，海绵组织膨胀坚硬，支撑起阴茎软骨，准备交配。阴茎中有一根长 60～85 毫米的阴茎骨，中间有一沟槽，尖端带钩。包皮为皮肤折转而形成的一个管状皮肤鞘，起容纳和保护龟头的作用。

二、母貉的生殖系统

母貉的生殖系统由卵巢、输卵管、子宫、阴道和外生殖器官组成（图 4－2）。

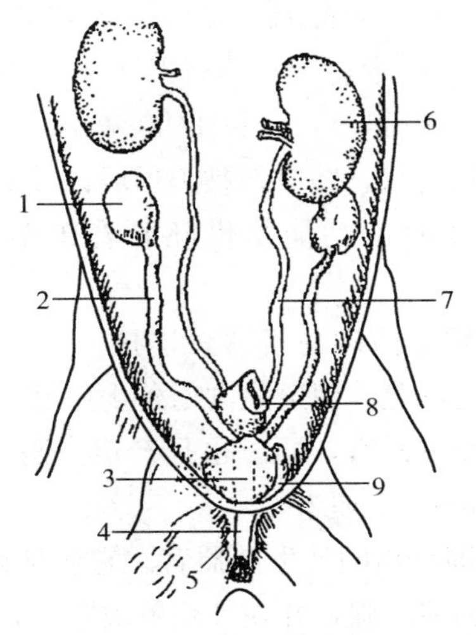

图 4－2　母貉的生殖系统

1. 卵巢　2. 子宫角　3. 子宫体　4. 阴道　5. 阴门
6. 肾　7. 输尿管　8. 直肠　9. 膀胱
（引自白秀娟，2007）

1. 卵巢 母貉卵巢左右各一，分别紧挨着左右两肾脏，被脂肪囊包围固定。卵巢形状为扁圆球状，直径为4～5毫米。卵巢是产生卵细胞的器官，为母貉交配受孕提供物质基础。另外，卵巢还分泌雌性激素，促进其他生殖器官的发育，刺激乳腺发育，并使发情母貉产生性欲，接受交配，产生繁殖行为。

2. 输卵管 是一长管状结构，位于卵巢后面，连接卵巢与子宫角，与卵巢相对应，左右各一条，在子宫体汇合。貉的输卵管很细，常与伴膜一起粘成索，盘曲在卵巢囊上。输卵管的作用是输送卵细胞至子宫体，并往往成为精卵结合进行受精作用的场所。

3. 子宫 子宫由子宫角、子宫体和子宫颈组成。子宫角有2个，左右各一，分别连通着2条输卵管，长70～80毫米，直径3～5毫米；子宫体只有1个，由子宫角汇合膨大形成，长30～40毫米，直径15毫米左右。从子宫体向外为子宫颈，呈圆筒状，壁厚，黏膜形成许多皱褶，子宫颈比子宫体要细。子宫的功能是供胚胎着床发育，并将胎儿娩出。

4. 阴道 阴道前端与子宫颈连接，并在连接处形成拱形结构，即阴道穹隆。阴道是沟通外生殖器官与内生殖器的通道，母貉的交配器官，同时也是产道。阴道全长10厘米左右，直径1.5～1.7厘米。

5. 阴门 即母貉的外生殖器官。它包括前庭、大阴唇、小阴唇、阴蒂和前庭腺，并在外面覆被阴毛，在非繁殖期陷于皮肤内，外观不明显。发情期，各部分肿胀，阴唇外翻，表现出明显的形态变化，这种变化是进行母貉发情鉴定的重要依据。

6. 乳腺 母貉有5～6对乳腺，在腹部排列2行，前部自胸壁的后部起，后端达腹股沟部。乳腺的位置根据其分布部位，分为胸、腹及腹股沟3部分。每个乳头顶端有许多个细小的排乳孔。

第二节 貉的繁殖特点

貉属于季节性繁殖动物，每年繁殖一胎。貉的发情季节很短，只在每年2月中旬至3月末才有发情。公貉与母貉繁殖特点不同。在发情配种季节，公貉一直处于性欲旺盛状态，随时可以进行交配；母貉每年只在繁殖季节内有一个发情周期，发情时间延续10～15天。

一、性成熟

野生貉性成熟时间一般为8～10月龄。人工饲养繁殖的幼貉，由于人为管理弥补了自然状态下的某些不良因素，所以个体发育在顺境下迅速加快，幼貉的形态、行为发育都比野生状态下提前。因此，人工饲养的幼貉性成熟时间比野生貉提早1个月左右，8～9月龄即达成熟，公貉较母貉稍提前。性成熟时间受遗传因素、营养状况、窝室温度和个体等多种因素影响。笼养野生貉，无论是幼年貉还是老貉，由于引种之初不能很好地适应笼养环境，一般当年的繁殖率较低，仅35%左右可正常繁殖，大部分不能正常繁殖。

貉的生殖器官和性腺发育有着明显的季节性变化，性成熟貉的性表现也呈周期性变化。每年春季2月中旬至3月中旬（人工养貉）种貉性表现强烈，尤以2月下旬至3月上旬3周时间内，大群发情表现明显。发情貉明显的性表现特征是外阴的变化，并在行为上有强烈的烦躁不安表现。处在发情期的貉，公貉表现为阴囊下垂，阴茎外伸；母貉则表现为外阴部变红、阴门红肿且敞开，有黏性分泌物。公、母貉均表现为情绪激动，狂躁不安，食欲下降，并表现异性之间相互追逐，有时发出不安的叫声。

二、繁殖周期

貉一般在2—3月发情。影响貉发情早晚的因素除纬度外，还有营养水平、母貉年龄和异性刺激等。准备配种期若饲养粗放，则不能保证其生殖器官的正常发育，发情一般较晚甚至不发情；若营养水平过高，母貉过肥，同样影响正常发情。因此，在准备配种期，饲料要保证全价、营养水平合理。年龄也是影响母貉发情早晚的重要因素。1岁母貉发情最晚，集中在2月下旬和3月初；2岁和3岁母貉发情较早，集中在2月中旬；4～5岁及以上母貉发情较2～3岁的晚，集中在2月下旬。繁殖的最佳年龄为3～4岁，此时成年貉的身体机能达到最佳状态，对外界逆境抗御有足够的经验，更容易担负起保护、照顾幼貉的责任，有利于提高繁殖能力，促进种群发育。

（一）貉的性周期

貉属于季节性一次发情繁殖的动物，一般每个繁殖期仅有一个发情周期，其生殖器官在不同季节具有明显的季节性变化规律。

1. 公貉的性周期 公貉的性周期比较简单，也容易把握。即每年的 1 月下旬就进入了繁殖时期，一直持续到 4 月上旬，个别公貉可持续到 4 月中旬。对公貉来讲，发情期重要的任务就是配种，即从每年的 1 月中旬持续到 4 月中旬，母貉发情集中的时期，公貉每天都能保持旺盛的性欲，每天可交配 1～2 次。4 月中旬交配结束，进入静止状态。公貉的睾丸在静止期仅有玉米粒大，直径 5～10 毫米，质地坚硬，附睾中没有成熟的精子。阴囊贴于腹侧，布满被毛，外观不明显。睾丸一般从秋分节气开始发育，至小雪节气时直径达 16～18 毫米，冬至节气后生长速度加快，翌年 1 月底至 2 月初可达 25～30 毫米，质地松软，富有弹性。此时阴囊被毛稀疏，松弛下垂，外观明显，附睾中有成熟的精子，这时正值配种期开始，公貉开始有性欲表现，并可进行交配。整个配种期持续 60～90 天，公貉始终有性欲要求，但随时间延长性欲逐渐降低，发情暴躁，有时扑咬母貉，但与发情好、性情温驯的貉也可达成交配。交配期结束后，公貉睾丸很快萎缩，至 5 月又恢复到静止期大小，然后开始新的周期。幼龄公貉的性器官随身体的生长而不断发育，至性成熟，其年周期变化与成年貉相同。

2. 母貉的性周期 母貉性器官的生长发育与公貉相似，卵巢大致从秋分节气开始发育，至翌年 1 月底 2 月初卵巢内已形成发育成熟的滤泡和卵子。笼养母貉发情时间由 2 月上旬至 4 月上旬，持续 2 个月。发情旺期集中于 2 月下旬至 3 月上旬。其中，笼养经产貉发情较早，旺期集中在 2 月下旬；初产貉次之，旺期集中在 2 月下旬至 3 月上旬。受孕后的母貉，随即进入妊娠及产仔期，非受孕母貉则又恢复到静止期。

（二）母貉的发情周期

母貉每年只有一个发情周期，这个周期按外阴变化特点、性欲表现程度等，又可细分为发情前期、发情盛期、发情后期及静止期4个阶段。

1. 发情前期 指母貉开始有发情表现到接受交配的时期，此阶段最短4天，最长25天，一般7～12天。前2～5天，阴毛开始分开；阴门逐渐外露，并有明显红肿，阴蒂稍有膨大、呈圆形，阴唇稍微向外翻转。用手指挤按阴部，感觉较硬，且有少量分泌物从阴门排出。此期放对试情，母貉对公貉有好感，可一起嬉戏玩耍，但不允许公貉爬跨交配。

2. 发情盛期 指母貉连续接受交配的时期，即性欲旺盛期。此期一般6～9天，母貉精神极度不安，不停地走动，食欲大减，频尿引逗异性，反复发出求偶鸣叫，可连发出三四个"咕"的叫声，或"哼哼""嗯"的叫声。此时阴门肿胀，阴唇外翻、呈圆形或椭圆形，阴门两侧上部有轻微的皱纹，黏膜多呈深红色、暗红色或浅灰色。有的黏膜出现水肿、灰白色，阴蒂明显肿胀、潮红，并有黄色或乳白色的黏稠分泌物从阴门流出，持续2～4天。多数母貉非常兴奋，主动接近公貉，将尾翘向一侧，等候公貉爬跨交配；有的母貉还嗅闻公貉，以示亲近。此期正是母貉的排卵期，是貉交配的最好时期。

3. 发情后期 指母貉从拒配到生殖器官恢复原状的这一段时期。此期一般5天左右，短的只需2天，而长的要10天以上。这一时期母貉的性欲逐渐消退，拒绝公貉再行交配，并讨厌公貉的亲近。发情后期母貉外生殖器官逐渐复原，各部分充血肿胀均已消失，阴门开始收缩直至关闭，黏膜干涩皱褶，分泌物减少直至停止。这时母貉情绪逐渐平静下来，不再鸣叫、走动。

4. 静止期 指貉发情周期以外的时期，从时间上讲是仔貉断奶到 9 月下旬进入准备配种的前期，即每年的 7 月至 9 月下旬，时间只有 3 个月。对于受孕母貉而言，发情后期以后，要经过一个产仔泌乳期才真正进入静止期。9 月下旬秋分之后，日照时间由长变短，母貉的性腺——卵巢开始缓慢发育，这一段时间虽然从性表现来看，母貉处于非发情状态，没有明显的性欲，也没有性表现特征，但其性腺在缓慢发育，内部已开始有变化。12 月下旬从冬至开始，日照时间由短变长，母貉性腺发育开始加快，到翌年的 1 月末 2 月初母貉性腺发育完成，母貉开始有性欲，卵巢上开始有成熟的卵泡，卵泡中有成熟的卵子，母貉开始进入发情期。

对季节性繁殖的毛皮动物，习惯性地把秋分开始到翌年 1 月末这一段时间称为准备配种期，准备配种期又根据光照时间分为两个阶段：头一年的秋分开始到冬至，日照时数由长变短的时期，性腺开始发育但发育比较缓慢的阶段，称为准备配种前期；冬至到翌年的 1 月末 2 月初，日照时数由短变长，性腺发育迅速的这一段时间称为准备配种后期。准备配种期虽然没有发情、配种、繁殖等行为表现，但性腺活动并没有停止，所以不是真正意义上的静止期。

三、妊娠

公母貉交配后，精子和卵子结合而受精妊娠。貉的妊娠期为 54～65 天，平均为 60 天，初产或经产的母貉妊娠期没有明显差别。妊娠 10～12 天以后，胚胎发育逐渐加快，这时母貉食欲旺盛，采食量增加，性情变得安静、温驯。妊娠到 25～30 天，在母貉腹部可能摸到鸽卵大小的胎儿。40 天后，母貉腹部开始膨大，逐渐下垂，背脊凹陷，腹部毛绒竖立，形成纵向裂纹，行动迟缓。到 50～55 天时，临产前的母貉拔毛做窝，经常蜷缩在小室内不愿出来活动，尿频，多便，排出的粪便条短，时常发出呼唤声，拒食等。妊娠期母貉新陈代谢旺盛，体重也相应增加，毛色也明显光亮。母貉表现性情温驯，喜安静，活动减少，常卧于笼网晒太阳，对周围异物、异声等刺激反应敏感。母貉有 4～5 对乳头，对称分布在腹下两侧。妊娠后期乳腺区从前到后发育较快，产前乳头突出，颜色变深，大多数母貉有拔乳头毛或衔草做窝的现象。

胚胎在妊娠的不同阶段均可发生死亡，造成妊娠中断。早期胚胎死亡比较多见，主要是由于营养不足、缺乏维生素等。死亡的胚胎多被母体吸收，妊娠母貉腹围逐渐缩小而不再产仔。胎儿长大后死亡会引起流产，多由于母貉食入变质饲料或发生疾病引起。妊娠期母貉受到应激会造成紧张、不适和行为失常等，影响胚胎的正常发育。因此，在母貉的妊娠期，除了按饲养标准供给营养外，还要保证貉场的安静，杜绝参观和机动车辆进入。饲养人员要细心看护，严禁跑貉。

四、产仔

1. 产仔期　东北地区母貉产仔最早在 4 月上旬，最迟在 6 月中旬，集中于 4 月下旬至 5 月上旬。一般笼养繁殖的经产貉产仔期最早，初产貉次之，而笼养的野生貉最晚。笼养貉的产仔时期还与地理纬度有关，一般纬度高的地区较纬度低的地区早些。

2. 产仔行为　母貉临产前多数食量减少或停止吃食。母貉产仔多在夜间或清晨的产箱中进行。个别的也有在笼网或运动场上产仔的，分娩持续时间 4～8 小时，个别也有1～3 天的。仔貉每隔 10～15 分钟生出 1 只，仔貉出生后母貉立即咬断脐带，吃掉胎衣和胎盘，舔舐仔貉身体，直至产完才安心哺乳仔貉；个别的也有 2～3 天内分批产出的，初生的仔貉发出间歇的“吱、吱”叫声。

3. 产仔能力　貉是多胎动物，胎平均产仔 8 只左右，最多可达 19 只。一般经产貉产仔能力优于初产貉。

第三节　貉的繁殖关键技术

一、发情鉴定

（一）种公貉的发情鉴定

公貉发情比母貉早，每年的 1 月末到 2 月中旬，大多数公貉都具备了配种能力。发情的公貉活泼好动，经常在笼内来回走动，有时翘起后肢斜着往笼网上撒尿，有时往食盆里撒尿，经常发出“咕、咕”的求偶叫声。发情好的公貉睾丸膨大，下垂，捏着有弹性，大小与鸽蛋差不多。公貉睾丸发育正常，质地松软，配种期睾丸下降到阴囊之中，阴囊颜色红润，这是公貉有配种能力的表现。睾丸偏小、质地硬、不松软、无弹性，或睾丸还没有下降到阴囊中，这样的公貉一般无配种能力。

（二）母貉的发情鉴定

母貉的发情要比公貉晚些，多数在 2 月中旬至 3 月上旬，个别的到 4 月，这样的母貉受配率、胎产仔数都低。母貉的发情鉴定通常采用发情行为观察、生殖器官外阴部检查、放对试情和阴道分泌物细胞检查 4 种方法。

1. 发情行为观察 母貉进入发情期时情绪激动，行为表现不安，在笼内来回走动，食欲减退，排尿频繁，经常在笼网上摩擦外阴部或用舌舔舐自己的外阴部。发情旺期，母貉精神极度兴奋，食欲减退或拒食，不断发生急促的求偶声。发情后期，母貉精神状态和食欲恢复正常。

2. 生殖器官外阴部检查 用专用的捕貉套捕捉即将发情的母貉，仔细检查并观察外生殖器官的变化，根据生殖器官的形态、颜色、分泌物量来判断母貉的发情程度。每个养貉场在配种期到来时，应对整个母貉群进行一次普遍发情检查，记录每只母貉外阴部形态、颜色和分泌物量，以后根据每只母貉的发情进展情况，掌握复检和放对配种时间。

发情表现一般，记录为“+”，这样的母貉间隔 5～7 天后再检查。发情症状显著者，记录为“++”，阴毛基本分开，阴门肿胀程度增加，颜色开始变深，有较多的淡黄色黏液。这样的母貉等 2～3 天再检查或放对试情。具有典型发情症状的母貉记录为“+++”，阴毛完全分开，阴门外翻，高度红肿，颜色暗红，有大量的乳黄色黏液，表明母貉已进入或很快进入发情期，应立即放对试情。如接受交配，可选择公貉放对配种。不同发情阶段生殖器官外阴变化如下：

（1）发情前期 外阴部阴毛开始分开，阴门口开始肿胀、外翻，到发情前期的最后阶段，肿胀程度达到最大，近似椭圆形，颜色开始变暗。用手压外阴部，有少量稀薄、浅黄色的分泌物向外溢，但不流出外阴部。

（2）发情期　阴门的肿胀程度不断增加，颜色变暗，阴门开口呈 T 形，出现较多的乳黄色、黏稠状分泌物。此期是配种的最佳时期。

（3）发情后期　阴门的肿胀程度减退、阴毛合拢，阴门内黏膜干涩、出现细小皱纹，分泌物较少但脓黄，有些污秽不洁。

正常母貉发情时，外生殖器官会发生如上所述的典型变化。但也有少数母貉，在配种期外生殖器官不会出现以上比较典型的变化。可能是因为母貉生殖机能异常或隐性发情，但能正常排卵，只要坚持配种，也能妊娠和产仔。

3. 放对试情　是检验母貉发情程度的一种方法。即在发情期内，每天早晨，把母貉放入公貉笼内，根据母貉的表现判断其发情程度。开始发情时，母貉主动接近公貉，与试情的公貉玩耍、嬉戏，但拒绝爬胯交配。每当公貉试图爬胯交配时，母貉尾巴使劲往两后肢中间收，并回头扑咬公貉，这样就不能达成交配。如果母貉发情好，公貉接近时，其两后肢站立，尾巴翘向一侧，静候公貉来爬胯。当公貉爬胯时，母貉还会迎合公貉交配。如果公貉的性欲不很强，母貉甚至钻入公貉腹下或去爬胯公貉，以刺激公貉动情。发情后期，母貉性欲急剧减退，对公貉不理不睬或产生“敌意”，很难达成交配。生产实践中，可将母貉放入不同公貉笼内试情，有的母貉有择偶性，容易误判，影响配种。

4. 阴道分泌物的细胞图像观察　母貉发情和排卵受体内生殖激素的调节和控制。生殖激素（雌激素）作用于生殖道，使上皮细胞增生、增大，为交配做准备。因此，在发情周期中，随着体内生殖激素的变化，阴道分泌物中脱落的各种上皮细胞的数量和形态也呈现规律性的变化。因此，阴道分泌物的细胞图像检测可以作为发情鉴定的方法之一。

貉阴道分泌物中有角质化鳞状上皮细胞、角质化圆形上皮细胞和白细胞 3 种细胞。

（1）*角质化鳞状上皮细胞*　为多角形，边缘卷曲不规则，主要在临近发情前或发情期出现。随着发情期的临近，角质化鳞状上皮细胞的数量比例逐渐增多，明显升高时间在初配前 3 天，初配后的第 1 天达到最高值（62.35%）。拒配时，角质化鳞状上皮细胞的数量比例迅速减少；初配后 7～12 天，恢复到发情前期的水平。

（2）*角质化圆形上皮细胞*　形态为圆形或近似圆形，大多数有核，细胞质染色均匀且透明，边缘规则，直径平均为（35.31±9.24）微米。在发情周期各阶段和孕期均可见到，一般单独分散存在，各阶段的数量和比例没有明显变化。

（3）*白细胞*　主要为多型核白细胞，直径（9.15±1.84）微米。在发情前期和进入妊娠期后，一般以分散游离状态存在，分布均匀，边缘清晰；在发情期，则聚集成团或附着于其他上皮细胞周围，此时由于体积变大，直径为（12.60±2.91）微米。在发情前期之初，分泌物细胞图像几乎全部由白细胞组成（94.60%）；随着发情期临近，它的数量比例逐渐减少；到初配后的第 1 天，达到最低值（32.83%）；拒配后开始上升，初配后 7～12 天恢复到发情前期水平。

因此，阴道分泌物中出现大量的角质化鳞状上皮细胞，是母貉进入发情期的重要标志。在阴道分泌物中通过检测它的角质化鳞状上皮细胞的数量和比例，结合外阴部检查等发情检查方法，可以提高母貉发情鉴定的准确率。

阴道分泌物涂片检验方法：用经过消毒的吸管，插入待检母貉阴道 8～10 厘米，吸取阴道分泌物，在清洁的载玻片上涂抹薄薄一层，晾干后，于 100 倍显微镜下观察。用血细胞计数器计算各种细胞的数量、比例。

二、配种技术

目前，很多养貉场仍然采取本交的方法配种，这里对本交放对配种技术作详细介绍。

（一）放对方法

公貉交配时对环境要求较高，不熟悉的环境或杂乱的环境影响公貉的性欲。交配放对时，通常将母貉放入公貉笼内，原因是：①公貉对交配很主动，将母貉放入公貉笼内，只要发情旺盛，公貉很快就追逐爬胯；②公貉在自己熟悉的环境中，性兴奋不受压抑，可以缩短配种时间，提高配种率。但是若有特殊情况，也可以将公貉放入母貉笼中交配。

放对分为试情放对和交配放对。

1. 试情放对 主要是通过试情来证明母貉的发情程度。如果母貉发情未达到旺期，放对时间不应过长，避免公、母貉之间因达不成交配而产生恐惧和敌意，对以后的交配放对不利。

2. 交配放对 是在确认母貉已进入发情旺期的情况下，尽量让它们达成交配，所以只要公、母貉比较和谐，就应坚持连续放对，以达成交配为原则。貉交配放对最好在早晨或上午进行，此时公貉精力充沛、性欲旺盛，容易达成交配。对于母貉，一般在饲养员观察确定发情后，都采用放对配种的方法。只有技术力量强、管理科学的饲养场，才使用人工授精技术。

（二）配种方式

貉为季节性一次发情动物，自发性陆续排卵。放对配种通常采取连日复配的方式，即初配后，还要连续每天复配1次，直到母貉拒配为止，这样才能提高产仔率。在一个发情期里每天交配1次，连续交配3～4次。有的母貉在上一次交配后，间隔2天才接受下一次复配。为了确保母貉的复配，对那些择偶性强的母貉，可以更换公貉进行双重配种或多重配种。这样的后代因来源不清不作种貉留用，只能作商品皮貉出售。

（三）貉的交配行为

母貉发情旺盛期放对后，会主动接近公貉，并且两后肢撑起、臀部抬高，尾巴偏向一侧；公貉也主动接近母貉，伸长颈部闻母貉外阴部，举起前肢爬在母貉背上，后躯反复抽动，将阴茎插入母貉阴道，这时臀部抖动加快、内陷，两前肢紧紧抱着母貉腰部，静止约1分钟，尾巴开始轻轻扇动，这是射精的表现。射精后母貉转身，腹部朝上与公貉腹面相对，公、母貉脸对脸嬉戏、轻轻地啃咬，并发出“哼、哼”的叫声，5～10分钟分开，最长不会超过25分钟。

（四）注意事项

1. 放对时把母貉放入公貉笼　貉放对配种时将母貉放入公貉笼，这样可缩短交配时间。若把公貉放入母貉笼，公貉因改变环境，对母貉笼内的气味非常敏感，来回走动、嗅闻，会分散对母貉的注意力，延长交配时间。

2. 放对时间应在早上或上午10时之前 生产实践证明，在雪天或寒冷天气里放对交配，受配率、产仔率均高。在不太寒冷的地区早晨放对，天气凉爽，公貉性欲高、精力充沛，配种效果好。

3. 母貉交配后24小时进行下次复配 实践证明，母貉每天交配2次，间隔24小时复配2次，与间隔24小时复配1次的受胎率、产仔率差异不显著。所以，每隔24小时复配1次可以比较合理地利用种公貉。

（五）种公貉的训练和利用

1只公貉一年中要配3～5只母貉，在配种中担负着重要任务。训练公貉，提高公貉的配种能力，是完成配种任务的重要保证。

1. 提前训练公貉，提高配种能力 被训练的年轻公貉，必须选择睾丸发育好、性欲较强的；选择发情征状明显、性情温驯的母貉与其交配。发情表现不明显或没有把握的初配母貉，不能用来训练小公貉。最好使用发情好的经产母貉，这样很容易达成交配，第一次交配成功后，以后再交配公貉就有经验了，不再惧怕母貉。

2. 合理利用公貉 种公貉的配种能力个体之间有所差异，一般情况下每只公貉在配种期间配种次数能达到6～12次，好的种公貉配种次数能达到20次，差的公貉在配种期里配种次数仅有2～3次。如果是老龄公貉，当年配种次数只有2～3次，换完冬毛后应予以淘汰处理；第一年参与配种的小公貉，只要体型好、毛色好，尽管第一年配种利用率不高，也要留下，看第二年配种情况，如果第二年配种情况好就留下，配种情况仍不好的就淘汰。

公貉可划分为幼龄公貉、壮年公貉和老年公貉。头一年留的小公貉，第二年春初次配种的公貉称幼龄貉；2～5岁的公貉为壮年公貉；5岁以上的公貉为老龄公貉。一般老龄公貉在配种季到来时参与配种时间比幼龄貉早，结束配种时间比幼龄貉也早。合理利用种公貉的一个重要环节是配种期到来的初期要充分利用老龄公貉，配种的中后期则主要利用1岁的幼龄公貉，壮年公貉是配种期完成配种任务的中坚力量，老龄公貉、幼龄公貉仅为辅助力量。

整个配种期为保持和发挥种公貉的配种能力，饲养场的技术人员或饲养员应统筹安排，有计划、合理地安排使用种公貉。在配种前期和中期，每天每只公貉可以接受1～2次母貉试情放对，每天只能成功地交配1～2次。公貉每天成功交配1次，可连续放对5～7天；若每天成功交配2次，则连续交配3天，必须安排其休息2天后再放对，否则影响精液品质和受精率。

到了配种期最后阶段，由于气温升高（4月上中旬），公貉性欲减退，性情变得粗暴和急躁，有的甚至追咬放对母貉。这时应选择那些性欲强、没有恶癖的种公貉，这样方能顺利达到交配。另外，有少量配种能力强的种公貉，可以有意地少安排一些母貉配种，维持它旺盛的配种能力，有难配种的母貉时，用它来解决难配的母貉，这样能提高受配率。

3. 提高公貉配种力的措施

（1）根据公貉配种特点安排配种计划　性欲旺盛的公貉和性情急躁的公貉要及早放对配种，每天放对的第一只母貉发情表现要好、性情温驯，力争达成交配。

（2）气温高时要早晚放对　公貉性欲与气温有很大关

系。气温升高，公貉的性欲降低；配种期里，若有降雪、气温骤降或大风降温，公貉的性欲反而增强。所以，配种期要注意做好以下几项工作：①配种期尽量将公貉养在棚舍阴面，这里气温低一些，公貉精神好、性欲强；②配种期气温偏高的地区，如暖温带地区，放对时间应安排在早、晚进行，此时公貉性欲强容易达成交配；③配种期有雨雪天气、气温骤降时，公貉性欲旺盛，抓紧配种。

（3）*配种期内养貉场应保持安静*　公、母貉配种期对周围环境有一定要求，人声嘈杂和噪声刺激均会使其性行为受到抑制，不利于配种。因此，在配种期间要尽量保持场区安静，饲养人员观察时也不要太靠近放对的貉笼，并禁止其他动物进入饲养区。

（六）配种期的观察与护理

在放对配种期间，饲养员应注意以下几个方面，发现问题及时处理，以免造成损失。

1. 确认母貉是否达成交配　多数母貉在交配后很快翻转身体，面向公貉，不断发出叫声并与公貉进行嬉戏。如果饲养员观察到上述行为，则可以认定母貉已经受配。但也有少数母貉交配完成后不翻转身体，也无叫声，只是臀部紧贴公貉后躯，这与没有交配成功的母貉不易区别。这就要求在貉交配时，饲养人员要认真、全程观察它们的交配行为，为防止漏配，可用显微镜检查母貉阴道内有无精子。若有精子存在，则可以确定公貉已经射精。

2. 防止公、母貉咬斗　母貉发情还没有到最适交配期，或已发情的公、母貉某一方有择偶性，不愿让对方交配，则会发生咬斗。如出现上述情况，饲养员应马上制止，否则公、母貉一旦被咬伤，很容易出现性抑制。出现性抑制的种貉惧怕对方，放对也不容易达成交配。若公貉的阴茎或睾丸被咬伤，则会失去种用价值。因此，在公、母貉放对后，饲养员不能离开，应密切观察，一旦公、母貉发生咬斗现象，应及时将其分开。

3. 必要时采取辅助交配措施 有个别母貉不能顺利地达成自然交配，应及时采取人工辅助交配的措施。辅助交配时，应选择性欲旺盛、个体大且性情温驯的公貉。对交配时不站立的母貉，饲养员一手抓着颈背背部的毛皮，将头固定，另一只手从腹部插入两后肢之间将其臀部托起，朝向公貉，待公貉爬胯并且后躯不停抽动，最后公貉臀部抽搐得形成一道纵沟时，表明公貉已射精，因为这是其射精的典型动作。只要顺应公貉的交配行为，一般都能达成交配。

对于发情好就是不抬尾巴的母貉，可以用细绳拴住尾尖的毛把尾拉起来，绳的另一端拴在背部毛上，使阴部外露，再放对让其交配。但是栓尾巴的绳要用母貉毛盖一盖，让其隐在毛绒里，以免公貉发现，抓咬绳子，交配结束后就将绳子解下来。对于发情表现很好但咬公貉、不让交配的母貉，可以做一个嘴套套住母貉的嘴，使之无法咬斗。

三、人工授精技术

为了节省饲养公貉的成本，充分利用优秀种公貉资源，可以采取人工授精技术。下面介绍貉人工授精的关键技术环节。

（一）采精技术

1. 采精操作过程 先准备几个收集精液的集精杯，洗涤干净后消毒。消毒后的集精杯妥善保管备用。人工采精的公貉在没有采精以前要进行训练，使其习惯于人工采精。

人工采精时需要两名饲养员进行配合，一人保定好待采精的公貉，另一名饲养员进行采精操作。采精操作人员在采精前，先按摩公貉睾丸和会阴部，然后采精人员将拇指、食指捏在公貉阴茎两侧，中指捏在阴茎腹面，捏住阴茎中部并沿阴茎纵向撸压和滑动包皮，对阴茎进行摩擦刺激，公貉阴茎勃起，阴茎中部的球状海绵体膨大。此时，将阴茎从公貉两后腿之间拉向后方，将包皮撸至球状海绵体后方继续撸压球状海绵体和后部的阴茎，撸压速度放慢，每秒 1～2 次，撸压球状海绵体时稍用力一些，如此反复操作 10 秒左右，直至射精为止。为提高采精效果，按摩时应配合公貉性反射行为调整撸压按摩频率和力度，以刺激其排精。适度的撸压刺激可使公貉表现兴奋和舒适；刺激力度不够，公貉无性反射，阴茎勃起速度慢且不坚挺；刺激力度过大、过强时，公貉有痛感，会出现性反射抑制现象。

公貉射精过程中仍需对其进行按摩刺激，整个撸压采精过程大约需要几十秒，最多不超过 120 秒。采精工作结束后，应迅速将精液送到精检室内，放入 37℃的保温箱内，并做好采精记录。公貉射精结束后阴茎回缩时，将包皮向阴茎头部位撸挤，使阴茎复原。

2. 精液的接取 开始射精时，公貉自主抖动动作停止，尾根部紧张下压。这时采精者另一只手握住精杯底部，用手掌保温，准备接取精液。公貉射精时，首先射出的是副性腺分泌物，白色透明尿样液，可以不接，之后射出的是乳白色的精液，要及时接入集精杯内。

3. 采精频率 指每周对公貉采精的次数。为了能最大限度地获得采精效果，维持公貉的健康状况又保证精液品质，必须合理安排采精次数。公貉每周采精 3～4 次较为合理，一般每隔 1 天采精 1 次，若连续采精 3 天，可让公貉休息 2 天；连续采精 2 天，中间休息 1～2 天也可以，要看公貉每次采精量和精液品质而定。不可以随意增加采精次数，过度利用，精液品质下降。

（二）精液品质检查

检查精液品质的目的，主要是确定公貉的利用价值，淘汰不育或低育的公貉，提高母貉受胎率和胎产仔数。

1. 精液品质检查方法 精液品质检查时，室内温度应保持在 18～25℃，此温度对精子活力无不良影响。用玻璃吸管吸取精液 1 滴，放在载玻片上，在 200 倍的显微镜下观察。显微镜检查时，根据精液中精子的活力和密度评定等级。

2. 精子活力评定 将载玻片置于显微镜下观察，以直线前进运动的精子所占的比例来评定精子的活力。通常用三级评定法。

三级：在显微镜视野中，70%以上精子为直线运动者，定为三级。

二级：在显微镜视野中，60%精子活泼、以直线运动者，定为二级。

一级：在显微镜视野中，不超过 30%精子为直线运动者，定为一级。

三级最好，一级最差。

3. 精子密度评定 与精子活力检查同时进行，一般用估测法。根据精子稠密程度，将其粗略地分为稠密、中等、稀薄 3 个等级。

稠密：在整个视野中，精子之间距离仅能容纳 1～2 个精子者，为稠密。

稀薄：精子之间距离可容纳 10 个以上精子者，为稀薄。

中等：介于稠密和稀薄之间者，为中等。这一等级密度差距较大。

4. 精子利用评定 精子的密度和活力若达到中等密度、二级活力，稠密密度、一级活力，或稀薄密度、三级活力，三种情况均能利用。公骆精液品质评价可参考表 4－1。

表 4－1 公骆精液品质评价参考

（引自陈宗刚，2012）

<table>
<tr><th colspan="2">优质精液</th><th colspan="2">可以利用的精液</th><th colspan="2">不能利用的精液</th></tr>
<tr><th>密度</th><th>活力</th><th>密度</th><th>活力</th><th>密度</th><th>活力</th></tr>
<tr><td rowspan="2">稠密</td><td rowspan="2">三级</td><td>中等</td><td>二级</td><td>稀薄</td><td rowspan="3">一级以下</td></tr>
<tr><td>稠密</td><td>一级</td><td>无精</td></tr>
<tr><td>稠密</td><td>二级</td><td>稀薄</td><td>三级</td><td>精子畸形</td></tr>
</table>

（三）精液的稀释与保存

1. 精液稀释液配方介绍

（1）稀释液Ⅰ 氨基乙酸 1.82 克、枸橼酸钠 0.72 克、蛋黄 5 毫升、蒸馏水 100 毫升。

（2）稀释液Ⅱ 氨基乙酸 2.1 克、蛋黄 30 毫升、蒸馏水 70 毫升、青霉素 1 000 国际单位/毫升。

（3）稀释液Ⅲ 葡萄糖 6.8 克、甘油 2.5 毫升、蛋黄 1 毫升、蒸馏水 97.0 毫升。

2. 精液稀释方法与精液稀释液检查 精液稀释后 3 小

时内精子活力在 30～37℃的条件下达到 0.7 或大于 0.7，说明稀释液的质量达到标准。根据这个精子活力标准，必须把不符合标准的稀释液标明。不同公貉的精液对稀释液的适应性会有所差别，多配几种稀释液效果会好一些。

3. 稀释液的保存 稀释液应保存在 4～5℃冰箱中，当天取用，并加温预热，预热后未用完的稀释液弃之不用。

4. 精液稀释倍数 按精液的密度、精子活力、畸形精子率的检测结果，计算出每毫升原精液中的有效精子数，再按稀释后精液应含有的有效精子数（7 000 万个/毫升）和当日输精母貉数量计算出稀释倍数。稀释倍数＝每毫升原精液中有效精子数/输精时每毫升稀释精液中所要求精子数。

5. 精液的稀释 将精液稀释液用移液管移到试管内，并置于盛有 35～37℃温水的广口保温瓶或水浴锅内保温备用。稀释时先按稀释倍数准确量取所需的稀释液，再将稀释液沿集精杯壁缓慢加入到精液中，轻轻摇匀；严禁稀释液快速冲入精液，并激烈震荡。稀释后的精液应在 25～35℃的条件下保存，保存时间不应超过 3 小时。

（四）人工输精

1. 做好母貉发情鉴定和疫病检查工作 为提高母貉妊娠率，并防止疫病传播，人工输精前必须进行发情鉴定和疫病检查。凡发情未在旺期、试情时不接受公貉爬胯的母貉，就不能急于输精，否则会影响妊娠率。在检查母貉发情状况时，应同时进行生殖道疾病检查。若存在生殖道疾病，则应先治疗，后输精。

2. 输精器材的准备 在进行貉人工授精之前，先准备好输精器、注射器、阴道插管、70％的酒精和酒精棉球等。

输精操作室温度应升至 18～25℃，同时在室内外要进行常规消毒。所用人工授精器材如输精器、阴道插管等事先都要严格消毒后备用，使用时每输 1 次精使用 1 份。用后再洗涤消毒处理。所用 5 毫升注射器，最好为医用无菌一次性注射器。

3. 人工输精操作（子宫内输精） 输精最好两人配合操作，一人保定母貉，一人输精操作。保定人员用保定套套住母貉脖或保定人员左手抓住母貉脖子背部皮，右手抓住尾巴及臀背部皮，保定好母貉，输精人员用 0.1%～0.2%新洁尔灭消毒液消毒母貉外阴部及周围部分，然后进行输精操作。

（1）先插入阴道插管 母貉外阴部消毒后先将阴道插管插入阴道内，其内端抵达子宫颈口处；左手虎口部托着母貉下腹部，将拇指、食指、中指摸到阴道插管的前端。

（2）固定子宫颈位置 以左手拇指、食指和中指固定子宫颈位置，右手持输精器末端向阴道插管内插入，前端抵达子宫颈处调整输精位置探寻子宫颈口。

（3）两手配合 左手和右手配合，将输精器（图 4－3）前端轻轻插入子宫体内 1～2 厘米，固定不动。助手将吸有精液的注射器插接在输精器上，推动注射器将精液缓慢注入

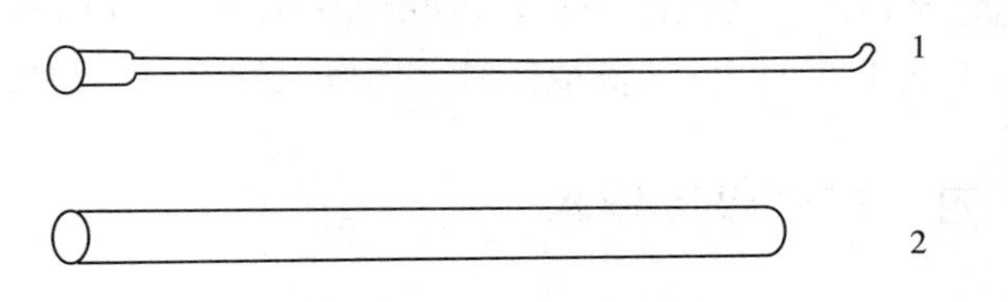

图 4－3 貉人工输精器

1. 输精器 2. 阴道插管

（引自陈宗刚，2012）

子宫内。输精技术熟练的操作者，事先将吸有精液的注射器插在输精器上，当将输精器插入母貉子宫内后，由输精者自己直接将精液输入，不需要助手协助操作。

（4）注射器吸取精液时的注意事项　注射器吸取精液时，应注意注射器的温度和精液的温度应一致或接近，缓慢吸入至规定刻度时，再适当地少吸入一些空气，以保证输精时将所有精液输入子宫，防止残留在输精器内造成精液浪费。

（5）输精后的处理　输精结束以后，操作人员要缓慢地抽出输精器。如果输精操作者技术熟练、方法得当，母貉生殖道正常，输精过程中母貉安静，输精后母貉一般无不良反应。

（6）输精量　输精量视有效精子的量而定。每次每只母貉输入有效精子的量应不少于 7.0×10^{7} 个。例如稀释后精液密度假定为 1.0×10^{8} 个/毫升，精子均为有效精子，那么每只母貉每次输精量 0.7 毫升即可。

（7）输精次数　一般人工授精次数应为 2～3 次，每天 1 次。初次输精若在假发情、待发情后，应再输 2～3 次，假发情时输的不计算在内。

（8）有效输精的判定　往外拉输精器时，手感有阻力；拉出输精器时，精液不倒流；镜检输精器内残留精液，精子活力不低于 0.7；拉出输精器时，无血液残留。

四、产仔保活技术

（一）产仔前的准备

母貉交配结束后应做好登记工作，按初配日期计算，妊娠期 54～65 天，平均为 60 天。产仔期到来之前 10 天左右，开始做产仔箱的清理、修缮和消毒工作，消毒后的小室垫上清洁、柔软、新鲜的垫草。小室消毒可用 2%的氢氧化钠溶液洗刷，也可用喷灯火焰灭菌。保温用的垫草可选用柔软不易碎、保温性能好的杂草、稻草等。垫草量可根据当地的气温灵活掌握。例如，东北北纬 45°地区 4 月上中旬还很冷，可以多絮一些垫草有利保温；而中原地区是暖温带，4 月上中旬已经很暖和了，可以少絮一些。垫草的作用不仅仅是保温，把垫草絮成锅底状有利于仔貉抱团取暖和吮乳，还有梳毛的作用。所以，即使中原地区天气暖和也不能絮草太少。絮草应在产仔前一次性絮足，否则产后絮草时，临时补充会使母貉受惊，造成弃仔现象。

母貉妊娠期的计算方法是：

1. 2 月配种 平年 2 月配种的母貉，预产期为月份加 2，日期不变，如 2 月 8 日配种，预产期为 2（月）＋2＝4（月），日期不变仍为 8，预产期为 4 月 8 日；若为闰年，2 月 8 日配种，预产期为月份加 2，日期减 1，预产期为 2（月）＋2＝4（月），日期减 1 为 8－1＝7，4 月 7 日。

2. 3 月配种 预产期为月份加 2、日期减 2。如 3 月 8 日受配的母貉，预产期应为 3（月）＋2＝5（月），日期为 8－2＝6，即预产期为 5 月 6 日。如 3 月 1—2 日受配，预产期为月份加 1，日期加 28。如 3 月 2 日受配，预产期则为 3（月）＋1＝4（月），日期为 28＋2＝30（日），即 4 月 30 日。

（二）难产的处置

母貉预产期已到或已过，出现临产的征兆，却迟迟不见仔貉娩出；此时的母貉表现惊恐不安，频繁出入小室，回视腹部，并有痛苦的行为表现，有的母貉已有羊水排出，但是就是长时间不见胎儿娩出；或胎儿卡在子宫颈口或生殖道内，久久娩不出来。这些现象就是难产，确定母貉难产后可采取以下两种措施。

1. 催产 常见的催产药物包括以下几种。

(1) 脑垂体后叶素 本品由猪、羊脑垂体后叶中提取，含催产素和加压素，为多肽类化合物，性质不稳定，必须肌内注射，口服无效。使用范围：催产、产后子宫出血、胎衣不下、排出死胎、子宫弛缓等。用法：皮下或肌内注射，每次 3～10 国际单位。

(2) 催产素 本品为脑垂体后叶素精制品，也有人工合成品。人工合成品的催产素不含利尿素，为白色结晶或结晶粉末，能溶于水，水溶液呈酸性。使用范围同脑垂体后叶素。用法：皮下或肌内注射，每次用量为 3～10 国际单位。

2. 剖腹产手术 手术前将母貉仰面保定在特制保定架上，带上防咬嘴罩。在其腹部 2/5 处剪毛，再用剃须刀将手术部位的毛根刮光，并用碘酊消毒，盖上消过毒的创布。用 5～7 支盐酸普鲁卡因，沿切口部位皮下注射局部麻醉。切口长度以 10 厘米左右为宜。在子宫上避开血管顺切 6～7 厘米即可取出胎儿。取出胎儿后立即剥去胎衣，挤出鼻、口中的黏液，擦干胎儿身上的羊水，将其放在 25～30℃的保温箱中。将胎儿全部取出后，往腹腔及子宫内撒入消炎药物，缝合子宫、腹膜、肌肉和皮，然后对伤口再次消炎后包扎。

(三) 产后检查与护理

1. 产后检查 母貉产仔后比较敏感，如果检查方法不当，反而会伤害仔貉，所以产后检查应采取“听、看、检”相结合的方法比较稳妥。

（1）听　即听仔貉的叫声。

（2）看　即看母貉吃食、排便、乳头及活动情况。例如，仔貉很少嘶叫，即使有叫声，叫时声音洪亮、短促有力；母貉食量越来越大、乳头红润饱满，活动正常，说明仔貉健康、发育良好。

（3）检　即打开小室直接检查仔貉。方法是：先把母貉诱出或赶出小室，关闭小室门后进行检查，手上不能带任何异味。健康仔貉在小室窝内依偎在一起、抱成一团，均匀地发育，浑身圆胖，肤色深黑，身体温暖，握在手中挣扎有力。不健康的仔貉在窝内乱爬，不聚堆、不抱团，毛绒潮湿，身体较凉，一有动静便抬起头“吱、吱”地叫，握在手中挣扎无力。检查内容包括仔貉健康状况、胎产仔数、公母数等。检查行动要快，检查完后尽量使窝内恢复原状。第一次检查应在产后 24 小时以内进行，以后的检查应根据听、看的情况临时决定。护仔性能好的母貉，可以减少检查次数。若发现母貉不护理仔貉或仔貉叫声异常，必须及时检查，发现问题及时处理。

2. 仔貉的护理　保证仔貉吃上母乳是提高仔貉成活率的关键。绝大部分的母貉在产仔前都会自行拔掉乳头周围的毛，一是乳头裸露便于仔貉吃奶，二是利用拔下来的毛絮窝取暖，有利于窝内保暖。但是也有个别初产母貉不会拔毛或不知道拔毛，这时饲养员应帮它拔毛，有利于母貉顺利哺乳。

有的母貉产后无乳或缺乳，饲养员应及时检查，发现无乳或缺乳的应及时催乳。催乳应及时注射催乳素，皮下或肌内注射，每次 2～4 国际单位。催乳效果不好时，可让其他母貉代养。代养母貉应选择母性强、有效乳头多、乳汁充足、产仔数不多，产仔日期与被代养母貉产仔日期相近（前后相差不超过 5 天），仔貉个体大小也相近的。

整个哺乳期饲养人员必须密切关注每一窝仔貉的生长发育情况，一旦发现仔貉生长发育迟缓或停滞，则说明母貉泌乳量不足或品质差，应及时催奶并给母貉增加饲料量或提高饲料的营养标准。如果短时间内解决不好乳汁不足的问题，应采取人工喂养，确保成活。

（四）仔貉的补饲和断奶

仔貉生长发育很快，一般 21 日龄就开始采食，这时应给仔貉补充易消化的粥样饲料，一方面可为其补充营养，另一方面可锻炼仔貉的消化能力，为断奶打下良好基础。仔貉采食的早晚与母貉乳汁充足与否有很大关系，一般母乳充足仔貉开食晚，母乳不足仔貉开食早。仔貉生长发育速度一般的，应及早补饲。如果这时仔貉还不会吃饲料，饲养员可把少量饲料抹在其嘴上，让其舔食，训练吃食。这种训练方法不仅可以促进仔貉尽快吃食，有利于仔貉生长发育，也减轻了母貉喂养的负担。

仔貉 50 日龄时即可断奶、分窝，根据仔貉的采食能力和生长发育情况，对一窝的仔貉可以一次性全部断奶分窝，也可以分批断奶分窝。如果这一窝仔貉补饲后采食能力强，发育整齐，可以一次性断奶分窝；如果到了该断奶时间，仔貉采食饲料量不大，母貉还在进行哺乳，同窝的仔貉有大有小，这时可以把生长发育好、个头大的仔貉先分出去，把生长发育不太好的仔貉留下来继续哺乳，等长大一些后再分出去，这对生长发育较差的有利。一次性分窝时，可先将母貉分出去，即先断奶，让仔貉在一个窝内适应几天以后，再将仔貉分笼，这样仔貉断奶分窝的应激反应会小一些。

断奶、分窝以前，根据仔貉数量准备好笼、食槽、水槽等，场所要清理干净并进行消毒处理。分窝时间在 7—8 月，气温较高，貉笼不能在阳光下暴晒，必须把仔貉笼放在貉棚、树荫下，或用遮阳网遮阳，避免雨淋。

刚分窝的一段时间内，仔貉每天可以投 4 次料，少量多次，快速把饲料吃完，避免酸败；到 90 日龄前后，天气凉爽，仔貉食量大，每天可投饲 3 次。另外，仔貉分笼后，每个仔貉笼上都要挂一个标牌，写上其父貉号、母貉号和生产日期，以防谱系混乱。9 月进行留种初选工作。

断奶后的仔貉母源抗体逐日减少，自身免疫组织、免疫细胞还没有发育完善，免疫力还没有形成，对侵入体内的病原体抵抗力较弱，应及时做好防疫工作。断奶后 2～3 周进行 1 次免疫注射，注射犬瘟热疫苗和细小病毒疫苗。

五、提高繁殖力的技术措施

1. 种貉群的年龄结构要合理　貉的寿命为 8～16 岁，但母貉繁殖旺期是在 5 岁以前。1～3 岁的母貉，随着年龄的增长，胎产仔数提高；3～5 岁的母貉，随着年龄的增长，胎产仔数减少。3 岁和 4 岁母貉的胎产仔数明显高于 1 岁和 5 岁的母貉，但与 2 岁的母貉没有明显差异。1～4 岁的母貉随着年龄的增加，仔貉的成活率提高。除了其母性增强以外，3～4 岁母貉身体机能都达到最佳状态，且对外界逆境的抵抗力较强，有利于提高繁殖力。

每年选留繁殖母貉时，产 2～4 胎的母貉应作主体，占母貉总数的 65%～70%；初产母貉占 30%左右；产 5 胎以上的母貉不超过 5%，除非是每年胎产仔数都在 8 只以上的方能留到产第 5 胎。

在配种期里，老龄公貉参与配种的时间较早，一般在配种初期；1 岁的幼龄公貉参与配种的时间较晚，一般在配种期的中后期。要保证母貉适时配种，一般 2～4 岁公貉应占公貉总数的 60%，1 岁公貉应占 30%左右，5 岁公貉占 10%左右，以保证均衡利用种公貉。

2. 保证种貉有良好的体况 就北貉而言，体重分 3 个档次，成年公貉体重包括 8 000 克以上、7 000～8 000 克和 7 000 克以下；成年母貉包括 6 500 克以上、5 000～6 500 克和 5 000 克以下。乌苏里貉是体型最大的，一般公貉体重在 10 千克左右，最大的体重可达 16 千克。为了准确地鉴定种貉体况，最科学的方法是利用体重指数指标，即体重指数＝体重（克）/体长（厘米）＝100～115，即 1 厘米体长的体重为 100～115 克。

选留公貉体重一般 7 000～8 000 克，体长 70 厘米左右；母貉体重 5 500～6 500 克，体长 60 厘米左右。这样体况的种貉繁殖力强，所产仔貉生长速度快。

3. 发情鉴定要准确，适时配种，保证配种次数 母貉与公貉的交配次数对胎产仔数影响较大。交配 1 次母貉的胎产仔数极显著地低于受配 2 次以上母貉的胎产仔数，受配 3 次母貉的胎产仔数显著地高于受配 2 次母貉的胎产仔数，但是与受配 4 次和 5 次母貉的胎产仔数无明显差异。因此，母貉的配种次数以连续 3 天每天受配 1 次为好，不能少配，也没必要多配。

因此，准确掌握母貉发情期，适时配种是提高繁殖力的关键。因为在发情旺期内交配的母貉能排出较多的成熟卵子，受胎率和胎产仔数较高。母貉的卵子成熟不具周期性，增加复配次数，可诱导多次排卵，增加受精机会。

4. 合理利用种公貉 种公貉配种能力差距甚大，一般公貉配种次数为5～12次，性欲旺盛的公貉在配种期内配种次数可达到20次以上，配种能力低的只有1～2次。当年配种能力差的，换完冬毛以后就按皮貉处理，不能再留用。

对配种能力较好的公貉，饲养人员必须掌握其年龄和性欲情况，在保证营养合理的前提下合理使用，保证其性欲旺盛、精液品质好。一般配种前期母貉试情和初配多用老龄公貉，配种旺期多用2～3岁的公貉，配种后期多用2岁的种公貉和小公貉。每天1次放对，连放3～5次，休息1～2天；每天放对2次，放对2～3天，可以休息2天。这些都要根据种公貉的配种能力和配种任务合理调配。

5. 产仔期做好保暖工作 中国南北跨度很大，产仔期南北温度相差20℃以上。做好产仔期的保温工作尤为重要。

（1）*产仔小室做好必要的修补* 小室漏风的地方要修补，将木板之间的缝隙用透明胶带在箱外黏合，保证做到不漏风。

（2）*絮满窝草* 临产前对维修好的产仔小室要用稻草、乌拉草等柔软的垫草做好铺垫，特别是4个角要塞结实；母貉产仔前从腹部拔的毛一定放在小室窝内，增加其保暖性。小室垫草时一定将中间做成锅底状，仔貉在窝内自然成一堆，有利于相互取暖。

（3）*安排好值班人员* 值班人员在值班期间不能离开现场，应经常巡视，发现母貉把仔貉产在笼网上、仔貉爬出产仔箱或有其他异常现象时应及时处理，以免仔貉冻僵。

第四节　貉的育种关键技术

一、育种的目的和意义

养貉的目的是获得优质的毛皮，而皮张的价值又取决于皮张的面积和毛绒的品质。与貉皮经济价值密切相关的经济性状包括体型，毛的色泽、针毛平齐度、底绒密度、背腹密度和色泽差异等。育种的目的就是在现有品种质量的基础上，应用动物遗传学的基本原理和生物科学技术，改变其原有的遗传性，培育出体型大、毛绒丰厚、针毛平齐、色泽美观、背毛和腹毛密度优良的个体，并使这些性状稳定下来，经过繁育形成优良种群，从而生产出大量优质皮张，获得较高的经济效益。

不管是从哪个场引种，因为引种时都是青年貉，成年后不一定每个经济性状都很理想，因此有待于以后进行选择和改良。育种工作首先应根据市场的要求，选择几个主要经济性状，明确每一个经济性状的培育方向，并在一定时期内坚持不变，直到实现育种目标后再制订新的目标。

二、育种方向

1. 体型　人工养貉首先选择的是北貉，没有养南貉的，原因就是北貉体型大，剥制的皮张也大，经济效益高。一般北貉公貉体重 10 千克左右、母貉 8 千克左右，黑龙江饶河县内的乌苏里貉有的公貉体重可达到 16 千克。选择培育种貉时，不是挑大个留种就行了，还要考察其以后的繁殖力。如果种貉体型大、繁殖力又强，它们繁殖的仔貉早期生长又快，则是最理想的。如果仅仅是体型大但繁殖力不高，则不如选留中型的种貉。所以，对体型的选择要与繁殖力、毛被品质等多种经济性状在一起综合考虑，多种经济性状都优良的前提下选择最大的留种。

2. 被毛长度 貉是大型珍贵毛皮动物，被毛较长，与其他毛皮动物相比，尤其是针毛特别长，其背部针毛的长度可达 11 厘米，绒毛的长度可达 8 厘米。但毛过长，被毛不挺立，食物或粪便粘到被毛上容易形成黏结毛块，影响毛皮质量。因此，被毛长度性状不是越长越好。种群应选择短毛毛被，针毛长度以 7～10 厘米为好。

3. 被毛密度 被毛密度与毛皮的保温性能和美观程度密切相关。被毛稀疏的个体，毛皮不仅保温性差，而且不美观，对等级也有很大影响。毛的密度决定毛被的外观、保温性和耐用性。一般在冬毛完全成熟后，可以将被毛的密度分为密、稍稀和稀疏 3 个等级，选种时宜选择被毛密的个体。

4. 被毛颜色和色型 野生貉毛色个体差异比较大，由青灰色到棕黄色逐渐演变。目前家养貉的毛色有接近青灰色、灰黄色和灰白色的，人们偏爱青灰色的毛皮，家养貉毛色选育时应朝着青褐色和青灰色的方向选育。灰黄色、灰白色的毛色不留或少留。

貉被毛色型只能靠毛色基因的突变来培育。对貉群中或野生貉中未来可能出现的其他毛色突变体应多加保护、收集和培育，以丰富貉的被毛色型。20 世纪 80 年代东北野生貉中出现了白色突变体，中国农业科学院特产研究所经过多年选育，于 1990 年培育出了白色貉（吉林白貉）。白色貉皮可以染成各种好看的毛色，满足了人们对色型的需要。

5. 背腹毛的差异 东北地区的貉背腹毛差异较大，主要表现在长度、密度、毛色等方面，影响毛皮的有效利用。一般表现为背部毛长，腹部毛短；背部毛密，腹部毛稀；背部颜色深，腹部颜色浅。经研究发现，貉背腹毛差异大小与貉体高矮有关，也就是与腿长短有关。即有些地区的貉腿短、矮胖，有些地区的貉腿长、体高。选种或引种时选择腿相对较长、体高的个体；另外，每年选留种貉时，在冬毛完全成熟后再进行一次精选，凡腹部毛长度、密度、颜色与背部毛相差较小时可以选留，差距较大时淘汰。

三、育种技术

1. 建立良种核心群　建立貉的良种核心群，是定向培育优良种貉的有效方法。良种核心群必须在种貉群中经过人工选择、综合鉴定，由最理想的一级种貉组成。组建良种核心群后，还要进行不断的纯种选育工作，对不理想的后代个体严格淘汰，最后形成全场质量最好的一个种群。核心群中淘汰的种貉品质也不低于生产群种貉，所以从核心群淘汰出的种貉可以投入生产群中继续利用。

核心群的种貉不管是纯种繁育或是杂交育种，都是要培育相当于或略高于核心群种貉品质后代种貉的，除了选择其最优秀的个体补充核心群以外，大部分种貉要取代生产群种貉，从而充分发挥优良种貉的改良作用，使整个种群生产性能及品质不断提高。在核心群的育种工作中，要特别注意某些细小的有益性状的变化，并有目的地积累这种有益的变异。如果这种有益性状变异能遗传给后代，并逐渐发展和巩固，就会形成有益性状，进一步提高核心群的质量。

2. 纯种繁育　将具有同样优良性状的种貉群进行纯种

繁育，逐年在其后代中进行选优去劣工作，使种貉群的体型、毛绒品质、繁殖力、仔貉生长速度及抗病能力等都有所提高，这种繁育方法称为纯种繁育。纯种繁育能逐渐提高种群的品质。

良种核心群建立以后，应逐渐在核心群中建立品系（家系）或品族（家族），以后在核心群中进行品系育种或品族育种。其方法是：在纯种选育中若发现具有多种优良性状的公貉或母貉，如体型大、毛色青灰、长度和密度都很好时，就给这样的种公貉配 3～4 只优良母貉，让它们形成家族，并采用近亲交配的方法进行纯化，这样可以获得与它们有同样遗传性和血缘关系的后代群。以公貉为核心形成的后代群称为品系（或家系），以母貉为核心形成的后代群称品族。以后在种貉群内，品系或品族之间进行选配，在其后代中选种，可以提高种貉群质量，防止品质退化。这样的育种方法比较实用，大小种群都可以应用。

3. 杂交繁育　貉的杂交繁育也称杂交育种，是采用两个或两个以上具有不同遗传类型的优良貉相互交配，将它们的优良性状集中到后代的个体中，以繁育出具有更加优良性状的种貉。例如，为了改变本场貉体型偏小，毛色浅、不很美观的缺陷，可以引进体型大、毛色青灰的种公貉与本场的母貉进行交配。如果后代中有体型大、毛色青灰的个体，可以将杂交一代中体型大、毛色青灰的公貉与体型大、毛色青灰的母貉进行交配，此称为横交固定；杂交二代中，有体型大、毛色青灰的个体，也有体型偏小、毛色浅的个体，即不好的性状又分离出来了，那么仍然保留体型大、毛色青灰的个体，基因型就更纯，再经过 1～2 代的横交选择，他们的基因型就更纯了，可以形成体型大、毛色青灰的种貉个体。

另外，还有一种杂交的方法称为级进杂交法。如果想改良和提高的性状比较多，可以采取级进杂交的方法。以提高种貉体型、毛被品质为例，因毛被品质包括毛长、毛密度、毛色、背腹毛差异等，需要采用级进杂交的方法逐步综合提高。例如本场的种貉体型偏小、毛色浅、品质差，若更换种貉群会影响第二年的生产，且投资也大，貉场可以用本场的母貉，引进乌苏里貉的优良公貂与其交配，杂交一代貉体内有50%乌苏里貉的血统，品质能提高一大步，再从杂交一代中选择优秀个体的母貉与乌苏里公貉交配，但不能用母貉父亲近亲交配。得到的杂交二代中体内有75%乌苏里貉的血统；经过四次杂交，到杂交四代，其体内就有93.75%乌苏里貉的血统，即接近纯种乌苏里貉，就可以自群繁殖了。

四、选种选配

（一）选种

选择种貉分为初选、复选和精选三个阶段。初选主要是选择体型大、毛色深、底绒毛青灰色的貉。精选在每年的11—12月，冬毛已经彻底更换，主要注重毛被品质和体型大小。

1. 选种时间

（1）*初选*　在5—6月进行。参与选种的包括成年种貉和幼貉。

①成年貉的选择：成年貉的选择分为成年公貉的选择和成年母貉的选择。

成年公貉的选择：成年公貉的选择应在5—6月配种工作结束以后，根据当年配种时的配种能力、精液品质及体况恢复情况等进行一次初选。种公貉的选择更应该注意毛被品质和体型大小。选择2岁以上的公貉时，要参考其往年的配种记录和其所配的母貉胎产仔记录。一般应选留在每一个配种期交配次数在15次以上，所交配母貉胎产仔数平均在8只以上的公貉。

成年母貂的选择：成年母貂在哺乳期结束后，根据其繁殖、泌乳、母性表现情况等进行一次初选。选留经产母貉时，除考虑毛绒品质和体型大小以外，还应当考虑繁殖情况。一般要选择胎产仔在8只以上，母性好，仔貉育成在7只以上的母貉。前一年未产仔的母貉，一般不选择种用。

②当年幼貉的选择：当年幼貉在断奶时，根据同窝仔貉数和生长发育情况进行一次初选。当年幼貉要选双亲繁殖力强，同窝仔貉在8只以上，在同窝中个体最大的，性情温驯，发育良好，外生殖器官正常，母貉乳头在4对以上的个体。初选留种的数量比计划留种的数量要多出40%。

（2）复选　在9—10月进行。这时貉群正在脱毛换毛，幼貉生长发育已基本完成，成年貉体况已经恢复。复选主要是选择生长发育过程中体质好、健康的个体。例如，幼貉应选择体型大、生长发育快、毛色好、换毛早、换毛速度快的个体，成年貉也应选择体型大、身体健康、毛色好、换毛早、换毛速度快的个体。将原来种群中食欲不振、发育迟滞、体弱、偏瘦或过肥、患有自咬症或食毛症的个体淘汰。复选后留下的种貉数量，要比计划留种的数量多20%～25%，以便在精选时淘汰。

（3）精选　在11—12月进行。这时种貉冬毛已经换完，绒毛密度已显现出来，身体的生长也已完成，幼貉体重和成年貉接近，经济性状中体型大小、毛被品质已定型，所以在初选和复选的基础上进行精选，是貉选种工作的重点，最后确定种貉的数量和公母貉的比例。规模大的养貉场，公母貉比例应为1∶(3～4)；小规模的生产户，公母貉比例应为1∶(2～3)，第二年春季配种期承担配种任务的应以壮年公貉为主。

精选阶段，幼貉与成年貉不管是在体型上还是毛被品质上均已接近，所以应在种群中选择体型大、毛色深、针毛中长、绒浓密、背腹毛差距小的个体。先挑最优的个体，再挑次优的个体，达不到要求的坚决淘汰。

另外，选留公貉时除了体型和毛被品质，还要着重检查生殖器官，单睾、隐睾或睾丸发育不良的都不能留种；母貉外阴畸形、阴道不正常等的都不能留种。

2. 选种方法 选留种貉时，应选留体型大、毛色深、针毛中长而平齐、毛绒厚密、背腹毛质差异小的。

（1）个体体型鉴定 体型鉴定应采取目测和称量相结合的方法，先目测，估测体重能达到规定标准后再称重确定；精选时公貉的体长应为65～70厘米，母貉的体长应为60～65厘米。初选、复选和精选时幼种貉体重、体长参考标准见表4-2。

表4-2 初选、复选、精选时幼种貉体重、体长参考标准

（引自向前，2015）

选种阶段	体重（克）		体长（厘米）	
	公	母	公	母
初选（刚断奶的幼貉）	1 400～1 500	1 400	40以上	40以下上
复选（幼貉5～6月龄）	5 000～5 500	4 500以上	62以上	55以上
精选（11～12月龄）	7 000～8 000	6 000～7 000	65～70	60～65

（2）繁殖力鉴定 公貉繁殖力鉴定应在第一个配种期完成以后。幼公貉到1月末2月初睾丸发育良好，性欲强、配

种早、配种力强，初配都能达到交配，且性情温驯，无恶癖，择偶性不强，头一年配种就完成 4～5 只母貉的交配任务，达成交配次数 12～15 次；精液品质好，与其交配的母貉妊娠率高，胎产仔数多。对配种较晚、睾丸发育不好、性欲低、性情暴躁、有恶癖、有择偶性的公貉应予以淘汰。

（3）个体毛被品质鉴定　毛被品质包括毛色、毛长度、密度、平齐度、分布及背腹毛差异大小等。在生产中将貉毛被品质分为三级，参考标准见表 4－3。在毛被品质选择上应先鉴定后选种，首选的是一级，最差的是三级。选择种貉时，种公貉首选是一级毛被，三级的坚决淘汰，二级较大的可适当留下。母貉选留种貉的原则与公貉相同。

表 4－3　貉毛皮品质鉴定参考标准

（引自向前，2015）

鉴定项目		等级		
		一级	二级	三级
针毛	毛色	黑色	接近黑色	黑褐色
	密度	全身稠密	体侧稍稀	稀疏
	分布	均匀	欠均匀	不匀
	平齐度	平齐	欠平齐	不齐
	白针	无或极少	少	多
	长度	80～90 毫米	稍长或稍短	过长或过短
绒毛	毛色	青灰色	灰色	灰黄色
	密度	稠密	稍稀疏	稀疏
	平齐度	平齐	欠平齐	不平齐
	长度	70～80 毫米	稍短或稍长	过短或过长
背腹毛质		差异不大	差异较大	差异过大
光泽度		油亮	一般	差

(4) 系谱鉴定　根据祖先品质、生产性能来鉴定后代种貉的种用价值，对于当年刚留用的幼貉选种更重要。系谱鉴定先要了解种貉个体间的血缘关系，将三代以内有血缘关系的个体归在一个亲属群内；然后进一步分析每个亲属群的主要特征，把群中的每个个体都编号登记，注明几项主要指标，如体型、繁殖力、毛色和毛被品质等，进行审查和比较，查出优良个体，并在其后代中挑选个体留种。

(5) 后裔鉴定　根据后代的品质和生产性能来鉴定亲代的种用价值。有后裔与亲代比较、不同后裔之间比较、后裔与全群平均生产水平指标比较三种方法，最终选择具有最佳性状的个体留种。

种貉的各项鉴定材料，需及时填入种貉登记卡，供选种选配时查用。

(二) 选配

选配即有目的、有计划地确定公、母貉配对交配，使其后代体现最佳经济性状，达到培育或利用良种貉的目的。选配与选种具有同等重要的作用。

1. 个体选配

(1) 同质选配　即选择性状相同或相近，性能表现一致的优秀公貉与优秀母貉配种，目的是获得相似的优秀后代，使优良性状得以保持和巩固，并增加具有这种优良性状的个体。例如，想获得更多的深毛绒后代的个体，可选择深毛绒公貉和深毛绒母貉同质选配，后代中深毛绒性状加强，再从中选留下一代。

(2) 异质选配

①不同优良性状公、母貉相配：选择具有不同优良性状

的公貉和母貉相配，获得兼有双亲不同优点的后代。例如，选择毛色深与体型大的两个性状异质相配，在后代中会出现体型大、毛色深的个体，就可选留下来。

②用一性状优质程度不同的公、母貉相配：即所谓的以优改劣。例如，某一只母貉其他性状很优良，只有体型有些偏小，想使该母貉的其他性状都能在后代中表现出来，并且体型也有所提高，就要选择体型大的种公貉与之交配，使它们的后代综合双亲的优良性状，丰富后代的遗传基因，生产性能会大幅度提高。

2. 种群选配 貉的种群选配，是指配种公、母貉双方属于同一种群或是不同种群。

（1）*同种群选配* 即配种的公、母貉本身及其祖先都属于同一种群，而且都具有该种群所特有的形态特征。选配时，公、母貉都选择该种群中的优秀个体进行交配，繁殖出优良后代，获得较好的经济效益。同种群选配仍属纯种繁育，可以巩固该种群优良性状的遗传性，使种群优良品质得到长期保持，并迅速增加同类型优良个体的数量。

（2）*异种群选配* 属杂交选育，即可以使原来分别在不同种群个体的优良性状集中在同一个体上，经过选择和扩繁，可以形成新种群，按人们的需要进行生产。

3. 选配中应注意的问题

（1）*育种应有明确目标* 各项工作应围绕育种目标综合考虑，有序进行。根据育种目标，抓住几个主要性状进行选配。例如，要解决乌苏里貉背腹毛差异大的问题，首先要解决它们后代体高的问题。因生产中发现体高的种群背腹毛差异小，体矮的种群背腹毛差异大；另外，被毛太长容易黏结，影响质量。乌苏里貉体矮、毛长是该种群的突出缺点，而朝鲜貉腿长、体高、背腹毛差异小、毛稍短，可以弥补乌苏里貉的缺陷，这两个种群选配，后代中肯定会出现体型大、体高、毛中长、背腹毛差异小的个体，经选种、扩繁，育出理想的种群。

（2）公貉等级要高于母貉　种公貉具有带动和改良整个貉群的作用，而且留种数量少，所以其等级和质量都应高于母貉。对优秀的种公貉应充分加以利用，但配种频率要控制。

（3）相同缺点的公、母貉不能配对　选配中相同优良性状的公、母貉可相配，其优点能巩固和加强；相同缺点的公、母貉不能相配，以免使缺点进一步发展，特别是体型，毛的长度、密度，色泽深浅，背腹毛差异等主要经济性状不能弱配弱。

（4）避免任意近亲交配　近亲交配在育种时为了加强某一性状是可以的，但在生产或一般繁育种貉时，应绝对禁止，以免产生后代衰退和生产力下降的现象。

（5）合理搭配种貉年龄　老龄貉发情早，头年留种的初配貉发情迟。因此在制订选配计划时，应考虑公母貉年龄，以免发情不同步使母貉失配。

第五章
貉营养需要与饲料配制关键技术

第一节　貉的营养需要

一、消化特点

貉的消化器官包括口腔、食管、胃、小肠、盲肠、结肠、直肠和肛门，消化腺主要包括胰腺和肝脏。貉牙齿的构造与排列非常适宜撕碎和磨碎小块饲料，同时与狐相比多2枚臼齿，咀嚼性更强，比其他犬科动物在磨碎食物上更具优势。貉为单胃动物，胃容积和肠道长度介于肉食动物和草食动物之间。肠道总长度约3米左右，为体长的7.5倍；小肠长度为2.5米左右，约占肠道总长的85%；盲肠较发达，长度7.5～8.0厘米，微生物区系发达，具备一定的消化粗纤维和合成B族维生素的能力。

貉在采食过程中对饲料的咀嚼时间较短，野外生存中多是咬碎或撕碎后直接吞食。消化能力较强，胃中食物5～9小时排空，食物经过整个消化道的时间为20～30小时。

鉴于貉的消化器官结构与消化特点，加工工艺上要求精细粉碎，在配制饲料的时候讲求“荤素搭配”，且在营养与消化能力满足的情况下，适当降低动物性饲料的配比，以降低饲养成本，提高综合经济效益。

二、营养需要

貉在野外条件下，采食动物性和植物性的食物与水，以满足身体对蛋白质、脂肪、碳水化合物、维生素、矿物质和水等的需要。所以在人工养殖情况下，提供给貉的日粮必须保证以上营养物质的充分供给，以保证貉在不同时期的生产需要。

（一）蛋白质

蛋白质是生命的物质基础，氨基酸是其基本结构单位，动物对蛋白质的需求实质上是对氨基酸的需求。所以调配饲料时，不仅要以粗蛋白数据为参考，还要兼顾氨基酸平衡。貉的必需氨基酸有赖氨酸、蛋氨酸、色氨酸、苯丙氨酸、亮氨酸、异亮氨酸、苏氨酸和缬氨酸。一般认为，蛋氨酸为貉的第一限制氨基酸。

蛋白质营养对貉的营养意义重大，蛋白质不但参与组织的构建、修复和新陈代谢（酶、激素和抗体等），还与生殖细胞的产生和毛皮的发育息息相关。蛋白质缺乏容易导致貉生长发育受阻，生产性能下降，抗病能力降低甚至死亡。

在饲料蛋白质含量充足、氨基酸平衡的情况下，如果出现蛋白质缺乏且尿氮较高的症状，则应考虑碳水化合物或脂肪供应不足。在能量和蛋白质供应充足情况下，出现氨基酸缺乏症状，则应考虑饲料配比是否科学，即氨基酸是否平衡：貉饲料配制中应保证“荤素搭配”“肉鱼皆有”，因为植物性饲料蛋氨酸缺乏而动物性饲料蛋氨酸含量丰富，鱼产品色氨酸、组氨酸含量较低而畜禽产品色氨酸、组氨酸较为丰富，所以科学合理的配比不但能均衡营养，保证良好的生产性能，还能降低饲料费用，提高综合收益。

同时在配制饲料时，还应注意对特殊原料的特殊处理，比如未经处理或处理程度不够的大豆及相关制品含有多种蛋白酶抑制因子，会降低蛋白酶活性，从而降低蛋白质的消化率。

（二）脂肪

脂肪由甘油和脂肪酸组成，能量最高，是机体能量的重要来源，也是能量贮存的主要形式。脂肪不但能贮存、提供能量，还具有参与细胞构建、促进脂溶性维生素的吸收与运输等功能。脂肪的差异取决于脂肪酸，有些脂肪酸是机体必需但又无法自身合成的，必须通过外源食物摄取，这类脂肪酸称为必需脂肪酸。貉的必需脂肪酸一般包括亚油酸（十八碳二烯酸，C18：2ω6）、亚麻酸（十八碳三烯酸，C18：3ω3）和花生油酸（二十碳四烯酸，C20：4ω6），对貉的生物膜结构、磷脂合成以及生长发育和繁殖性能均具有重要作用。所以在调整体况的时候，采取极端方式全部撤销油脂的做法是不科学的。动物性脂肪和植物性脂肪，其脂肪酸饱和程度不同，营养作用也有差异。

脂肪易氧化酸败，贮存不当易导致饲料腐败变质。食用酸败变质的饲料会导致貉消化吸收障碍、食欲减退、生长发育受阻及皮毛质量下降，剖检可见明显的黄脂肪；倘若貉在繁殖期食用此类饲料，将导致死胎、烂胎、流产、早产、产弱仔以及泌乳障碍等问题。

（三）碳水化合物

碳水化合物包括单糖、低聚糖和多聚糖，其中多聚糖还可分为营养性多糖（如淀粉、糖原、糊精等）和结构性多糖（如纤维素、半纤维素、果胶等）。碳水化合物是貉维持生命活动所需能量的主要来源，多余时可转化为糖原和脂肪在体内储存起来，有能量储备和御寒的作用。

植物性饲料如膨化玉米、小麦、麸皮、米糠等所含的淀粉和纤维素可以被貉消化吸收。淀粉主要在貉的小肠中被消化吸收，而纤维素和半纤维素等主要在盲肠中被微生物降解利用；碳水化合物被消化吸收后可以为貉的生长发育及生产活动提供能量，节约饲料蛋白质和脂肪。

饲料中碳水化合物缺乏，导致供能不足，机体就会动员脂肪氧化供能，导致机体消瘦，而脂肪在分解供能的同时会产生酮体，诱发高酮血症。如果脂肪分解依然不能满足能量供应就会继续分解蛋白供能，不仅造成蛋白饲料的浪费，还给肝肾增加负担。当然日粮中过高比例的碳水化合物会导致脂肪类、蛋白类饲料不足，同样也会引起其他营养缺乏性疾病。

（四）维生素

维生素是貉代谢所必需但需求量极少的一类有机化合物。体内基本无法合成，需要从饲料中摄取。维生素不参与构建体组织也不能提供能量，主要以辅酶的形式广泛参与体内的生化反应，保证组织、器官、细胞的正常结构和功能，从而保证貉的生命活动和正常生长发育。维生素缺乏容易导致机体代谢紊乱，产生或诱发一系列疾病，影响貉的健康和生产性能，严重缺乏时可导致死亡。

维生素分为脂溶性维生素（维生素 A、维生素 D、维生素 E 和维生素 K）和水溶性维生素（硫胺素、核黄素、泛酸、烟酸、维生素 B_6、叶酸、生物素、维生素 B_{12}、胆碱和维生素 C）。

1. 脂溶性维生素

（1）维生素 A　与视觉、上皮组织、繁殖、骨骼、免疫力等有关，缺乏会导致夜盲症、生长发育迟缓、免疫力低下、表皮和黏膜上皮角质化、繁殖力降低和毛皮质量下降。维生素 A 主要存在于动物性饲料中（海鱼、蛋、奶）及肝脏中，多以酯的形式存在。酸败的脂肪和湿热的环境可以破坏维生素 A。

（2）维生素 D　能维持正常的钙、磷代谢，促进骨骼的生长发育。缺乏可引起幼龄貉骨骼生长异常，成年貉繁殖机能障碍。动物的肝脏和禽蛋中维生素 D 含量比较丰富。貉被毛较厚，所以通过接受阳光照射来补充维生素 D 的能力较差。

（3）维生素 E（生育酚）　与繁殖机能有关，具有重要的抗氧化作用。缺乏容易导致空怀或产仔数下降、尿湿及黄脂肪病等。所有的谷物类日粮都含有维生素 E，尤其是种子的胚芽中。

（4）维生素 K　主要参与凝血过程，缺乏时凝血时间延长。动植物性饲料中，维生素 K 广泛存在。

2. 水溶性维生素

（1）硫胺素（维生素 B_1）　参与碳水化合物代谢中 α-酮酸的氧化脱羧反应，是脱羧酶的辅酶，还与脂肪酸、胆固醇和神经介质乙酰胆碱的合成有关。缺乏时可导致貉繁殖力的丧失或降低、多发性神经炎。胚芽、种皮以及肝、蛋和瘦肉中均存在丰富的维生素 B_1。

（2）核黄素（维生素 B_2） 黄酶辅基的组成成分。细胞内的黄酶辅基主要包括黄素单核苷酸（FMN）和黄素腺嘌呤二核苷酸（FAD），广泛参与蛋白质、脂肪和碳水化合物的代谢。维生素 B_2 缺乏会引起新陈代谢障碍，出现口腔溃烂等症状。

（3）烟酸（维生素 PP、尼克酸） 主要以烟酰胺腺嘌呤二核苷酸（辅酶Ⅰ，NAD）和烟酰胺腺嘌呤二核苷酸磷酸（辅酶Ⅱ，DADP）的形式参与蛋白质、脂肪和碳水化合物的代谢，尤其在体内能量代谢的反应中起重要作用。缺乏时，貉出现食欲减退、皮肤发炎、被毛粗糙等症状。动物性产品、酒糟中含量较为丰富。

（4）维生素 B_6（吡哆醇） 活性形式为磷酸吡哆醛和磷酸吡哆胺，作为多种酶的辅酶广泛参与氨基酸的脱氨过程和转氨反应，与蛋白质和氨基酸的代谢密切相关。缺乏可引起神经症状和皮炎。饲料酵母、肝脏、肌肉中含量较高。

（5）泛酸（维生素 B_3） 作为辅酶 A 和酰基载体蛋白的成分，参与蛋白质、脂肪和碳水化合物的代谢。缺乏后可致神经症状，皮肤上皮干燥角质化和皮炎，繁殖性能降低，冬毛期绒毛变白。泛酸广泛分布于动植物饲料中。

（6）生物素（维生素 H） 细胞内羧化酶的辅酶，参与机体蛋白质、碳水化合物和脂肪代谢。缺乏后可引起皮炎，被毛粗糙。生物素广泛存在于蛋白质饲料和青绿饲料中。

（7）叶酸 为一碳基团转移酶的辅酶，参与一碳基团的代谢。缺乏后可致贫血，血细胞和血小板减少。

（8）维生素 B_{12}（氰钴胺素） 含有微量元素钴和氰基，

参与一碳基团的代谢，是传递甲基的辅酶；促进红细胞的发育和成熟，与机体的造血机能有关。维生素 B_{12} 缺乏可导致红细胞浓度降低，贫血，神经敏感性增强，严重影响繁殖力。维生素 B_{12} 仅存在动物性饲料和某些微生物中，植物性饲料中基本不存在。

（9）*胆碱* 合成卵磷脂和乙酰胆碱的原料；在脂肪代谢中具有重要作用，可增强肝脏对脂肪酸的转化利用，防止脂肪在肝脏中的异常沉积，也称为抗脂肪肝因子。貉对胆碱的需要量较大，缺乏可影响生长发育。一般动物性饲料及脂肪含量高的饲料均富含胆碱，但玉米中胆碱含量较低。

（10）*维生素 C（抗坏血酸）* 具有抗氧化作用，参与细胞间质的合成和体内的氧化还原反应，促进铁元素的吸收，具有解毒、抗应激和增强免疫力的功能。维生素 C 缺乏可引起非特异的精子凝集，引发仔兽红爪病并诱发贫血。维生素 C 存在于新鲜的果蔬中，所以貉日粮中的维生素 C 基本需要通过单独补充添加剂类产品才可满足。

（五）矿物质

矿物元素包括常量元素和微量元素，貉的生长、发育、繁殖等都需要矿物元素的参与。

1. 常量元素 指体内含量在 0.01%以上的矿物元素，主要包括钙、磷、镁、钠、钾、氯、硫。

（1）*钙和磷* 钙、磷是机体中含量最多的两种元素，占体重的 1%～2%，主要存在于貉的骨骼、牙齿中，其余存在于软组织和体液中。钙、磷在仔貉生长和母貉哺乳期需求量较大。钙磷比例为（1～1.7）：1 较好。钙过量，维生素 D 和磷不足时，仔貉会出现行走困难、爬行，严重时难以站立；钙、磷和维生素 D 都缺乏时，貉表现后腿僵直、用脚掌行走、附关节肿大、腿骨弯曲、产后瘫痪等症状。骨粉、肉骨粉和畜禽骨架钙、磷含量都比较丰富。

（2）钠、钾、氯　钠主要分布在细胞外，钾主要分布在肌肉和神经细胞内，氯在细胞内外均有。钠、钾、氯三种元素维持渗透压、调节酸碱平衡、控制水的代谢，为酶提供有利于发挥作用的环境或作为酶的活化因子，参与新陈代谢等。貉缺乏这三种元素会导致食欲减退、消化障碍、心脏机能失调、生长发育受阻。钾元素在鱼产品和畜禽产品中含量都较丰富，钠和氯在海产鱼类不足的情况下可以额外通过食盐加以补充。

（3）镁　主要存在于骨骼中，与骨骼发育密切相关。镁缺乏可致神经症状，产生痉挛。一般饲料中镁含量丰富，不会引起貉的缺乏。

（4）硫　硫少量存在于血液中，大部分以有机硫的形式存在于毛、肌肉、骨骼和牙齿中，是合成含硫氨基酸的必需元素。硫缺乏会影响胰岛素的正常功能，导致血糖增高、黏多糖的合成受阻、上皮组织干燥和过度角质化，严重时，食欲减退或丧失、生长受阻、被毛粗乱、食毛、掉毛甚至死亡。优质的海产鱼类、蛋类等中硫元素含量丰富。

2. 微量元素　指体内含量在 0.01%以下的矿物元素，主要包括铁、铜、锰、锌、碘、硒、钴等。

（1）铁　存在于血红蛋白、肌红蛋白中，少量存在于转运载体化合物和酶系统中。铁元素参与机体组成、转运和贮存营养素；参与体内物质代谢；具有生理防卫机能。铁缺乏的典型症状是贫血，表现为生长缓慢、昏睡、可视黏膜变白、呼吸频率增加、抗病力弱、被毛粗乱无光泽，严重时甚至死亡。

（2）铜　作为金属酶组成部分直接参与体内代谢，维持铁的正常代谢，促进血红蛋白的合成和红细胞的成熟，参与骨的形成。铜元素缺乏会导致貉生长发育不良、消化机能障碍、被毛蓬乱无光、腹泻、抗病力下降。动物的肝脏中有较丰富的铜元素。

（3）锰　参与骨骼基质中硫酸软骨素的合成，与骨骼的生长发育密切相关。仔貉缺锰可致骨骼畸形，生长速度减慢。

（4）锌　分布在骨骼肌、骨骼和皮毛中，参与体内酶的组成，参与维持上皮细胞和被毛的正常形态、生长和健康，维持激素的正常作用，维持生物膜的正常结构和功能。缺锌容易导致食欲降低、生长受阻、皮肤不完全角质化、骨骼异常、被毛蓬乱。

（5）碘　体内80％的碘存在于甲状腺中，作为合成甲状腺激素的原料。碘与酪氨酸或其前体物苯丙氨酸在甲状腺细胞中通过一系列酶促反应合成甲状腺素（T4）和三碘甲腺原氨酸（T3）。在组织细胞中T4脱碘形成T3，作为直接发挥作用的调节激素，与动物的基础代谢密切有关。碘最主要的功能是调节代谢、维持体内热平衡，对繁殖、生长发育、红细胞的生成和血液循环等起调控作用。碘缺乏可造成内分泌失调，严重影响公貉母貉的繁殖机能。妊娠母貉缺碘容易导致胚胎死亡或重吸收，产弱仔。仔貉缺碘容易导致生长发育不良，成年貉缺碘可导致皮肤、被毛及性腺发育不良。

（6）硒　硒最重要的营养生理作用是参与谷胱甘肽过氧化物酶的组成，具有抗氧化作用，保护细胞膜结构完整和功能正常，促进维生素 E 的吸收和贮存。貉饲料中缺硒可引发白肌病，患病貉步态僵硬、行走和站立困难、弓背和全身出现麻痹症状等。硒缺乏会降低动物对疾病的抵抗力。仔貉缺硒表现为食欲降低，消瘦，生长停滞。母貉缺硒可引起繁殖机能紊乱，空怀或胚胎死亡。硒的毒性较强，补充不可过量。

（7）钴　主要作用是作为维生素 B_{12} 的成分，是一种抗贫血和促生长因子；钴还作为磷酸葡萄糖变位酶、精氨酸酶的激活剂，与蛋白质和碳水化合物的代谢有关。与其他矿物元素不同，动物体不需要无机态的钴，只需要存在于维生素 B_{12} 中的有机钴。钴的营养代谢作用实质上是维生素 B_{12} 的代谢作用。缺钴会导致貉食欲不振、体重下降、贫血等。

（六）水

水是机体的主要组成成分，是一种理想的溶剂，是一切化学反应的介质，具有调节体温和润滑的作用。动物体内的水经过代谢后，通过粪尿的排泄、肺和皮肤的蒸发及其他途径排出体外，保持动物体内的水平衡。水的摄取是间歇性的，但水的流失是连续性的。给貉提供充足清洁的饮水是保证貉正常生理代谢的重要保证。生长期、冬毛期缺水容易导致食欲下降，影响生长发育和换毛，新陈代谢紊乱，继发多种疾病；其他时期缺水容易导致采食不稳定，发情不理想，胚胎发育不好，母貉母性不好、食仔、泌乳不足，仔貉生长发育迟缓、死亡率高等。在条件允许的情况下，应单独提供清洁充足的饮水，不可“以料代水”饲喂过稀的饲料。

三、饲养标准

貉在我国分布十分广泛，品种也较为丰富，但国内尚未颁布饲养标准。本章节摘取《貉饲养管理技术规程（河北省地方标准）》中貉不同时期营养需求、幼貉日粮标准和成年貉饲养标准（表5-1至表5-3），以及吉林省农业科学院畜牧分院动物营养研究所杨嘉实等的饲养试验与消化代谢试验提出的乌苏里貉干粉配合饲料饲养标准以作参考（表5-4）。

表5-1 貉不同时期的营养需要（%）

［引自《貉饲养管理技术规程（河北省地方标准）》］

指标	生长期	冬毛期	配种前期	配种后期	妊娠期	哺乳期
粗蛋白	22	20	22	25	26	28
粗脂肪	10	13	10	10	10	12
粗纤维	5.5	5.5	5.5	5.5	5.5	5.5
钙	0.8	0.8	0.8	0.8	0.8	1.0
总磷	0.6	0.6	0.6	0.6	0.8	1.0
食盐	0.5	0.5	0.5	0.5	0.5	0.5
蛋氨酸	0.8	1.1	0.8	0.9	0.9	1.0
赖氨酸	1.4	1.6	1.4	1.5	1.5	1.8

表5-2 幼貉日粮标准（%）

［引自《貉饲养管理技术规程（河北省地方标准）》］

饲料种类	3月龄	4月龄	5月龄	6月龄	7～8月龄
鱼、肉类	40	40	35	35	30
熟制谷物	40	40	40	40	60

（续）

饲料种类	3月龄	4月龄	5月龄	6月龄	7～8月龄
鱼、肉副产品	12	12	12	12	10
蔬菜	5	5	10	10	—
骨粉及其他	3	3	3	3	—

表5-3　成年貉的饲粮标准

［引自《貉饲养管理技术规程（河北省地方标准）》］

时期	配种期		妊娠期		哺乳期	恢复期	准备配种期	
	公貉	母貉	前期	后期			前期	后期
采食量（克/天）	600	500	600～800	800～900	1 000～1 200	450～1 000	550～700	400～500
混合比例								
鱼肉类（%）	25	20	25	30	30	5～10	10～20	20～25
鱼肉副产品（%）	15	15	10	10	10	5～10	5～10	5～10
熟制谷物（%）	55	60	70	60	55	50	60	60～70
蔬菜（%）	5	5	10	10	10	15	10	10
其他补充饲料								
酵母（克/天）	15	10	15	15	15	—	—	10
麦芽（克/天）	15	15	15	15	15	5	—	10
骨粉（克/天）	8	10	15	15	20	5	5～10	5～10
食盐（克/天）	2.5	2.5	3.0	3.0	3.0	2.5	2.5	2.5
乳类（克/天）	50	—	—	50	100	—	—	—
蛋类（克/天）	25	50	—	—	—	—	—	—
维生素A（国际单位/天）	1 000	1 500	1 000	1 000	1 000	—	—	500
维生素E（国际单位/天）	5	5	5	5	—	—	5	5

表 5-4　貉不同时期饲料营养成分推荐量（%）

（引自吉林省农业科学院畜牧分院动物营养研究所，杨嘉实等）

品名	代谢能（兆焦/千克）	粗蛋白（≥）	粗纤维（≤）	粗脂肪（≥）	赖氨酸（≥）	蛋氨酸（≥）	钙	总磷（≥）	食盐
成年维持期	13.3	24	8	7	1.3	0.6	0.8～1.2	0.6	0.3～0.8
配种期	13.8	26	6	7	1.6	0.8	0.9～1.5	0.6	0.3～0.8
妊娠期	13.8	28	6	7	1.6	0.9	0.9～1.5	0.7	0.3～0.8
哺乳期	14.1	30	6	7	1.6	0.9	1.0～1.6	0.8	0.3～0.8
育成期	13.7	26	6	8	1.8	0.9	1.0～1.6	0.7	0.3～0.8
冬毛生长期	13.9	24	8	9	1.6	0.9	0.9～1.5	0.6	0.3～0.8

第二节　貉的饲料种类及营养特性

貉属于杂食动物，食谱宽，可供采食的饲料种类较多。

一、动物性饲料

1. 鲜鱼类　新鲜鱼类包括海水鱼和淡水鱼，但以海杂鱼饲喂较多。新鲜的海杂鱼生喂，适口性好，氨基酸平衡，蛋白质利用率高，是貉的优质饲料原料。海杂鱼种类繁多，营养成分依其种类、年龄、捕获季节及产地等条件有很大差异。一般鲜鱼中，干物质中蛋白质的含量均在50%以上，且氨基酸组成平衡，蛋白质营养价值高。但多数淡水鱼中含有硫胺素酶，可破坏硫胺素，应蒸煮后饲喂。鱼类饲料应保证新鲜度，防止脂肪氧化变质。

2. 鱼排　主要为鳕、鲽等鱼的脊骨部分，属于渔业加工副产品。鱼排干物质中蛋白质含量一般为 40%～50%，但蛋氨酸、赖氨酸等必需氨基酸含量较低，钙、磷含量较高，一般含钙 12%～16%、磷 5%～8%。

3. 肉类 主要包括各种畜禽的肉类。其蛋白质含量一般为 10%～20%，脂肪含量为 2%～30%。新鲜、无病、无毒的可直接利用，病死畜禽肉一般不能作为饲料使用。在日粮中可占动物性饲料的 20%～30%。

4. 禽类加工副产品 包括禽类的头、骨架、内脏和血液等，主要包括鸡架、鸭架、鸡肝、鸡心、鸡头、鸡肠等产品，需要绞碎、均质后饲喂。我国肉鸡、肉鸭养殖数量大，这类产品资源很丰富，适口性好，已在毛皮动物生产中广泛应用。这类饲料中蛋白质含量一般在 20%以上，粗脂肪含量为 10%～20%。在日粮中一般占动物性饲料的 30%～40%。

5. 乳类和蛋类 蛋白质消化率可高达 95%以上。鲜乳在 70～80℃条件下加热 15 分钟消毒后方可饲喂，酸败变质的乳不能饲喂。蛋类最好新鲜饲喂，然而生产中主要喂家禽孵化场的照蛋或未受精蛋。蛋类应煮熟饲喂，消化利用率高。一般在配种、妊娠和哺乳期饲喂。

6. 鱼粉 我国鱼粉资源比较丰富，是貉配合饲料的重要原料。鱼粉蛋白质含量通常在 60%以上，赖氨酸和蛋氨酸含量高，氨基酸组成合理，适口性好，利用率高。还含有丰富的矿物质和维生素，尤其是 B 族维生素含量高，属于毛皮动物优质饲料原料。在日粮中可占动物性饲料的 20%～30%。

7. 肉骨粉 蛋白质含量高达 40%～60%，品质较好，赖氨酸含量高；矿物质含量高，富含钙磷；脂肪含量也较高，8%～10%。但肉骨粉易携带有害微生物（如疯牛病病毒、致病性大肠杆菌、沙门氏菌等）。

8. 血粉 蛋白质含量高达80%，但其中的血纤维蛋白不易消化，生物学价值低。氨基酸组成很不平衡，赖氨酸、亮氨酸、色氨酸含量高，而异亮氨酸、精氨酸和蛋氨酸含量低。矿物元素含量低，但含铁很多，在日粮中可占动物性饲料的5%～10%。

9. 羽毛粉 蛋白质含量高达80%，但不易消化。氨基酸不平衡，含硫氨基酸高。一般先将禽类羽毛清洗后，采用高压加热水解法、酸碱处理法、微生物发酵或酶处理法、挤压膨化法等加工工艺生产。饲喂羽毛粉可缓解水貂食毛症和自咬症。

10. 乳清及乳清粉 乳清是生产干酪和工业酪蛋白的副产品。鲜乳清的主要成分为水，干物质只占7%。乳清脱水浓缩后制成乳清粉，其中含乳糖60%～70%、蛋白质11%。蛋白质主要为白蛋白和球蛋白等优质蛋白质，是配制毛皮动物代乳料的主要原料。

二、植物性饲料

1. 玉米 玉米淀粉含量70%以上，能量含量高。但由于毛皮动物体内淀粉酶活性低，难以对淀粉进行消化吸收，最好进行膨化处理。膨化玉米色泽淡黄，淀粉经过高温处理，糊化度90%左右，适口性好，消化率高。

2. 小麦 小麦的有效能低于玉米，但蛋白质含量比玉米高。经过膨化后，淀粉糊化，外观呈茶褐色，适口性好，可破坏阿拉伯木聚糖等抗营养因子，提高养分消化率。

3. 膨化大豆 大豆蛋白质含量高达38%，且必需氨基酸含量高，粗脂肪含量高达17%以上。但生大豆中含有胰蛋白酶抑制因子等多种抗营养因子，可抑制蛋白质的消化吸收，影响动物的生长发育。生产中通常将大豆膨化后饲喂。膨化大豆通常水分含量12%以下，蛋白质含量35%以上，脂肪含量16%以上。膨化大豆适口性好，营养价值高，是貉的优质饲料原料。

4. 糠麸类饲料 是谷类饲料的加工副产品，主要包括米糠和麸皮。此类饲料蛋白质含量在16%左右，但粗纤维含量稍高，非常适合于喂貉。

5. 饼粕类饲料 是各种油料籽实提取脂肪后的副产品，主要包括大豆粕、花生粕、棉籽粕、菜籽粕等，是貉蛋白质饲料的主要来源。一般大豆粕蛋白质含量43%～46%，营养价值高；花生粕蛋白质含量47%，但氨基酸组成不平衡，蛋白质利用率不如大豆粕；棉籽粕和菜籽粕蛋白质含量32%～38%，但棉籽粕含有棉酚，菜籽粕含有硫葡萄糖苷，对动物具有毒害作用，应限制喂量。

6. DDGS 是酒糟蛋白饲料的商品名，即含有可溶固形物的干酒糟。在以玉米为原料发酵制取乙醇的过程中，其中的淀粉被转化成乙醇和二氧化碳，其他营养成分（如蛋白质、脂肪和纤维等）均留在酒糟中。同时，由于微生物的作用，酒糟中蛋白质、B族维生素及氨基酸含量均比玉米高，并含有发酵中生成的未知促生长因子。美国DDGS的营养价值为含粗蛋白质26%以上，粗脂肪10%以上，赖氨酸0.85%和磷0.75%。

7. 蔬菜、水果类 常用的蔬菜有白菜、油菜、菠菜、甘蓝、胡萝卜、萝卜、南瓜、苹果等。此类饲料水分含量高，青绿多汁，富含多种维生素和矿物质，但蛋白质和能量含量较低，喂量控制在10%以下。一般宜洗净后绞碎与饲料混合后饲喂。

三、微生物饲料

1. 饲料酵母 饲料酵母泛指以糖蜜、味精、酒精、造纸等的废液为培养基生产的酵母。外观多呈淡褐色，蛋白质含量40%～60%，富含B族维生素。

2. 发酵饲料 指在人工控制条件下，利用有益微生物自身的代谢活动，将植物性、动物性和矿物性物质中的抗营养因子分解，生产出更易被动物采食、消化、吸收并且无毒害作用的饲料。

发酵饲料主要为发酵豆粕、棉籽粕和菜籽粕。发酵豆粕以优质豆粕为主要原料，接种微生物，通过微生物的发酵最大限度地消除豆粕中的抗营养因子，有效地降解大豆蛋白为优质小肽蛋白源，并可产生益生菌、寡肽、谷氨酸、乳酸、维生素、未知生长因子（UGF）等活性物质。具有提高适口性，改善营养物质消化吸收，促进生长，减少腹泻的功效。发酵豆粕在动物配合饲料中的一般用量为5%～15%。

四、饲料添加剂

饲料添加剂指各种用于强化饲养效果，有利于配合饲料生产和贮存的添加剂原料及其配制产品。饲料添加剂添加量一般较少，但少量应用即可提高饲料利用率，促进动物生长和防治动物疾病，减少饲料贮藏期间营养物质的损失以及改进产品品质。目前，应用于毛皮动物饲料中的添加剂主要包括氨基酸类、微量元素类、维生素类、抗生素类、酶制剂、微生态制剂、寡糖类、酸化剂、抗氧化剂、防霉剂等产品。

第三节　貉的日粮配制关键技术

在了解貉各个时期的营养需要和各种饲料原料的营养成分后，根据原料来源情况，合理配制饲料。

一、日粮配制原则

1. 保证安全性　动物性产品，尤其是畜禽产品，应保证不携带病原微生物；植物性产品，应保证不存在结块、霉变的现象；饲料原料贮存，尤其是鲜活产品，应保证贮存温度；各种油脂含量丰富的原料，应防止酸败氧化。

2. 保证适口性　原料的选择，应遵循貉的适口性，对于貉不喜食但营养较为丰富的原料，需谨慎添加。

3. 符合貉的消化生理特点　根据貉的消化生理特点，选择易于消化吸收的饲料原料，尤其是哺乳期和生长前期。

4. 符合貉的营养需要　貉各个时期营养需要不同，应根据生产目的进行日粮配制；同时，貉的饲养多为室外开放性养殖，养殖场温度非人工调控，因此饲料配制要因地制宜。

5. 适度多样化　为了保证各种营养的平衡、促进营养成分的吸收，饲料原料应适度多样化。在保证多样化的同时，还应避免过量。某些成分过量会影响其他物质的吸收，这一点在矿物元素上比较明显。

6. 适当加工调制　谷物性饲料粉碎、熟化要充分；冷冻鲜活产品不能过度缓冻，以防某些微生物大量滋生，影响饲料安全性；生熟、冷热妥善处理；熟制饲料原料，务必凉透后再与鲜活冻品进行混合。

7. 兼顾经济性 在满足以上原则的情况下，必须兼顾饲料成本，保证经济效益。

二、配方设计方法

全价饲料的配方设计方法很多，有经验法、热量法和重量法等。本节对应用广泛、更能准确满足貉营养需求的重量法进行说明。

1. 配方设计方法 依照饲料配制原则，选择当地可以采购的各种饲料原料，结合特定时期貉的饲养标准进行配制。

【例】 配制成年维持期的貉饲料，原料有小麦麸、膨化玉米粉、膨化大豆粉、鱼粉、肉骨粉和1%的维生素预混料、矿物质预混料。按照表5-4推荐的标准，成年维持期需要粗蛋白24%、粗脂肪7%。小麦麸、膨化玉米、膨化大豆、鱼粉和肉骨粉的粗蛋白含量分别为15.05%、9.08%、36.75%、58.95%、48.72%，粗脂肪含量分别为3.05%、2.85%、17.50%、10.70%、10.60%。录入Excel表格后，根据貉的消化特性和动植物饲料的配比经验，小麦麸、膨化玉米、膨化大豆、鱼粉和肉骨粉的添加比例分别为3%、52%、14%、6%、23%，此时核算的饲料粗蛋白含量为25.06%、粗脂肪含量为7.10%。按照同样的方法小麦麸、膨化玉米、膨化大豆、鱼粉和肉骨粉的添加比例还可以是3%、54%、15%、6%、20%，此时饲料粗蛋白含量为24.15%、粗脂肪含量为7.02%。在饲料配制过程中，如果配方营养相当、使用过程中貉消化吸收没有差异，则可根据各种原料的价格进行合理调配，降低饲料成本。

2. 影响配方质量的因素

（1）*原料品质不达标* 由于原料品质不好、杂质较多或贮存时间较长等原因导致营养组分有损耗，造成最终配方营养不达标。针对这种情况，应保证原料安全的前提下，对不同批次的同类原料应尽量化验，分析数据后，以实际分析值作为配方计算的依据。

（2）*原料配比不合理* 最终的能量、粗蛋白、粗脂肪、必需氨基酸等数据均达标，但是貉生长发育不理想、粪便状态不理想，这种情况多是原料选择或配比不合理，貉不能消化吸收饲料中的营养成分造成的。

（3）*原料选择不科学* 如果貉出现生长退化甚至出现病态，则有可能是原料选择不科学，选取了含有抗营养成分的原料，或者是大量添加貉无法消化吸收的原料。

（4）*原料初加工不充分* 原料初加工不充分，比如谷物性日粮膨化不充分，引发突发性的腹泻、食欲不振等，对配方质量将造成很大的影响。

配制饲料后，一定要及时观察貉的采食消化情况、粪便情况、精神情况及被毛情况等。若貉鼻镜湿润，食欲良好，粪便为柔软的条状，被毛柔顺有光泽，则证明饲料配方、原料选择、加工工艺及成品料的贮存都没有问题。

第四节　貉饲料加工技术

饲料加工工艺对配方影响巨大。合理的加工工艺，将最大限度地发挥配方的功能，保证饲料的营养，促进貉的生长发育，增强貉的抗病能力，提高貉的生产性能，增加养殖收益。

一、貉配合饲料的种类

配合饲料是以动物的营养需要和饲料营养价值评定的研究结果为基础，设计出营养平衡的饲料配方，按规定的工艺流程生产的具有营养性和安全性的商品饲料。这种饲料产品，可以满足不同生长发育阶段貉的营养需要，合理利用各种饲料资源，最大限度地发挥动物的生产潜力，提高饲料利用率，降低饲养成本，使饲养者取得良好的经济效益。

（一）按营养成分分类

按照配合饲料所含营养成分的不同，可将配合饲料分为以下几种。

1. 全价配合饲料 除水分外，能完全满足动物营养需要的配合饲料，称为全价配合饲料。这种饲料所含的营养成分均衡全面，能够完全满足动物的营养需要，无需添加任何成分就可以直接饲喂，并能获得最好的经济效益。由能量饲料、蛋白质饲料、矿物质饲料及各种饲料添加剂组成。

2. 浓缩饲料 指由蛋白质饲料、矿物质饲料和添加剂预混料按一定比例配制的均匀混合物。按一定比例将浓缩饲料与能量饲料混合均匀，就可以配制成全价配合饲料，浓缩饲料占全价配合饲料的比例通常为40%。

3. 添加剂预混料 指由一种或多种饲料添加剂与载体或稀释剂按一定比例配制的均匀混合物。添加剂预混料在配合饲料中所占比例很小，但它是构成配合饲料的精华部分，是配合饲料的核心。

（二）按物理性状分类

按物理性状的不同，可将配合饲料分为以下几种。

1. 干粉全价饲料 干粉全价饲料是指多种饲料原料的粉状混合物。将配合饲料所需的各种原料先粉碎至一定粒度后再称重配料，然后混合均匀，即干粉饲料。这种饲料的生产设备及工艺比较简单，加工成本低。

2. 鲜配合饲料 指根据貉的营养需要，将各种新鲜饲料原料按照一定比例混合，再加入基础干饲料，经过一定的工艺加工而成的饲料产品。

3. 颗粒饲料 指根据貉的营养需要和饲料原料营养特性，将各种饲料原料合理配比，按照一定的工艺流程加工而成的颗粒状产品。颗粒饲料适口性较好，饲料利用率也较高，已广泛应用于貉的养殖。颗粒饲料营养全价，富含各种营养成分，可完全满足貉不同时期的营养需求；采用膨化、细粉、制粒等先进的工艺加工而成，蛋白质变性，淀粉糊化，可大幅度提高饲料利用率；制作过程中经过高温处理，可使植物性饲料中的抗营养因子失活，同时起到灭菌、杀虫、消毒的效果，不仅有利于蛋白质的消化吸收，而且可改善饲料的卫生质量，降低动物发病率；克服了生鲜料夏季高温季节容易腐败变质、脂肪易氧化的缺点；饲喂方便，节省人力物力。

4. 膨化饲料 指经调质、增压挤出模孔和骤然降压过程制得的膨松颗粒饲料。膨化是对物料进行高温高压处理后减压，利用水分瞬时蒸发或物料本身的膨胀特性，使物料的某些理化性质改变的一种加工技术。它分为气流膨化和挤压膨化两种。膨化饲料不仅具有颗粒饲料的优点，而且还具有适口性好、饲料利用率高、有益健康、经济效益显著等独特的优越性。可膨化的饲料原料有大豆、玉米、豆粕、棉籽粕、鱼粉、羽毛粉及肉骨粉等，非常适合于饲喂貉等特种经济动物和宠物。

二、全价干粉配合饲料加工技术

（一）原料接收与清理

原料接收是各种饲料原料经质检合格后，经过称重、初清后入库贮存或直接使用的过程。这是饲料生产的首道工序，是保证生产连续性和产品质量的关键环节。该工段主要是通过除杂来保证供应下一道工序要求的原料。饲料厂一般都有粒料线和粉料线两条接收清理生产线。粒料线接收需要粉碎的原料，如谷物、饼粕类等原料；粉料线接收不需要粉碎的原料，如麸皮、米糠、鱼粉等。

1. 一般工艺 原料→卸料坑→提升→清理→称量→进仓。

2. 主要设备及设施

（1）输送设备 包括水平输送设备（刮板输送机、螺旋输送机、皮带输送机）和垂直输送设备（斗式提升机）。

（2）原料贮存仓 常见的为钢板仓（立筒库）、房式仓、缓冲仓。

（3）清理设备 谷物饲料及其加工副产品中常夹带些非金属杂质（如泥沙、线绳、秸秆、烟头等）和金属杂质（铁钉、铁丝等），大杂质的清除率应在90%以上。非金属杂质的清理常选用筛选法，常见的初清设备主要有圆筒初清筛、圆锥粉料清理筛、回转振动分级筛等。金属杂质的清理常选用磁选法，常见的磁选设备有永磁筒磁选器、永磁滚筒磁选机、磁选箱等。

（二）粉碎

粉碎是利用各种粉碎机将粒料破碎至适宜粒度的过程。粉碎的目的是便于动物采食，提高饲料养分消化率，有利于饲料的后续加工。根据饲料加工的不同要求，可将粉碎产品分为以下几种类型（表 5－5）。由于动物的消化生理特点和采食习性的差异，不同动物饲料原料的粉碎粒度明显不同。

表 5－5　粉碎的类型

（引自袁惠新，2001）

类型	原料粒度（毫米）	产品粒度
粗粉碎	10～100	5～10 毫米
细粉碎	5～50	0.1～5 毫米
微粉碎	5～10	<100 微米
超微粉碎	0.5～5	<10 微米

1. 一般工艺　贮存仓→喂料装置→去磁装置→粉碎机→输送装置。

2. 主要设备

（1）喂料装置　合理选择喂料设备，可使粉碎机负荷稳定，提高粉碎效率，降低能耗。饲料厂常用的喂料设备包括叶轮式喂料器、带式喂料器和螺旋喂料器等。

（2）粉碎设备

①锤片式粉碎机：在饲料工业中使用最广泛。设备的主

要工作部件为锤片。主要包括普通锤片粉碎机、水滴式锤片粉碎机、振动锤片粉碎机、立式锤片粉碎机、双轴卧式锤片粉碎机等类型。

②齿爪式粉碎机：主要利用齿盘上动齿、定齿的撞击和剪切作用进行粉碎。适合于粉碎脆性硬质物料。

③对辊式粉碎机：主要工作部件为磨辊，主要依靠挤压力与剪切力粉碎。

④碎饼机：常用锤片式碎饼机，主要用于豆饼、棉籽饼、菜籽饼等饼类饲料的破碎。

（三）配料

配料是按照配方要求，采用特定的配料装置，对各种不同的饲料原料进行投料并计量的过程。配料是饲料生产过程中的一个关键环节。配料秤是实现这一过程的主要装置，其准确性直接影响着产品质量。

1. 一般工艺 粉状物料→输送装置→配料仓→喂料器→配料秤→输送装置。目前，常见的配料工艺流程包括一仓一秤、多仓一秤、多仓数秤（2～4 个配料秤）等几种形式。

2. 主要设备 配料装置根据工作原理可分为重量式和容积式。目前饲料厂使用较为广泛的是重量间歇式的配料系统，其中又以电子配料秤为主。

电子配料秤以称重传感器为核心，反应速度快，称重信号可以远距离传递，可避免现场环境的干扰，不受安装地点限制，结构简单，使用寿命长。电子配料秤具有称量速度快、配料精度高、性能稳定、控制显示功能好、工作可靠、劳动强度低、自动化程度高等优点。

电子配料秤主要由秤斗、连接件、称重传感器、重量显示仪表和电子线路组成。

（四）混合

混合是将计量配料后的各种物料组分通过搅拌混合均匀的工序。混合是保证饲料产品中的饲料成分分布均匀、质量稳定的关键环节。在现代饲料加工工艺中，配料混合系统对饲料厂的生产率和饲料产品的质量起着决定性作用，被誉为饲料厂的“心脏”。

1. 一般工艺 配料秤→混合机→输送机。目前饲料厂多采用分批混合工艺，即将各种饲料原料按配方要求的比例计量，配成一定重量的一个批量，将此批料送入混合机进行混合，一个混合周期即产生一个批次的配合饲料。

2. 主要设备

（1）卧式螺带混合机 主要由机体、转子、出料门及出料控制机构、传送机构等组成。其优点是混合速度快，混合均匀度高，卸料时间短；缺点是占地面积大，动力消耗大。

（2）立式螺旋混合机 又称立式绞龙混合机，主要由立式螺旋绞龙、机体、进出料口和传动装置构成。其优点是配备动力小，结构简单，价格低；缺点是混合均匀度低，混合时间较长。

（3）双轴桨叶式混合机 主要由传动结构、卧式机体、双搅拌轴、卸料门及控制机构及液体添加系统组成。其特点是混合速度快、混合均匀度高、适应范围广，大型饲料厂广泛采用。液体添加系统包括进油槽、储油罐、油泵、滤油器、压力阀、压力表、溢流阀、流量计、油脂喷头及加热系统和控制系统。管道材料一般为钢管或不锈钢管，不宜用铜材管。糖蜜添加的方法与油脂相似，但只能用热水管加热和保温，而不能用蒸气加热，以免使糖蜜焦化。

三、貉颗粒饲料制作工艺

颗粒饲料是通过机械作用将单一原料或多种成分原料的混合料压密并挤压出模孔所成的圆柱状或团块状饲料。制粒可以提高饲料消化率，避免动物挑食，减少浪费，改善饲料卫生。

1. 一般工艺 粉料仓→调质器→制粒机→冷却器→碎粒机→分级筛→成品仓→包装。

2. 主要设备

（1）*调质器* 调质就是对饲料进行湿热处理，使其淀粉糊化、蛋白质变性、物料软化，以便于制粒机提高制粒的质量和效率，并改善饲料的适口性、稳定性，提高饲料消化率。调质的目的是将配合好的干粉料调质成具有一定水分、一定温度、利于制粒的粉状饲料。一般用蒸汽在调质器内进行调质。调质器以喂料绞龙为主体，可以控制颗粒机的流量，保证进料均匀。

（2）*制粒机* 按工作主轴方向，可将制粒机分为卧式制粒机和立式制粒机；按颗粒成形模具的形式，可将其分为平模制粒机和环模制粒机。环模制粒机目前应用最为广泛，可分为齿轮传动型和皮带传动型两种。环模制粒机主要由料斗、喂料斗、喂料器、磁铁、搅拌调质器、斜槽、门盖、压制室、切刀、主传动系统、过载保护装置及电气控制系统组成。

（3）*冷却器* 主要用于颗粒饲料的冷却。冷却后的颗粒料既增加了硬度，又能防止霉变，便于颗粒饲料的运输和贮存。冷却工艺包括逆流冷却（冷却空气的流动方向与料流方向相反）和顺流冷却两种。冷却器包括立式冷却器和卧式冷却器两种。

（4）*碎粒机（破碎机）* 是将大颗粒（直径 3～6 毫米）破碎成小颗粒（直径 1.6～2.5 毫米）的专用设备，主要通过两个轧辊上锯形齿的差速运动，对颗粒剪切及挤压而实现破碎。所需破碎粒度可通过调节两轧辊间距来获得。碎粒机主要有对辊和四辊两种形式，由位置固定的快辊、可移动的慢辊、轧距调节机构、活门操纵机构、传动机构及机架等组成。

（5）*分级筛* 主要用于颗粒饲料破碎后的分级，筛分出粒度合格的产品。常用设备为振动分级筛，主要由机架、支撑结构、筛船、筛框、驱动装置和机座组成。

四、干配合饲料加工工艺流程

貉干配合饲料的加工工艺可分为先粉碎后配料和先配料后粉碎两种。

1. 先粉碎后配料生产工艺 指将原料仓的粒料先进行粉碎，然后进入配料仓进行配料、混合、制粒。这是一种传统的加工工艺，主要用于加工谷物含量高的配合饲料。此工艺按以下工序生产配合饲料：主、副原料接收和清理→粒料粉碎→配料和混合→制粒→成品包装及散装发放。

（1）*优点* ①粉碎机可置于容量较大的待粉碎仓之下，原料供给充足，机器始终处于满负荷生产状态，呈现良好的工作特性；②分品种粉碎，可针对原料的不同物理特性及饲料配方的粒度要求，调整筛孔大小，获得较佳经济效益；

③粉碎工序之后配有大容员配料仓，贮备能力较大，粉碎机的短期停车维修不会影响整个生产；④装机容量低，“先粉碎”工艺的车间装机容量低于“先配料”工艺的容量。

（2）缺点　①料仓数量多，还要设置待粉碎仓，投资较大；②经粉碎后的粉料在配料仓中易结拱，对仓斗的形状要求较高。

2. 先配料后粉碎生产工艺　指将饲料各组分先进行计量配料，然后进行粉碎、混合、制粒。此工艺按以下工序生产配合饲料：主、副料接收和清理→配料→二次粉碎→混合→制粒→成品包装及散装发放。

（1）优点　原料仓兼作配料仓，可省去大量的中间配料仓及其控制设备，并简化了流程；同时还避免了中间粉状原料配料仓的结拱；配料后的物料同时粉碎有利于粉碎粒度的均匀；多种原料在一起粉碎比单一原料容易，特别是对某些难粉碎的高脂肪、高水分原料。

（2）缺点　装机容量比先粉碎工艺高，动力消耗较高；粉碎机比较关键。由于粉碎机处于配料工序之后，一旦粉碎机发生故障，将影响整个工厂的正常生产。

五、全价鲜配合饲料加工技术

全价鲜配合饲料加工需要的设备主要有破碎粉碎机、混合搅拌罐，所以小型养殖场也可以自己进行加工。

新鲜的动物性饲料原料多为冷冻产品。为保证新鲜度并最大限度避免缓冻导致的微生物繁殖，冻品一般直接带冰破碎、粉碎、进入混合搅拌罐，动物性干粉料和植物性干粉料则直接在混合搅拌罐中加入，而后加水混合搅拌均匀之后放料。

对于大型的饲料加工企业，加工设备则相对复杂，加工的成品饲料混合均一度更好、饲料颗粒更小。同时，因企业需要出售产品，在整体设备的最后一个环节往往安置计量设备。

第五节　饲料品质鉴定

貉饲料原料种类繁多，配制饲料之前，务必保证各种饲料原料的品质，饲料品质直接影响养殖效果。在小型养殖场中，常用感官鉴定来判断饲料品质，在饲料加工企业则还要结合显微镜检测和化学成分测定来共同评估饲料原料及成品料的品质，从而保证饲料的质量。

一、感官鉴定

（一）动物性鲜活产品的感官鉴定

1. 鱼产品及相关副产品　鱼鳃粉红，没有暗红或发黑现象。眼球饱满不凹陷。非冻品的新鲜鱼产品皮肤表面可见一层黏膜。肉质结实有弹性，颜色鲜艳。有鱼鲜味，无酸败脂肪的味道、腐臭味道、氨味。手触肉质，细腻有弹性。变质肉质触感则变为黏腻、松软。

2. 畜禽产品及相关副产品　肉质为新鲜的淡红色或稍浅的血红色，肉质湿润有弹性，无变色风干状。内脏颜色鲜艳。脂肪部分为白色或乳白色，无变黄、变红的现象。除特有的肉腥或肉膻味道，无其他腐臭酸败的味道，脂肪无哈喇味。肉或内脏有弹性，切开后，切面无黏腻感。用手按压肉质较厚的部分，可以完全复原。脂肪部分结实，无塌陷变软现象。

3. 蛋类与鲜乳 蛋类蛋壳完整，无破损、裂纹现象。打开后，蛋液澄清，蛋白蛋黄分界明显。鲜乳应为乳白色或乳黄色，无其他颜色、杂质。

乳品均一性好，无漂浮物或沉淀物。带有自然的乳香味儿，无酸臭或其他异味。手触有一定黏度，不过分浓稠也不过稀，无结块、悬浮物，无黏腻感。

（二）干粉类饲料

1. 全价干粉饲料 质地、颜色均一，无结块、霉变，有特有的鲜香味。手攥后成形，留有手印。饲料脂肪丰富，手上会有油脂。

2. 膨化谷物类 质地、颜色均一，无结块、霉变，手感干燥，无颗粒。

3. 鱼粉 颜色为浅黄色至黄棕色，手感蓬松，纤维状组织较明显，有少量的鱼刺、鱼鳞等，紧握后手上无杂质，手捻质地柔软、干燥、不油腻。

4. 饼粕类 无杂质、泥沙、霉变、异味。掰开后，无过硬、过脆的结块现象，无返油点。

5. 油脂类 眼观均一性要好，无沉淀分层现象、哈喇味，酸价检测不超限。

二、显微镜检测

显微镜检测主要是针对鱼粉掺假进行的。鱼粉掺假多是掺了非蛋白氮类物质，以及血粉和羽毛粉。掺入尿素类物质通过嗅闻即可，血粉通过色泽基本可以判定。羽毛粉则需要进行显微镜检测，若显微镜下看到明显的羽毛组织结构，即可判定鱼粉掺假。

三、化学成分检测

常规化学成分检测包括水分、蛋白质、脂肪和钙磷等。以上检测为饲料生产厂家的常规检测。化学成分的检测对采购具有指导意义，对配方的修订起关键作用。一般来讲，同样来源的不同批次产品，在来货时都需要进行检测，以修正配方。

四、其他内容检测

1. 微生物 尤其是鲜活产品，必须进行微生物的检测。对于人兽共患疾病，则需要进行严格的检测和处理。小型养殖户，鲜活产品在微生物没有检测能力的情况下，建议熟喂。

2. 毒素 常规方法很难脱毒，毒素蓄积严重影响动物的繁殖机能和机体健康。对于检测出毒素的产品，不建议使用，可以选择同类原料进行替代。

3. 新鲜度 在冷冻保存鲜活产品的同时，要定期对其新鲜度进行检测。对容易变质的产品，应尽早使用。

第六章 饲养管理关键技术

第一节 貉生物学时期的划分

貉在长期进化过程中，生命活动呈现明显的季节性变化，如春季繁殖交配，夏、秋季哺育幼仔，入冬前储备营养并长出丰厚的冬毛等。在貉的人工饲养过程中，为了饲养和管理上的科学、合理与便利，依据貉在一年内不同的生理特点而将其划分成不同的生物学时期（表 6－1）。各生物学时期之间有着内在联系，不能把每个生产时期独立分开。例如，在准备配种期饲养管理不合理，尽管在配种期进行改善和加强，增加动物性饲料的比例，也难取得好的成效。疏忽

表 6－1 貉生物学时期的划分

<table>
<tr><th rowspan="2">类别</th><th colspan="12">月份</th></tr>
<tr><th>12</th><th>1</th><th>2</th><th>3</th><th>4</th><th>5</th><th>6</th><th>7</th><th>8</th><th>9</th><th>10</th><th>11</th></tr>
<tr><td>成年公貉</td><td colspan="2">准备配种后期</td><td colspan="2">配种期</td><td colspan="5">恢复期</td><td colspan="3">准备配种前期</td></tr>
<tr><td>成年母貉</td><td colspan="2">准备配种后期</td><td colspan="2">配种期</td><td colspan="3">妊娠、泌乳期</td><td colspan="2">恢复期</td><td colspan="3">准备配种前期</td></tr>
<tr><td>幼貉</td><td colspan="4"></td><td colspan="3">哺乳期</td><td colspan="2">育成期</td><td colspan="3">冬毛生长期</td></tr>
</table>

了任何时期的饲养管理必将使生产受到严重损失，每一个时期都以前一时期为基础，各个时期都是有机地联系起来的，只有重视每一时期的管理工作，貉的生产才能取得良好成绩。

第二节　貉准备配种期饲养管理关键技术

一、貉准备配种期的饲养技术

貉的准备配种期一般为 8 月中旬至翌年 1 月。秋分以后，随着日照的逐渐缩短，貉的生殖器官逐渐发育，与繁殖有关的内分泌活动也逐渐增强，通过神经-体液调节，母貉卵巢开始发育，公貉睾丸也逐渐增大。冬至以后，随着日照时间的逐渐增加，貉的内分泌活动进一步增强，性器官发育更加迅速，到翌年 1 月末 2 月初，公貉睾丸中已有成熟的精子产生，母貉卵巢中也已形成成熟的卵泡。貉在入冬前采食比较旺盛，在体内贮存了大量的营养物质，为其顺利越冬及生殖器官的充分发育提供了可靠保证。

该时期饲养的中心任务是为貉提供各种需要的营养物质，特别是生殖器官生长发育所需要的营养物质，以促进性器官的发育；同时注意调整种貉的体况，为顺利完成配种任务打好基础。一般根据光周期变化及生殖器官的相应发育情况，将该时期划分为准备配种前、后两个时期进行饲养。

1. 准备配种前期　一般为 8 月中旬至 11 月。该阶段需要继续补充种貉繁殖所消耗的营养物质，供貉冬毛生长的需要。该时期动物性饲料的比例应不低于 15%，可适当提高饲料的脂肪含量，以利于提高肥度。到 11 月末时，种貉的体况应得到恢复，母貉应达到 5.5 千克以上，公貉应达 6 千克以上。10 月每日喂 2 次，11 月可每日喂 1 次，供足饮水。

2. 准备配种后期 一般为 12 月至翌年 1 月。该时期冬毛的生长发育已经完成，饲养的主要任务是平衡营养，调整体况，促进生殖器官的发育和生殖细胞的成熟。应及时根据种貉的体况对日粮进行调整，适当增加全价动物性饲料、饲料种类，以增强互补作用。同时，要对貉补充一定数量的维生素，饲喂适量的酵母、麦芽、维生素 A、维生素 E 等，可对种貉生殖器官的发育和机能发挥起到良好的促进作用。此外，从 1 月开始每隔 2～3 天可少量补喂一些刺激发情的饲料，如大蒜、葱等。貉的日粮从 12 月开始每日喂 1 次，1 月起每日喂 2 次，全天按早饲 40%、晚饲 60%的比例饲喂。

貉准备配种期的饲养标准和准备配种后期的日粮组成分别见表 6－2 和表 6－3。

表 6－2 貉准备配种期的饲养标准

（引自任东波和王艳国，2006）

时期	热量（兆焦）	日粮量（克）	比例（%）				添加饲料（克）				
			鱼肉	鱼肉副产品	熟谷物	蔬菜	酵母	麦芽	食盐	骨粉	维生素
10—11月	2.090～1.672	700～550	10～5	5～10	70	10	—	—	2.5	5～10	维生素 A 500 国际单位、维生素 B_1 2 毫克
12月至翌年1月	1.463～1.672	400～500	20～25	5～10	60	10	5～8	10	2.5	5～10	

表 6－3　貉准备配种后期的日粮组成

（引自任东波和王艳国，2006）

饲料种类	比例（%）	日粮量		
		日总量	早饲（40%）	晚饲（60%）
鱼类	20	80 克	32 克	48 克
猪肉	15	60 克	24 克	36 克
肝脏	5	20 克	8 克	12 克
窝窝头	45	180 克	72 克	108 克
大白菜	5	20 克	8 克	12 克
水	10	40 克	16 克	24 克
食盐	—	2 克	0.8 克	1.2 克
维生素 A	—	2 000 国际单位	—	2 000 国际单位
维生素 D	—	300 国际单位	—	300 国际单位
维生素 E	—	5 毫克	—	5 毫克
维生素 B_1	—	10 毫克	—	10 毫克
维生素 C	—	30 毫克	—	30 毫克

二、貉准备配种期的管理技术

1. 注意防寒保暖　从 10 月开始，气候日益寒冷，为减少貉抵御外界寒冷而消耗营养物质，必须注意小室的保温工作，保证小室内有干燥、柔软的垫草，并用油毡纸、塑料布等堵住小室的孔隙，经常检查清理小室，勤换垫草。

2. 保证采食量和充足饮水　准备配种后期，天气寒冷，饲料在室外很快结冰，影响貉的采食。因此，在投喂饲料时应适当提高温度，使貉可以吃到温暖的食物。此外，貉的需水量也应得到满足，每天供应 2～3 次或更多。

3. 搞好卫生 有的貉习惯在小室中排粪便和往小室中叼饲料，使小室地面和垫草被弄得潮湿污秽，这样容易引发疾病并造成貉毛绒的缠绕打结。因此，应经常打扫笼舍和小室卫生，保持小室干燥、清洁。

4. 加强驯化 准备配种期要加强驯化，特别是多逗引貉在笼中运动。这样做既可以增强貉的体质，又有利于消除貉的惊恐感，提高繁殖力。

5. 调整体况 种貉体况与其发情、配种、产仔等密切相关，身体过肥或过瘦均不利于繁殖。在生产实际工作中，鉴别种貉体况的方法主要是以眼观、手摸为主，并结合称重进行。其体况分为肥胖、适中、较瘦。

（1）*肥胖体况* 被毛平顺光滑，脊背平宽，体粗腹大，行动迟缓，不爱活动；用手触摸不到脊椎骨和肋骨，甚至脊背中间有沟，全身脂肪非常发达。公貉如果肥胖，一般性欲较低；母貉如果脂肪过多，其卵巢也被过多的脂肪包埋，影响卵子正常发育。对于过肥的种貉，要适当增加其运动量或少给饲料，减少小室垫草；如果全群肥胖，可改变日粮组成，减少日粮中脂肪的含量，降低日粮总量。

（2）*适中体况* 被毛平顺光亮，体躯均匀，行动灵活，肌肉丰满，腹部圆平；用手摸脊背和肋骨时，可触摸到脊椎骨和肋骨。一般要求公貉体况保持在中上水平，体重为6.5～9.0千克；母貉体况应保持中等水平。

（3）*较瘦体况* 全身被毛粗糙，蓬乱而无光泽，肌肉不丰满、缺乏弹性；用手摸脊背和肋骨时，感到突出、挡手。对于较瘦体况的种貉，要适当增加营养，以求在进入配种期时达到最佳体况。

6. 做好配种前的准备工作 应做好配种前的一切准备

工作，维修好笼舍并用喷灯消毒1次，编制配种计划和方案，准备好配种用具，并开展技术培训工作。

上述工作就绪后，应将饲料和管理工作正式转入配种期的饲养和管理日程。配种前，种公、母貉的性器官要用0.1%高锰酸钾水洗1次，以防交配时带菌而引起子宫内膜炎。准备配种后期，应做好经产母貉的发情鉴定工作。因经产母貉发情期有逐年提前的趋势，所以要做好记录，做到心中有数，使发情的母貉及时交配。

第三节　貉配种期饲养管理关键技术

貉的配种期较长，一般为2～3个月。该时期饲养管理的中心任务是使所有种母貉都能适时受配，同时确保配种质量，使受配母貉尽可能全部受孕。为达此目的，除适时配种外，还必须搞好饲养管理的各项工作。

公貉在配种期内有时1天要交配1～2次，在整个配种期内完成3～4只母貉6～10次的配种任务，营养消耗量很大，加之在整个配种期中由于性兴奋使食欲下降、体重减轻。因此，配种期内应对种貉特别是种公貉加强营养，悉心管理，以使其有旺盛持久的配种能力。

一、貉配种期的饲养技术

配种期饲养的中心任务是使公貉有旺盛持久的配种能力和良好的精液品质，使母貉能正常发情，适时完成交配。该时期由于公、母貉性欲冲动，精神兴奋，表现不安，运动量加大，加之食欲下降，因此应供给优质全价、适口性好、易于消化的饲料，并适当提高日粮中动物性饲料的比例，如蛋、脑、鲜肉、肝、乳，同时加喂维生素 A、维生素 D、维生素 E、B 族维生素及矿物质。日粮能量标准为 1.650～2.090兆焦，每 0.418 兆焦代谢能中可消化蛋白质不低于 10 克，日粮量 500～600 克。每日每只维生素 E 15 毫克。由于种公貉配种期性欲高度兴奋活跃，体力消耗较大，采食不正常，每天中午要补饲 1 次营养丰富的饲料，或喂给 0.5～1 个鸡蛋。配种期貉的日粮标准见表 6-4。

表 6-4　配种期貉的日粮标准

（引自马泽芳，2013）

性别	日粮量（克）	比例（%）				添加饲料									
		鱼肉（克）	鱼肉副产品（克）	熟谷物（克）	蔬菜（克）	酵母（克）	麦芽（克）	乳品（克）	蛋类（克）	食盐（克）	骨粉（克）	维生素 A（国际单位）	复合维生素 B（毫克）	维生素 C（毫克）	维生素 E（毫克）
公貉	600	25	15	55	5	15	15	50	50	2.5	8	2 000	5	5	50
母貉	500	20	15	60	5	10	15	—	—	2.5	10	1 500	5	—	50

配种期投给饲料的体积过大，会降低公貉的活跃性而影响交配能力。配种期每天可实行 1～2 次喂食制，喂食前后 30 分钟不能放对。如在早饲前放对，公貉的补充饲料应在午前喂；早饲后放对，应在饲喂后半小时进行。

二、貉配种期的管理技术

1. 做好发情鉴定和配种记录　配种期首先要进行母貉

的发情鉴定，以便掌握放对的最佳时机。发情检查一般2～3天一次。对接近发情期者，要天天检查或放对。对首次参加配种的公貉要进行精液品质检查，以确保配种质量。

养貉场在进行商品貉生产时，1只母貉可与多只公貉交配，这样可增加受孕机会；在进行种貉生产时，1只母貉只能与同1只公貉交配，以保证所产仔貉系谱清楚。1只母貉一般要进行2～3次交配，过多交配则易引起子宫内膜炎，进而造成空怀或流产。配种期间要做好配种记录，记录公、母貉编号，每次放对日期，交配时间，交配次数及交配情况等。

2. 防止跑貉 配种期由于公、母貉性欲冲动，精神不安，故应随时注意检查笼舍牢固性，严防跑貉。在对母貉发情鉴定和放对操作时，方法要正确，注意力要集中，以免造成人、貉皆伤。

3. 保证饮水 配种期公、母貉运动量增大，加之气温逐渐由寒变暖，貉的饮水量日益增加。每天要保持足够的饮水，或每天供水4次以上。

4. 区别发情貉和发病貉 貉在配种期因性欲冲动，食欲下降，公貉在放对初期，母貉临近发情时期，有的连续几日不吃，要注意同发生疾病或有外伤貉的区别，以便对病、伤貉及时治疗。要经常观察群貉的食欲、粪便、精神、活动等情况，做到心中有数。

5. 保证配种环境安静 貉胆小易惊，种貉在配种期间，要保证饲养场安静。放对后要注意公、母貉的行为，防止咬伤，若发现其互相有敌意，要及时把它们分开。另外，要搞好食具、笼舍和地面卫生工作，特别是温度较高地区，更应重视卫生防疫工作。

第四节 貉妊娠期饲养管理关键技术

从受精卵形成到胎儿娩出这段时间为貉的妊娠期。貉妊娠期平均约 2 个月，全群可持续 3～5 个月。该时期是决定生产成败、效益高低的关键。饲养管理的中心任务是保证胎儿的正常生长发育，做好保胎工作。

一、貉妊娠期的饲养技术

妊娠期的母貉不仅要维持自身的新陈代谢，还要为体内胎儿的正常生长发育提供充足的营养，同时还要为产后泌乳积蓄营养。如果饲养不当，会造成胚胎吸收、死胎、烂胎、流产等妊娠中断现象而影响生产。妊娠期饲养的好坏，不仅关系到胎产仔数的多少，而且还影响仔貉生后的健康。

在日粮配合上，要做到营养全价，品质新鲜，适口性好，易于消化。腐败变质或可疑的饲料绝对不能喂。饲料品种应尽可能多样化，以达到营养均衡的目的。喂量要适当，应随妊娠天数的增加而递增。妊娠前 10 天，日粮总热量不能过高，要根据妊娠的进程逐步提高营养水平，既要满足母貉的营养需要，又要防止过肥。给妊娠母貉的饲料可适当调稀些，后期最好每日喂 3 次。饲喂量最好根据妊娠母貉的体况及妊娠时间等区别对待，不要平均分食。妊娠期母貉的饲养标准和日粮配方分别见表 6－5 和表 6－6。

表 6-5 妊娠期母貉的饲养标准

（引自马泽芳，2013）

妊娠期	日粮标准			比例（%）				添加饲料								
	热量（兆焦）	可消化蛋白质（克，每0.1兆焦中）	日粮量（克）	鱼肉类	鱼肉副产品	熟谷物	蔬菜	酵母（克）	麦芽（克）	乳品（克）	食盐（克）	骨粉（克）	维生素A（国际单位）	维生素B（毫克）	维生素C（毫克）	维生素E（毫克）
前期	1.883～2.301	2.39	600左右	25	10	55	10	15	15	—	3.0	15	1 000	5	—	5
中期	2.501～2.720	2.34	700～800	25	10	55	10	15	15	—	3.0	15	1 000	5	—	5
后期	2.929～3.347	2.39	800～900	30	10	50	10	15	15	50	3.0	15	1 000	5	5	5

表 6-6　妊娠期母貉的日粮配方

（改自马泽芳，2013）

饲料种类	重量比例（%）	日粮量		
		日总量	早饲（40%）	晚饲（60%）
海杂鱼（克）	20	200	802	120
马内脏（克）	10	100	40	60
鲜碎骨（克）	2	20	8	12
熟玉米面（克）	18	180	72	108
熟黄豆面（克）	7	70	28	42
大白菜（克）	10	100	40	60
水（克）	25	250	100	150
酵母（克）	3	30	12	18
麦芽（克）		15	6	9
松针粉（克）		5	2	3
维生素 A（国际单位）		1 000	1 000	
维生素 B_1（毫克）		3		3

二、貉妊娠期的管理技术

貉妊娠期管理的重点是给妊娠母貉创造一个舒适安静的环境，以保证胎儿正常发育。

1. 保持安静　妊娠期内应禁止外人参观，饲喂时动作要轻捷，不要在场内大声喧哗，目的是避免妊娠母貉惊恐。饲养人员可在母貉妊娠前、中期多接近母貉，妊娠后期则应逐渐减少进入貉场的次数，保持环境安静，这样有利于产仔保活。

2. 保证充足饮水　母貉妊娠期需水量增大，每天饮水不能少于 3 次，同时要保证饮水的清洁卫生。

3. 搞好环境卫生 母貉妊娠期正是万物复苏的季节，也是致病菌大量繁殖、疫病开始流行的时期，因此，要搞好笼舍卫生，每天洗刷食具，每周消毒 1～2 次。同时要保持小室里经常有清洁、干燥和充足的垫草，以防寒流侵袭引起感冒。饲养人员每天都要注意观察貉群动态，发现有病不食者，要及时请兽医治疗，使其尽早恢复食欲，免得影响胎儿发育。

4. 做好产前准备 预产期前 5～10 天要做好产箱的清理、消毒及垫草保温工作。产箱可用 2%热碱水洗刷，也可用喷灯灭菌；最好垫以不容易碎的乌拉草、稻草等。要注意垫草不能过厚，一般 6～7 厘米。对已到预产期的貉更要注意观察，看其有无临产征候、乳房周围的毛是否拔好、有无难产表现等，如有应采取相应措施。

5. 加强防逃 母貉妊娠期内，饲养员要注意笼舍的维修，防止跑貉。一旦跑貉，不能猛追，以防流产。

6. 注意妊娠反应 个别母貉会有妊娠反应，表现吃食少或拒食，可以每天补饮 5%～10%的葡萄糖，数日后就会恢复正常。

第五节 貉产仔哺乳期饲养管理关键技术

产仔哺乳期一般在 4—6 月，全群可持续 2～3 个月。该时期饲养管理的中心任务是确保仔貉成活及正常的生长发育，以达到丰产丰收的目的，这是取得良好生产效益的关键环节。因此，在饲养上要增加营养，利于母貉分泌足够的乳汁；在管理上要创造舒适、安静的环境。

一、貉产仔哺乳期的饲养技术

该时期日粮总热量与妊娠期相同，日粮量为每只貉1 000～1 200克。日粮组成见表6－7。为了催乳，可在日粮中补充适当数量的乳类饲料，如牛奶、羊奶及奶粉等，也可多补充些蛋类饲料。饲料加工要细，不要控制饲料量，自由采食，以不剩食为准。

表6－7　貉产仔哺乳期日粮组成

（引自马泽芳，2013）

饲料种类	比例（%）	日粮量		
		日粮总量	早饲（40%）	晚饲（60%）
鱼类	20	120克	48克	72克
肉类	10	60克	24克	36克
肝脏	5	30克	12克	18克
乳品	5	30克	12克	18克
窝窝头	40	240克	96克	144克
蔬菜	10	60克	24克	36克
水	10	60克	24克	36克
维生素A		2 000国际单位		
维生素D		300国际单位		
维生素B		5毫克		
维生素C		30毫克		
维生素B_1		10毫克		

二、貉产仔哺乳期的管理技术

1. 保证母貉的充足饮水　产仔哺乳期必须供给貉充足、

清洁的饮水。同时由于天气渐热，渴感增强，饮水有防暑降温的作用。

2. 做好产仔前的准备工作 母貉妊娠期比较固定，根据结束配种的日期推算出预产期，做好产前的一系列准备工作。母貉受配后经过约60天的妊娠期便开始产仔，一般在临产前10天应做好产箱的清理、消毒及垫草保温等工作。小室消毒可用2%的热碱水洗刷，也可用喷灯火焰灭菌。垫草宜选择柔软、不易折断、保温性强的山草、软稻草、软杂草、乌拉草等。垫草的量可根据气温灵活掌握，北方寒冷地区可多絮一些。垫草除具有保温作用外，还有利于仔貉抱团和吮乳，有利于毛绒的梳理。所以，即使气温暖和，也应适当加少许垫草。垫草应在产仔前一次絮足，否则产后缺草临时补充会使母貉受到惊扰。

3. 适时处置好难产母貉 如母貉已出现临产征候，但迟迟不见仔貉娩出，母貉表现惊恐不安，频频出入小室，常常回视腹部并有痛苦状，已见羊水流出，但长时间不见胎儿娩出；或胎儿嵌于生殖孔，久久娩不出来，均有难产的可能。发现难产并确认子宫颈口已张开时，可以进行催产。催产的方法是肌内注射脑垂体后叶素0.2～0.5毫升，或肌内注射催产素2～3毫升。如经2～3小时后仍不见胎儿娩出时，可进行人工助产。方法是先用消毒药液对外阴部进行消毒，之后用甘油润滑阴道，将胎儿拉出，也可借助绳套经阴道伸入套住胎儿局部拉出。如经催产和助产均不见效时，可根据情况进行剖腹取胎，以挽救母貉和胎儿。

4. 加强产后检查工作 产后检查是提高仔貉成活率的重要措施。对貉的产后检查可采取听、看、检相结合的方法进行，听是指听仔貉的叫声，看则是看母貉的采食、粪便、乳头及活动情况。若仔貉很少嘶叫，叫声洪亮、短促有力，母貉食欲越来越好，乳头红润饱满，活动正常，则说明仔貉健康、发育良好。检是指打开产箱直接检查仔貉情况。具体做法是先将母貉诱出或赶出小室，关闭小室门后进行检查。健康的仔貉在窝内抱成一团，发育均匀，浑身圆胖，肤色深黑，身体温暖，拿在手中挣扎有力。反之，若仔貉在窝内到处乱爬，毛绒潮湿，身体较凉，挣扎无力，则是不健康的表现。此外，还应观察有无脐带缠身或脐带未咬断，有无胎衣未剥离，有无死胎，产仔数等。

检查时饲养人员最好戴上手套，或用小室内垫草搓手后再拿仔貉，以免手上带有香烟味、香脂等味道或未能保持好窝巢的原来形状而引起母貉恐慌。有时会因检查不当，引起母貉不安而出现叼着仔貉乱跑甚至咬死的现象。遇到此种情况时，应将其哄入小室内，关闭小室门 0.5～1 小时，使其安定下来。

第一次检查，应在产仔后的 12～24 小时进行，以后的检查根据听、看的情况而定。对于护仔性强的母貉，一般以少检查为好。对于母性不强的母貉，要多检查几次，尤其当听到仔貉嘶叫不停且叫声越来越弱时，必须及时检查，采取措施；否则将会耽误抢救，造成损失。

5. 加强产后的饲养管理 该时期的饲养管理主要是为产仔母貉创造一个适宜的环境，让母貉护理好仔貉，确保仔貉成活。一般产后应及时将母貉乳头周围的毛拔掉，以免影响仔貉吮乳。有的仔貉因寒冷而暂时失去知觉，看起来和死亡一样，经过抢救会活过来，所以不能轻易放弃。应马上将其拿到室内保暖，擦干胎毛，再灌喂少量乳粉加维生素 C 溶液，多数仔貉很快恢复正常。有些仔貉脐带未被咬断而缠在脖子上，发现后要立即用消毒后的剪刀将脐带剪断，擦干胎毛放回让母貉哺乳。还有的母貉不在产箱里而是在笼网上产仔，遇到这种情况要立即将仔貉拣出，剪断脐带，擦干胎毛，放入室内保暖，待母貉产完仔貉后，将仔貉一起放回产箱，交母貉哺乳。遇有母貉缺乳或无乳时，应及时将仔貉交给其他母貉代养。

代养母貉应具备有效乳头多、奶水充足、母性强、产仔日期与被代养仔貉相同或相近、仔貉大小也相近等条件。代养方法是将母貉关在小室内，将被代养的仔貉身上涂上代养母貉的粪尿，然后放在小室门口，拉开小室门，让代养母貉将被代养的仔貉叼入室内。也可将被代养仔貉直接放在代养母貉的窝内，注意不要把垫草窝型弄乱。代养后要观察一段时间，如母貉不接受被代养的仔貉，需更换母貉重新代养。仔貉也可找产仔的母犬、母猫、母狐哺育。

必要时也可以采用人工哺乳，但要注意使仔貉及时、充足地吃到初乳，因初乳中含有许多仔貉必需的免疫球蛋白，仔貉出生 72 小时后，乳中免疫球蛋白的含量显著下降，为提高仔貉人工哺乳成活率，增强其免疫力，必须使其吃到初乳。然后再用鲜牛奶、羊奶或奶粉等进行人工哺乳。代乳品可用鲜牛奶或羊奶灭菌后加少量饲料添加剂（维生素和矿物质）、蛋白酶配成；还可用奶粉加 7～8 倍水溶解后每 100 毫升加 20%葡萄糖液 3～5 毫升。温热（约 35℃）时用注射器装好奶汁，放入仔貉口中，缓缓推动注射器将奶汁送入仔貉口中；有的仔貉还会吸吮。开始时每天人工哺乳 6 次，每次 4～8 毫升；7～10 日龄每天 4～5 次，每次 10～12 毫升；15 日龄以后每天 3～4 次，每次 15～20 毫升；以后根据消化情况逐渐增加，让仔貉吃饱。在哺乳的同时，要用棉花或卫生纸轻擦仔貉肛门和尿道口，刺激其排便；否则仔貉容易胀肚死亡。

整个哺乳期内必须密切注意仔貉的生长发育状况，并以此判断母貉乳汁质量及数量。遇有母貉乳量少或乳汁质量不好，影响仔貉生长发育时，应及时进行代养或人工哺乳。

6. 精心护理仔貉 不同日龄仔貉的饲养管理工作重点不同。仔貉在30日龄前发育非常迅速，所需要的营养物质基本从母乳中获得；随着日龄的增长，仔貉的消化系统发育完善，20～28日龄便开始吃人工补充饲料，此时仔貉可自行走出小室觅食。当仔貉开始吃食后，母貉便不再舔食仔貉粪便，仔貉的粪便排在小室里，污染小室和貉体。所以要注意小室卫生，及时清除仔貉粪便及被污染的垫草，并添加适量干垫草。

开食后的仔貉要供给新鲜、易消化的饲料，最好是在饲料中添加有助于消化的药物，如乳酶生、胃蛋白酶等，以防止仔貉消化不良。饲料要稀一些，以便于仔貉舔食，以后随着日龄的增长可以稠些。不同日龄仔貉的补饲量见表6-8。

表6-8 不同日龄仔貉的补饲量

（引自马泽芳，2013）

仔貉日龄	20	30	40	50
补饲量［克/（天·只）］	20～60	80～120	120～180	200～270

30日龄以上的仔貉很活跃，该时期应将笼舍的缝隙堵严，以防仔貉串到其他相邻的笼舍内，而被母貉咬伤、咬死。

哺乳后期，由于仔貉吮乳量加大，母貉泌乳量日渐下降，仔貉因争夺乳汁，很容易咬伤母貉乳头，从而导致母貉乳腺疾病的发生。发生乳腺炎的母貉一般表现不安，在笼舍内跑动，常避离仔貉吃奶，不予护理仔貉；而仔貉则不停发出饥饿的叫声；抓出母貉检查，可见乳头红肿，有伤痕或有肿块，严重的可化脓溃疡。发现这种情况，应将母仔分开。如已超过 40 日龄，可分窝饲养。有乳腺炎的母貉应及时给予治疗，并在年末淘汰取皮。

7. 适时断乳分窝　断乳分窝是将发育到一定程度、已具有独立生活能力的仔貉与母貉分开饲养的过程。仔貉断乳一般在 40～50 日龄进行，但是在母貉泌乳量不足时，可在 40 日龄内断乳。具体断乳时间主要依据仔貉的发育情况和母貉的哺乳能力而定。过早断乳会影响仔貉发育，过晚断乳会消耗母貉体质，影响下一年生产。

8. 保持环境安静　在母貉哺乳期内，尤其是产后 25 天内，一定要保持饲养环境内的安静，以免造成母貉惊恐不安、吃仔或泌乳量下降。

第六节　种貉恢复期饲养管理关键技术

一、种貉恢复期的饲养技术

恢复期，对于公貉是指从配种结束（3 月）至生殖器官再度开始发育（9 月）这段时间；对于母貉则是指仔貉断奶分窝（7 月初）至 9 月这段时间。该时期公、母貉经过繁殖期的营养消耗，身体较消瘦，食欲较差，采食量少，体重处于全年最低水平。因此，恢复期饲养管理的中心任务是给公、母貉补充营养，增加肥度，恢复体况，并为越冬及冬毛生长贮备足够的营养，为下一年的繁殖打好基础。

为促进种貉体况的恢复，在公貉配种后 20 天内，母貉断奶后 20 天内，应分别继续给予配种期和产仔泌乳期的日粮，以后再逐步喂给恢复期的日粮。

恢复期的日粮中动物性饲料比例应不低于 15%，谷物性饲料尽可能多样化，能加入 20%～25%的豆面更好，以改善配合日粮的适口性，使公、母貉尽可能多采食一些饲料。8—9 月日粮供给量应适当增加，使其多蓄积脂肪，以利于越冬。种貉恢复期的饲养标准和日粮饲料单分别见表 6 - 9和表 6 - 10。

表 6 - 9　种貉恢复期的饲养标准

（引自任东波和王艳国，2006）

日粮标准		比例（%）				添加饲料（克）	
热量（兆焦）	日粮量（克）	鱼肉类	鱼肉副产品	熟谷物	蔬菜	食盐	骨粉
1.883～2.717	450～1 000	5～10	5～10	60～70	15	2.5	5

表 6 - 10　种貉恢复期的日粮饲料配方（克）

（引自马泽芳等，2013）

性别	杂鱼	畜禽内脏	玉米面	白菜	胡萝卜	牛乳或豆浆	骨粉	食盐	酵母	每只每日量
公貉	—	60	110	100	25	150	15	2.5	5.0	467.5
母貉	50	50	120	130	—	195	13	2.0	8.5	568.5

二、种貉恢复期的管理技术

种貉恢复期经历的时间较长，气温差别悬殊，应根据不同时间的生理特点和气候特点，认真做好以下各项管理工作。

1. 加强卫生防疫 炎热的夏季，各种饲料要妥善保管，严防腐败变质。饲料加工时必须清洗干净，各种用具要洗刷干净并定期消毒。地面笼舍要随时清扫和洗刷，不能积存粪尿。

2. 保证供给饮水 天气炎热时，要保证供给饮水，并定期饮用浓度 0.1 克/升的高锰酸钾水溶液。

3. 防暑降温 貉的耐热性较强，但在异常炎热的夏季时也要注意防暑降温。除加强供水外，还要为笼舍遮蔽阳光，防止阳光直射发生日射病。

4. 防寒保暖 在寒冷的地区，进入冬季后就应及时给予足够的垫草，以防寒保暖。

5. 控制好光照 养貉严禁随意开灯或遮光，以免因光周期的改变而影响貉的正常发情。

6. 搞好梳毛工作 在毛绒生长或成熟季节，如发现毛绒有缠结现象，应及时梳整，防止因毛绒粘连而影响毛皮的质量。

第七节　幼貉育成期饲养管理关键技术

幼貉育成期是指仔貉断奶后，进入独立生活的体成熟阶段，一般为 6 月下旬至 10 月底或 11 月初。该时期是幼貉继续生长发育的关键时期，也是逐渐形成冬毛的阶段。育成期的饲养管理对于幼貉最终的体型和毛皮质量影响巨大。要做好育成期的饲养管理工作，首先要掌握幼貉的生长发育特点，然后根据其生长发育规律，适时为幼貉提供其生长发育必需的营养物质和环境条件。

一、仔、幼貉的生长发育特点

仔貉出生时体长 8～12 厘米，体重 120 克左右，身被黑色稀短的胎毛。仔、幼貉生长发育十分迅速，至 60 日龄断奶分窝时，体重可增加十几倍，体长可增加 3 倍左右；至 5～6 月龄长至成年貉大小。仔、幼貉在不同日龄时的体重和体长增长速度分别见表 6－11 和表 6－12。

表 6－11　不同日龄仔、幼貉的体重（克）

（引自华盛和林喜波，2008）

性别	日龄									
	1（初生重）	15	30	45	60（断奶重）	90	120	150	180	210
公	120.1	295.3	541.9	917.8	1 370.6	2 724.1	4 058.3	4 769.2	5 445.0	5 538.5
母	117.2	294.5	538.6	888.6	1 382.5	2 783.1	4 184.9	4 957.6	5 654.3	5 545.5

表 6－12　不同日龄仔、幼貉的体长（厘米）

（引自任东波和王艳国，2006）

性别	日龄						
	10	20	30	40	50	60	70
公	18.2	23.1	27.21	32.34	35.95	40.50	44.38
母	18.63	22.73	26.78	31.98	35.83	40.52	43.17

仔貉一般出生后 9～13 天睁眼，14～20 天长牙，20～25 天开始采食，25～30 天可走出小室活动，约 30 天退换胎毛，45～60 天离乳分窝。

仔、幼龄貉生长发育有一定的规律性。体重和体长的增长在 90～120 日龄之前最快；120～150 日龄后生长强度降低；150～180 日龄生长基本停止，达体成熟。

表 6-13　幼龄貉育成期饲养标准

（引自马泽芳等，2013）

日粮标准		比例（%）				添加饲料					
热量（兆焦）	日粮量（克）	鱼肉类	鱼肉副产品	熟谷物	蔬菜	酵母（克）	乳品（克）	食盐（克）	骨粉（克）	维生素 A（国际单位）	维生素 E（毫克）
2.090～3.344	不限，随日龄递增	25～10	15～10	50～60	15	5～8	50	2～2.5	10～15	800	3

表 6-14　幼龄貉育成期饲料配方（克）

（引自马泽芳等，2013）

杂鱼	畜禽内脏	玉米面	白菜	牛乳或豆浆	骨粉	食盐	酵母	维生素 A（国际单位）	松针粉	每只每日量
50	30	130	100	130	20	1.8	5	500	2.0	468.8

二、幼貉育成期的饲养技术

该时期饲养管理的主要任务是保证幼貉的成活率，尽量保持分窝时的数量，在质量上要达到要求的体型和毛皮质量，从而获得张幅大、质量好的毛皮和培育出优良的种用幼貉。

幼龄貉断奶后前2个月是决定其体型大小的关键时期，如在该时期内营养不良，极易造成生长发育受阻，即使以后加强营养也很难弥补。因此，该时期应供给优质、全价、能量含量较高的日粮，同时还要特别注意补给钙、磷等矿物质饲料及维生素，以促进幼龄貉骨骼和肌肉的迅速生长发育。幼龄貉生长发育旺期，日粮中蛋白质的供给应保持在每日每只50～55克，以后随生长发育速度的减慢逐渐降低，但不能低于每日每只30～40克。蛋白质不足或营养不全价，将会严重影响幼龄貉的生长发育。幼龄貉育成期饲养标准和饲料配方举例分别见表6－13和表6－14。

幼龄貉育成期每日喂2～3次，每日喂3次时，早、午、晚分别占全天日粮量的30%、20%和50%，让貉自由采食，能吃多少给多少，以不剩食为准。

三、幼貉育成期的管理技术

1. 断乳初期的管理 刚断奶的幼貉，由于不适应新的环境，常发出嘶叫，表现出行动不安、怕人等。一般应先将同性别，体质、体长相近的幼貉2～4只放在同一个笼内饲养1～2周后，再进行单笼饲养。

2. 定期称重 幼貉体重的变化是其生长发育快慢的指

标之一。为了及时掌握幼貉的发育情况，每月至少进行一次称重，目的是了解和衡量育成期饲养管理的情况。此外，作为幼貉发育的评定指标，还应考虑毛绒发育情况和牙齿的更换情况及体型等。

3. 做好选种工作 挑选一部分幼貉留种，原则上要挑选产期早、繁殖力高、毛色符合标准的幼貉留种。挑选出来的种貉要单独组群饲养管理。

4. 加强日常管理 幼貉育成期正处于炎热夏季，气温较高，要特别注意防暑和防病。除保证供给饮水外，还可采取地面洒水降温，对太阳直射的笼舍要遮阳。饲料要保证卫生，腐败变质的饲料绝不能饲喂，水盒、食具要及时清洗，小室内粪便及残食要随时清除，以防止肠炎和其他疾病的发生。7 月要接种病毒性肠炎、犬瘟热及其他疫苗。

第八节　皮用貉冬毛生长期饲养管理关键技术

除选种后剩下的当年幼貉外，还包括一部分被淘汰的种貉，在毛皮成熟期都要屠宰取皮。为了获得优质的毛皮，主要是保证正常生命活动及毛绒生长成熟的营养需要。皮用貉的饲养标准（表 6 - 15）可稍低于种用貉，以降低饲养成本。但日粮中要保证供给充足的蛋白质，特别是要供给含硫氨基酸丰富的蛋白质饲料，如羽毛粉等，以保证冬毛的正常生长。如果蛋白质不足，就会使冬毛生长缓慢，底绒发空，严重降低毛皮质量。日粮中矿物质含量不能过高，否则可使毛绒脆弱无弹性。适当提高脂肪的给量，不但有利于节省蛋白质饲料，而且貉体内蓄积一定数量的脂肪，对提高毛绒光泽度和增大皮张张幅都有促进作用。此外，应注意添加维生素 B_2，如果维生素 B_2 缺乏，绒毛颜色会变浅，影响毛皮质量。貉冬毛生长期的饲料配方见表 6－16。

表 6－15 皮用貉饲养标准

（引自任东波和王艳国，2006）

日粮标准		比例（%）				添加饲料（克）	
热量（兆焦）	日粮量（克）	鱼肉类	鱼肉副产品	熟谷物	蔬菜	酵母	食盐
2.090～2.508	550～450	5～10	10～15	60～70	15	5	2.5

表 6－16 貉冬毛生长期饲料配方（%）

（引自任东波和王艳国，2006）

饲料种类	配方Ⅰ	配方Ⅱ	配方Ⅲ
鱼粉	3	1.8	0
畜禽副产品	10	6.2	4
酵母	2	2	2
豆粕	16	17	21
玉米加工副产品	27	35	32
玉米	26	22	28
麦麸	10	10	7
草粉	2	2	2
油	4	4	4

皮用貉在管理上的主要任务是提高毛皮质量。貉的冬毛生长是短日照反应，因此日常管理中，不要任意增加任何形式的人工光照，并应把皮貉养在相对较暗的棚舍中，避免阳光直射，保护毛绒中的色素。秋分开始换毛后就应在小室内添加垫草，以利于梳毛。此外，要加强笼舍卫生管理，分食时要注意不要使饲料沾污毛绒，以防毛绒缠结；及时维修笼舍，防止锐利刺物损伤毛绒。

第七章

貉疾病防控关键技术

第一节　貉的主要传染性疾病

一、犬瘟热

犬瘟热是犬瘟热病毒引起的一种高度传染性病毒病，主要危害幼龄犬、狐、貉、貂、熊猫等动物。貉犬瘟热以呈现双相热型、鼻炎、严重的消化道障碍和呼吸道炎症为特征。

【病原】犬瘟热病毒（CDV）属于副黏病毒科麻疹病毒属，为单股负链不分节段的 RNA 病毒。大多数病毒粒子直径为 100～300 纳米，并且与该属的麻疹病毒和牛瘟病毒之间有密切的抗原关系与共同特性。CDV 抵抗力不强，对热、干燥、紫外线和有机溶剂敏感，易被日光、酒精、乙醚、甲醛、煤酚皂等杀死。2～4℃下可存活数周，室温下可存活数天，50～60℃ 1 小时即可使病毒灭活。pH 4.5 以下和 pH 9.0 以上的酸碱环境也可使其迅速灭活，但在低温冻结时可保存几个月，冷冻干燥可保存数年。常用的化学消毒药如 3%福尔马林、5%石炭酸溶液以及 3%苛性钠等对病毒都具有良好的杀灭作用。

【流行病学】本病一年四季均可发生，但以夏季多发。不同年龄、性别和品种的貉均可感染，但以未成年的幼貉最为易感。主要传播途径是病貉与健康貉直接接触，也可通过空气飞沫经呼吸道、消化道感染。本病最重要的传染源是口腔、鼻、眼分泌物和粪便、尿液等排泄物。

【临床症状】潜伏期随传染源的不同差异较大。来源于其他貉的潜伏期为3～6天，来源于狐狸、水貂、犬的潜伏期有时可长达30～90天。发病初期腹泻（彩图7-1），排稀便，后排带黏膜血便，最后排煤焦油状粪便。发病貉高热，双相热，发热期采食减少，后期拒食。鼻镜干燥甚至龟裂（彩图7-2），打喷嚏、咳嗽，呼吸困难，初期从鼻孔流出透明液体，严重者鼻分泌物为黏稠甚至脓性鼻液。发病早期见眼睛流泪，有脓性分泌物（彩图7-3），严重的眼睑粘连。有时可见爪垫肿大干裂。慢性病例则表现渐进性消瘦，最后衰竭死亡。

【病理变化】犬瘟热的主要病变为多器官出血，肺部表现为大叶性肺炎、肺出血（彩图7-4）甚至有化脓性病变；胃肠道出血，肠黏膜多呈条状出血（彩图7-5），有的病貉出现肠道套叠，直肠脱出；膀胱黏膜出血（彩图7-6）等。

【诊断】根据流行情况、临床症状及剖检病变可作出初步诊断，实验室确诊常用以下方法。

（1）包含体检查　CDV可形成嗜伊红核内和胞浆包含体，发现包含体可作为诊断的依据。但有时仅根据包含体的存在，可能导致假阳性结果，需要与其他检测方法结合方可作出诊断，所以包含体检查仅仅是一种诊断犬瘟热的辅助方法。

（2）胶体金试纸条诊断　该方法简便快速。肉眼判读，无需特殊仪器和设备，但由于胶体金试纸条在检测的灵敏度和特异性方面还有待进一步提高，因此在临床诊断时，该方法也仅作为一项参考依据。

（3）分子生物学诊断技术　国内外均已建立了反转录-聚合酶链式反应（RT－PCR）和核酸探针技术用于本病诊断。该法简便快速、灵敏性和特异性高。

【防治】疫苗防疫是唯一有效的防控途径。

（1）预防　制订科学的免疫程序，建议貉在45日龄左右首免，种兽配种前免疫一次。疫区首免后15～30天加强免疫一次。疫苗使用前，要充分摇匀，并尽快一次性用完。购买种兽前，一定要确认种兽已免疫疫苗后再引进。

（2）紧急接种　如场内或周围场已发生犬瘟热，应立即对全群进行犬瘟热冻干活疫苗紧急接种，剂量为正常接种量的2倍，一只兽使用一个针头。本免疫只能对还未发病的兽有保护；对已经出现症状的，不能应用疫苗，只能用抗血清或者对症治疗。

（3）治疗　用犬瘟热高免血清，5～10毫升/只，每天1次，连用3天；饲料中添加抗病毒药物如紫锥或黄芪，同时添加恩诺沙星控制继发感染，饮水中添加维生素C、复合维生素B等增强抵抗力；场地用生石灰消毒，每天用无色无味的消毒剂如聚维酮碘等对场区喷雾消毒，及时隔离病貉，将病死兽深埋或焚烧。

二、细小病毒性肠炎

细小病毒性肠炎是由细小病毒或猫泛白细胞减少症病毒感染引起的传染性病毒病，以剧烈腹泻、呕吐和血液中白细胞急剧减少为特征。水貂最易感，狐、貉也易发生。

【病原】该病毒为细小病毒科细小病毒属的成员。病毒粒子呈球形，直径为 18～26 纳米。基因组为单股线形DNA，无囊膜。病毒对外界有较强的抵抗力，在患病动物污染的笼子表面，病毒可存活 1 年。寒冷季节，粪便中的病毒在土壤中冷冻 1 年以上仍不减毒力且具有感染性。病毒对乙醚、氯仿、酸、碱有一定的抵抗力。煮沸可将病毒杀死。在潮湿环境中，60℃ 1 小时也可将病毒杀死。另外，0.5%甲醛、0.5%氢氧化钠溶液在室温下 12 小时能使病毒失去活力。

【流行病学】一年四季皆可发生，夏季多发；全国各地养殖毛皮动物的地区都有该病零星发生，部分地区区域流行。该病感染范围广、致病性强，水貂最易感，狐、貉都可发生。分窝后无母源抗体的幼龄貉最易感。患病或带毒的病貉、耐过貉是主要传染源，一年内可由粪便不断向外排毒。野鸟、蝇、鼠类可以扩散病毒，人类的活动、饮食器具等均是传染媒介。

【临床症状】病初食欲减退，精神沉郁，被毛无光泽，体温升高到 40℃左右，呕吐。粪便呈绿色、白色糊状（彩图 7－7），有的混有红褐色血液。中期体温 38℃左右，不食，饮水多（彩图 7－8），呕吐，粪便呈咖啡色糊状的血便，量大、次数多且带有特殊的腥臭气味。数小时后，体温继续下降，眼球下陷，角膜充血，鼻镜干燥，口色发绀，皮肤弹力下降，表现为严重的脱水症状，被毛粗乱，迅速消瘦。后期身体极度消瘦，四肢无力，粪便如油、黑色，肛门松弛，卧地不起，体温 37℃以下，全身抽搐，心力衰竭，贫血，极度脱水，最后衰竭死亡。粪便从灰白色，排肠黏膜和管套状物，到粉红色、黑色。

【病理变化】病死貉眼球下陷，皮肤干燥，脱水，血黏稠，腹腔积液。特征病变为肠道严重出血，肠腔中有水样内容物并混有血液；空肠和回肠黏膜面出血、充血，有纤维素性伪膜覆盖；有的肠道肌肉痉挛，黏膜出血（彩图 7－9），出血严重的似血肠；肠系膜淋巴结水肿、出血，少数病例死于肠套叠。有心肌炎时，肺水肿、充血、出血，心肌苍白或有白色条纹。

【诊断】根据流行病学和临床与病理诊断要点进行初步诊断。试纸条检测也成为临床中的常见手段，但是受试纸条灵敏度和特异性等方面的影响，只能作为一项参考。要作出确诊只能依靠实验室诊断。实验室诊断方法主要有 HA 试验（血凝价大于 1：8）及 PCR 检测。

【防治】

（1）*预防*　一般与犬瘟热疫苗同时免疫，幼貉 45～50 日龄首免，细小病毒性肠炎灭活疫苗，3 毫升/只；种兽在配种前再进行一次免疫。疫区在首免后 14～21 天进行加强免疫，3～4 毫升/只。

如场内或者周围发生细小病毒性肠炎疫情，应立即对临床健康兽进行紧急免疫，4～5 毫升/只注射病毒性肠炎灭活疫苗。

（2）*治疗*　首先在饲料中添加提高免疫力中药如紫锥或黄芪，其次杀菌、消炎、补液、纠酸。大群用硫酸新霉素、硫酸黏杆菌素等拌料，同时可以口服补液盐、活性炭、小苏打等，个别可以注射头孢类药物对症治疗。兽群停药后在饲料中添加益生素，以降低肠道应激反应。

三、病毒性脑炎

貉病毒性脑炎是由犬传染性肝炎病毒引起貉的一种急性、热性传染病。以体温升高、呼吸道和肠道黏膜呈现卡他性炎症、抽搐、麻痹、昏迷及肝脏发生坏死性炎症为特征。

【病原】犬传染性肝炎病毒，又称犬腺病毒Ⅰ型，属腺病毒科乳腺病毒属，具有典型的腺病毒特征。病毒粒子呈二十面体等轴对称，球形，直径70～90纳米，基因组为单线的双股DNA，在核内复制装配。超薄切片表明，毒粒在细胞核内呈特征性的晶体排列。病毒的抵抗力较强，对热和酸有一定的抵抗力，对乙醚、氯仿有耐受性，在0.2%甲醛液中经24小时方能灭活，经紫外线照射2小时后虽失去毒力但仍保有免疫原性，病毒在土壤中经10～14天后仍有感染性。在犬窝中存在的时间也长，这在病的传播上起重要作用。病毒在37℃能存活26～29天，在室温下经10～13周冻存9个月后仍有活力，在50%甘油中于－4℃以下可保存数年。

【流行病学】各年龄各品种的狐狸、貉均可感染。以1岁以下，特别是3～5月龄的狐、貉多发。水貂发病病例较少。通过消化道感染，吸血昆虫也可传播。病狐、病貉、病犬是传染源，从呕吐物、排泄物中排毒，康复的仍可从尿中长期排毒。

【临床症状】本病潜伏期长，自然条件下感染本病时，潜伏期为10～20天或以上。急性病例表现拒食，反应迟钝，体温升高达41℃以上。呕吐，流涎，渴欲增加，出现神经症状，病程3～4天，最后昏迷而死。多数精神沉郁，病貉躺卧，站立不稳，步态摇晃，后肢无力，体温呈弛张热。病貉很快消瘦，可视黏膜贫血或苍白、黄染。病貉兴奋和抑制交替出现，隅居笼内一角或小室内，当喂食时表现有攻击性，死前抽搐，口吐白沫，最后排柏油状粪便死亡，死后常见咬舌。部分病例出现角膜炎，流鼻涕，咳嗽，呼吸困难。有的病貉眼睛（一侧或者两侧）角膜混浊或者颜色变为蓝色（彩图 7-10）。

【病理变化】眼观病变少，可见病死貉肝脏肿胀（彩图 7-11），被膜紧张、呈土黄色或者暗黑色。有的可见脑膜高度充血，并有出血点。慢性病例胃肠黏膜弥漫性出血，肠腔内积存柏油样黏粪。

【诊断】根据症状、剖检变化只能作出初步诊断，确诊需要进行实验室检查。

（1）*胶体金试纸条快速诊断*　采取肝、脾病料制成匀浆，离心，取上清液用试纸条快速检测。

（2）*PCR 检测*　采取肝、脾病料制成匀浆，离心，做 PCR，检测阳性可确诊。

（3）*病毒分离*　也可先将病料接种未吃初乳的新生仔犬，待发病后于濒死前剖杀取肾，作带毒肾培养，其分离成功率要高于犬肾原代细胞分离培养。

【防治】

①预防。貉断奶后 1～2 周首免貉脑炎活疫苗，1 头份/只；冬季种兽配种前加强免疫一次。

②如果场内或者周围场发生疫情，应立即对全群临床健康貉紧急接种脑炎活疫苗，按说明量的 2 倍剂量注射，一只貉一个针头。

③无特效药物治疗该病，对已发病的貉，注射头孢类药

物及黄芪注射液 1～2 毫升，连用 3 日，但治疗效果不理想。

四、伪狂犬病

貉伪狂犬病是由疱疹病毒科伪狂犬病毒引起貉奇痒及急性死亡的一种病毒性传染病。貂、狐、貉均可感染，以出现奇痒和脑脊髓炎，动物自咬、呼吸困难为特征。

【病原】伪狂犬病毒（PRV）属疱疹病毒科疱疹病毒亚科，暂定水痘病毒属。病毒粒子呈椭圆或圆形，主要由核心、衣壳（3 层）和囊膜组成。核心由双股 DNA 与蛋白质缠绕而成。病毒粒子的最外层为囊膜。囊膜表面有呈放射排列的纤突，长 8～10 纳米。PRV 的基因组是双股线性 DNA，PRV 只有一种血清型，但不同毒株在毒力和生物学特性等方面存在差异。PRV 是疱疹病毒中抵抗力较强的一种。在潮湿、pH6～8 时保持稳定，温度 4～37℃、pH4.3～9.7 时 1～7 天失活。腐败条件下，病料中的病毒经 11 天失去感染力。PRV 对乙醚、氯仿、福尔马林、紫外线照射等敏感。5%石炭酸经 2 分钟被灭活，0.5%～1.0%氢氧化钠可迅速使其灭活。对热的抵抗力较强，55～60℃经 30～50 分钟才能被灭活，80℃经 3 分钟被灭活。

【流行病学】无明显季节性，一年四季皆可发生。采食污染伪狂犬病毒的饲料是最常见的感染途径。毛皮动物场紧挨着猪场，猪场发生伪狂犬病，则会通过空气、污水、老鼠等传播途径引起场内毛皮动物发病。狐、貉均易感，水貂自然感染少见。如果是食物中毒引起，则发病快、发病率高、病死率可达 100%。规模化养殖场很少发生，养殖密集、生物安全措施差、食物来源复杂的散养户多发。

【临床症状】最急性突然死亡，由鼻孔及口腔流出血样泡沫，病程为2～3小时至24小时。突然发病，病貉表现为拒食，流涎和呕吐，颈、颊、腹部常见用脚掌搔抓或者用嘴啃咬的皮肤外伤（彩图7-12）。有的病貉咬笼子，四肢麻痹或不全麻痹，在昏迷状态下死亡。当肺受到严重侵害时，病貉出现呼吸困难，腹式呼吸。有的病貉呈坐姿，前肢叉开，颈伸展，咳嗽声音嘶哑及出现呻吟。个别出现自咬。

【病理变化】死亡貉的鼻、口腔内和嘴角周围出现大量粉红色泡沫样液体。尸僵不明显，血液呈黑色，凝固不良。大脑血管充盈，脑实质稍呈面团状。较为特征性的变化是经常出现胃肠臌胀。胃黏膜常常充血并覆盖以暗褐色煤焦油样液体；肺塌陷，呈暗红色；心肌呈煮肉状；肾增大，呈樱桃红色带有泥土色，松弛，切面多血。脾稍微肿大、充血，呈斑点状。

【诊断】通过动物奇痒等临床症状及流行病学调查可作出初步诊断。确诊需要实验室病原检查。最常用家兔接种：采取病死兽脑组织、淋巴结、肺等组织匀浆，用灭菌生理盐水配成1∶5混悬液，反复冻融2～3次后，以3 000转/分钟离心10分钟，取上清液加入青霉素和链霉素溶液，置4℃冰箱中12小时备用。待检样品经颈部皮下注射接种健康成年家兔，每只家兔接种2毫升。家兔在接种后36小时注射部位出现奇痒，家兔啃咬注射部位，导致皮肤溃烂，家兔尖叫，最终死亡，对照组家兔健康无发病，可确诊。用匀浆组织液做PCR检测可以快速诊断。

【防治】目前尚无特效的治疗方法。发现本病后，应立即隔离治疗，清除伪狂犬病毒污染的饲料，更换新鲜、易消化、适口性强、营养全价的饲料，同时应用抗生素控制继发感染。应加强兽场灭鼠工作，猪、牛、羊副产品一定要熟喂。目前尚无商品化毛皮动物专用伪狂犬病疫苗用于免疫。

五、貉阿留申病

貉阿留申病是由阿留申病毒感染貉引起的以生长受阻、肾肿大苍白和肝炎为特征的慢性病毒病。

【病原】阿留申病毒属细小病毒科细小病毒亚科阿留申病毒属。病毒结构无脂质和糖类，结构坚实紧密，对外界物理和化学因素有着很强的抵抗力。对氯仿有很强的抵抗力。在5℃时3%福尔马林处理2周仍有一定的活力，延续4周才能被灭活。对热比较耐受，病毒经80℃ 30分钟、90℃ 10分钟或100℃ 3分钟仍能保持感染性，低温长期存放的病毒其感染性不发生明显变化。阿留申病毒可被紫外线、0.5摩尔/升盐酸、0.5%碘及2%氢氧化钠灭活，貉场常用漂白粉和氢氧化钠（火碱）进行消毒。

【流行病学】所有品种的水貂都有可能感染发病。狐狸、貉也可感染发病。秋末春初，本病的发病率和死亡率大大增加。饲养条件较好时，可长期不表现症状。恶劣环境条件可加速发病死亡。病貉和潜伏期带毒貉是主要传染源，带毒貉的血液、唾液、粪尿通过喂饲、饮水或其他接触，经消化道和呼吸道传染。污染的笼箱、人员往来、器具等是主要的传播媒介。外科手术、疫苗接种、消毒不严、注射等也可造成本病的传播。本病为终生毒血症。母貉可经胎盘将此病传染给胎儿，带毒公貉通过交配可以将此病传染给母貉，阳性母貉通过交配也可以将此病传染给公貉。

【临床症状】大群正常。发病貉体温不高，但精神不振，食欲减退，毛色无光，换毛期发病则出现换毛延缓，渐进性消瘦，最后食欲废绝，衰竭死亡。病程比较长，一般发病到死亡 15～30 天。病初粪便正常或排黄白色水样稀便；病后期排煤焦油样粪便，也有的大便干燥。

病貉鼻头干，眼结膜、口腔黏膜等可视黏膜苍白（彩图 7－13），齿龈苍白，有的有出血。多数鼻流清涕，鼻镜干燥，死后眼球深陷，个别有眼眵，有的脸水肿。如果继发其他感染，则还有其他相应临床症状。

【病理变化】生长期发生阿留申病，病貉营养不良，消瘦，贫血，黄疸，内脏出血。胃内空虚，肠道出血，粪便呈黑色煤焦油样。典型病变为肾脏肿大 2～3 倍，苍白（彩图 7－14），表面凸凹不平，有的表面出血，呈麻雀卵样。脾脏肿大 2～3 倍，呈紫红色，有出血斑。肝脏多数脂肪变性、颜色发黄（彩图 7－15），肿大出血，有坏死点。有的肺正常，有的边缘出血或者肉变。

【诊断】通过临床症状、流行情况和病理变化可作出初步诊断。确诊须进行实验室检查。最常用的实验室检验方法有碘凝集法或免疫电泳法。实验室 PCR 检测病原则更准确。

【防治】发现病貉立即隔离，淘汰。目前无有效的药物治疗，可采用提高机体抵抗力的中兽药（如黄芪多糖、紫锥菊提取物、荆防败毒散等）和抗生素（如头孢类抗生素）防止继发感染。为了缓解症状及病变，可用舒肝制剂（牛磺酸、乙酰半胱氨酸）、氯化胆碱等。预防主要是对病原载体进行严格的检查和控制。特别在选种期间，应对貉群进行严格检查，凡阳性者一律淘汰，即进行种群净化。鉴于国内绝大部分场水貂阿留申阳性率比较高，若貂尸作为貉日粮原料，则必须熟制。

六、魏氏梭菌病

魏氏梭菌病是魏氏梭菌感染引起貉的肠毒血症，可分为外源性感染和内源性感染。以急性死亡、急性下痢、排深褐色黏性粪便为特征。发病急，死亡速度非常快。水貂、狐也都易感。

【病原】魏氏梭菌属于革兰氏阳性大杆菌，菌体较大，大小为（0.9～1.3）微米×（3.0～5.0）微米。一般条件下不形成芽孢，在无糖培养基上利于芽孢形成，芽孢大而卵圆，位于菌体中央或近端，使菌体膨胀。多数菌株可形成荚膜，无鞭毛，不能运动。菌落多为圆形、光滑、隆起、灰白色的圆屋顶样，也可形成圆盘形、边缘成锯齿状、表面有辐射状条纹的大菌落。厌氧肉肝汤中培养，呈均匀混浊状，并产生大量气体。抵抗力与一般病原菌相似。繁殖体对不良环境和消毒剂敏感。但内生的芽孢对干燥、热、辐射、消毒剂具有抵抗力。根据此菌产生的外毒素种类，可将其分为A、B、C、D和E 5个毒素型。主要的致病因素为外毒素和酶；A型最为常见，常引起胃肠炎型食物中毒。

【病因】

（1）外源性感染　指动物性饲料腐败变质，污染了魏氏梭菌，大量繁殖后产生的毒素。例如，饲料熟制后在温度较高时将其堆放在阴凉处或冷库中，给魏氏梭菌生长创造了良好的繁殖条件。动物食后导致急性死亡或者腹泻死亡。

（2）内源性感染　多数是由于饲料结构、生活环境突然改变、气候骤变、长途运输等应激情况发生时，肠道菌群紊乱，魏氏梭菌过度繁殖导致发病。

【临床症状】

（1）超急性　无任何临床症状突然死亡，个别见口流血水或者口中有呕吐物（彩图 7－16）。

（2）急性病例　口吐白沫，腹胀如鼓，卧笼哀鸣，后肢麻痹，个别神经症状，角弓反张。

（3）痢疾型　最初表现是减料，甚至不食。粪便最初无异常，后排黄色软便，逐渐变稀薄，有白色脓样、黄绿色、粉红色粪便，后期出现煤焦油样粪便，进而转归死亡。

（4）慢性病例　初期排稀软便，后期剧烈腹泻，粪便呈深褐色、有恶臭，病貉渐进性消瘦。

【病理变化】

（1）超急性　胃臌气，胃黏膜肿胀、出血；肠道重度出血，外观似血肠样，肠管内充满血液，肠系膜淋巴结水肿出血。

（2）急性病例　胃肠道臌气，胃肠黏膜出血（彩图 7－17），肠系膜淋巴结水肿（彩图 7－18）；肺瘀血发暗或者边缘出血；肝肿大，呈淡黄色；膀胱积尿。

（3）慢性病例　胃肠黏膜有溃疡面。剖检胃肠道内充满大量黑色内容物，肠道黏膜变薄，外观呈黑色；肝肿大，脂肪变性，呈土黄色；脾脏瘀血、肿大，有黑色出血点；肾肿大、瘀血，有的出现脂肪变性，呈土黄色，有出血点；血凝不良，心脏血管怒张，呈树枝样。

【诊断】快速诊断：可取肝、肠系膜淋巴结做组织涂片，革兰氏染色检测有无魏氏梭菌；从肝、肠系膜淋巴结培养分离到魏氏梭菌可确诊。

【防治】①刚煮熟好的饲料不能大量长期堆放，要及时摊开放凉。②不新鲜或贮存时间较长的动物性饲料不能生喂。③饲料加工设备要及时清理消毒。④发病时，可全群添加蒙脱石散、电解多维等吸附毒素，促进毒素排出。⑤减少应激，平时可添加益生菌调理胃肠道菌群。⑥药物治疗，可选用复方新诺明、硫酸黏杆菌素、甲硝唑、氧氟沙星、林可霉素、口服头孢等，有条件者也可做药敏试验选择敏感药物。急性胃臌气病例可用植物油加甲硝唑灌服救急。

七、大肠杆菌病

大肠杆菌病是毛皮动物最常流行的一种以腹泻、败血症为特征的细菌性传染病。该病由多种致病性大肠杆菌引起。该菌也可侵害呼吸系统和中枢神经系统。大肠杆菌血清型非常复杂，同一次发病的动物或不同时间感染发病的动物其血清型在感染的个体之间差异很大，因此很难用疫苗控制。本病的发生主要与环境条件有密切关系，在天气骤变、营养失调引起消化不良时，易发生该病。如不及时治疗，会造成大批死亡，给养殖业造成巨大的经济损失。

【病原】革兰氏阴性（G^-）杆菌，两端钝圆，散在或成对。周身鞭毛，能运动，无芽孢，有的有荚膜。代谢能力强，异养兼性厌氧，最适生长温度37℃，最适生长 pH 7.2～7.6。普通琼脂培养基上生长良好，圆形凸起、光滑、湿润、半透明、灰白色菌落，直径2～3毫米。麦康凯琼脂培养基上长成红色菌落，伊红美兰琼脂培养基上呈黑色带金属闪光的菌落。在血平板上，致病性菌株常出现β溶血现象。对热的抵抗力较其他肠道杆菌强。55℃加热60分钟或60℃加热15分钟仍有部分细菌存活；常用的新洁尔灭、聚维酮碘、双季铵盐类消毒剂均对其有良好的杀灭作用。

【流行病学】 不同年龄、品种貉都可以发生，幼貉多发，幼仔及母貉感染后危害严重；一年四季都可发生，但夏季高温季节多发。本菌为环境常在菌，感染途径多样，可经呼吸道、消化道（饲料腐败、酸败/饮水大肠杆菌超标）、外伤（注射、创伤）、肠道菌群失调等感染发病。严重的应激导致机体免疫力下降可诱发本病。某些病毒性传染病可继发大肠杆菌感染而加重死亡。

【临床症状】

（1）肠炎型　腹泻，最初排灰白色稀便（彩图 7－19），然后排绿色、黄色、粉色粪便；消瘦、脱水、被毛蓬乱无光；幼兽排黏稠、带有气泡和未消化的乳块。

（2）肺炎型　经呼吸道感染，前期咳嗽，逐渐出现哮喘，呼吸衰竭而死亡；病貉发热，呼吸困难，急性病例往往出现口鼻流血的情况。

（3）脑炎型　病貉采食大肠杆菌超标的饲料，天气闷热导致其中暑，血脑屏障通透性增加，出现脑部感染；主要表现为瘫痪、抽搐，走路摇晃，吐白沫等症状。

（4）外伤型　感染部位肿胀，红肿。

【病理变化】

（1）肠炎型　肠黏膜肿胀，弥漫性出血，肠道变薄，肠系膜淋巴结水肿、出血，严重的形成腹膜炎（彩图 7－20）。

（2）肺炎型　气管内大量泡沫，气管环出血，肺脏瘀血肿大、出血，胸腔内有血色液体，部分病例有化脓灶。

（3）脑炎型　可见脑膜充血、出血。

（4）外伤感染　可见感染部位组织炎性浸润或者弥漫性出血、化脓。

【防治】

（1）预防

①加强兽群管理，保持兽舍卫生状况，坚持带兽消毒，消灭蚊、蝇、鼠等。

②保持日粮饲料品种稳定，防止饲料突变。若饲料品种必须发生改变，则应逐渐改变。平时日粮中添加益生素有助于降低肠道应激反应。幼貉生长发育前期，饲料中添加益生素、酵母粉、胃蛋白酶等可提高消化能力。

③给动物提供新鲜、营养丰富的全价日粮，防止饲料腐败变质。天气变热时，可在饲料中添加保鲜剂。

④遇到天气突变、断奶分窝、疫苗注射等严重应激状况，可于饲料中添加抗应激、消炎药物或益生素。

⑤做好饮水消毒工作，特别是天气炎热的夏秋季节，水池、饮水盆/盒、自动饮水的管道等要保持清洁卫生，定期用消毒水消毒。管道、水盆用双链季铵盐类、有机氯、聚维酮碘等消毒剂消毒，按产品说明量即可，无需加量。

（2）治疗　由于其耐药性产生较快，建议按照药敏试验选择敏感药物，定期轮换使用，以防止耐药性的产生。

八、沙门氏菌病

沙门氏菌病又称副伤寒，是由沙门氏菌感染引起的人兽共患病。貉沙门氏菌感染多由饲料污染引起，也常继发于某些病毒性传染病过程中。以肠炎和败血症为临床特征。妊娠期感染沙门氏菌，可引起死胎、流产及败血症。牛奶、鸡蛋、毛蛋、鸡雏、鸡肠都易污染沙门氏菌，必须熟制后饲喂。

【病原】沙门氏菌为革兰氏阴性、两端钝圆的短杆菌，一般有鞭毛，无荚膜和芽孢。毛皮动物沙门氏菌具有周身鞭毛，能运动，大多数具有菌毛，能吸附于宿主细胞表面或凝集豚鼠红细胞。需氧及兼性厌氧菌，在普通琼脂培养基上生长良好，培养 24 小时后，形成中等大小、圆形、表面光滑、无色半透明、边缘整齐的菌落，其菌落特征亦与大肠杆菌相似（无粪臭味）。鉴别培养基（麦康凯、SS、伊红美蓝）：一般为无色菌落。三糖铁琼脂斜面：斜面为红色，底部变黑并产气。对外界环境抵抗力不强，60℃ 1 小时或 65℃ 15～20 分钟可被杀死。粪便中可存活 1～2 个月，可在冰冻土壤中过冬。

【流行病学】本病感染不分季节、年龄和品种。很容易在动物之间间接或直接传播。饲料、饮水是貉的主要感染途径。生喂禽类饲料较危险。如饲喂淘汰的鸡雏、生蛋、鸡肠、羔羊、胎盘，过期的香肠、罐头、碎肉类，腐败变质的饲料，饮用沙门氏菌指数超标的水等都易引起动物发生本病。

【临床症状】

（1）幼貉　表现拒食，先兴奋后沉郁，体温升高到 41～42℃，死亡前体温下降。大多数病貉躺卧于小室内，叫声异常，行动迟缓，拱腰，结膜炎，流泪。发生下痢、呕吐，水样粪便，很快消瘦；部分后肢麻痹；病程 1～3 天。

（2）成年貉　发热、厌食、呕吐、下痢，粪便为液体状或水状，个别混有血液，迅速消瘦。四肢软弱无力，起立时常后肢不支，时停时蹲，似睡状。发病后期出现后肢不全麻痹，衰竭死亡。

（3）妊娠母貉　母貉采食、精神、粪便、体温等常无异常，出现空怀、死胎、流产。部分子宫有炎症的出现少食、不食情况。

【病理变化】

（1）幼貉　主要病变在消化道；肝肿大、土黄色，有出血点；脾脏肿大数倍，暗红色，有黑色出血点；肠道出血，肠系膜淋巴结肿大（彩图 7－21）；肾表面有出血点；皮下、黏膜黄染。

（2）成年貉　可视黏膜黄染，胃、肠黏膜出血；脾脏肿大，有黑色梗死灶（彩图 7－22）；肝肿大、瘀血。

（3）妊娠母貉　子宫黏膜肿胀、出血、增厚，子宫内常见有死亡的胎儿。

【治疗】大群可选用复方新诺明（每千克饲料 0.02～0.04 克）、强力霉素（每千克体重 15 毫克）、硫酸新霉素（每千克体重 10 毫克）混于饲料中喂给，连续 5～7 天。

个别严重的注射氟苯尼考（每千克体重 30 毫克）、恩诺沙星（每千克体重 5 毫克）、头孢噻呋钠（每千克体重 5～10 毫克）。

【预防】

①加强貉舍消毒，保持养貉场良好的环境卫生，特别是要保持小室清洁卫生，及时清除粪便，发酵灭菌。

②加强妊娠期和哺乳期的饲养管理。日粮要求新鲜、全价。禽类及其蛋、各种动物的肠、奶、胎盘类，以及羔羊等饲料必须熟喂，不允许用沙门氏菌污染的饲料饲喂动物。

③母貉发生流产时，对流产胎儿及其污染的器具、地面应彻底消毒。

④平常添加抗应激、提高免疫力的添加剂，提高动物免疫力，降低动物应激反应。

⑤貉场做好防蚊蝇、防鼠灭鼠工作。

⑥治愈的毛皮动物不得留作种用。

⑦定期对饮水进行检测，特别是下雨以后，井水被粪水污染，必须做消毒处理。

九、链球菌病

貉链球菌病是由致病性链球菌感染引起的急性细菌性传染病，临床上以肺炎、脑炎为主，常呈急性经过。

【病原】链球菌为球形或卵圆形，直径 0.6～1.0 微米，多数呈链状排列，链的长短与菌种及生长环境有关，在液体培养基中形成链状排列比在固体培养基中形成的链长。无芽孢，无鞭毛，有菌毛样结构，含 M 蛋白，革兰氏染色阳性。需氧或兼性厌氧，营养要求较高。普通培养基中需加有血液、血清、葡萄糖等才能生长。最适温度 37℃，最适 pH 7.4～7.6。血琼脂平板上形成灰白色、有乳光、表面光滑、边缘整齐、直径 0.5～0.75 毫米的细小菌落，不同菌株有不同溶血现象。抵抗力不强，60℃ 3 分钟大部分链球菌可被杀死，对一般消毒剂敏感，在干燥尘埃中可存活数日，对青霉素、红霉素、氯霉素、四环素等均敏感，耐药性低。

【临床症状】根据感染部位不同，临床上可分为肺炎型、脑炎型及化脓型。

（1）肺炎型　也称败血型。病貉呼吸急促，咳嗽；眼有脓性分泌物；鼻流清液，后期呈脓性分泌物；口角流泡沫；初期排黏膜便，后期排带血的恶臭稀便。急性病例，貉突然死亡，不见明显的临床症状。

（2）脑炎型　常无明显临床症状突然死亡，死貉常咬着笼子或者咬着舌头，多发生于应激后。发病时间长的可见病貉瘫痪、流涎，眼球震颤，摇头晃脑，有的口吐白沫等。

（3）化脓型　由呼吸道侵入，可引起化脓性肺炎；由皮肤或皮肤伤口感染，可引起皮下组织化脓性炎症，如局部脓肿、蜂窝组织炎等；环境不卫生，经产道感染，可造成“产褥热”；经乳头感染，可引起乳房炎（乳房红肿、疼痛等）。

【病理变化】

（1）肺炎型　以各脏器广泛性出血为特征。鼻、气管黏膜有黏性分泌物，并有出血。肺弥漫性出血（彩图 7－23）。胸腔及心包内有淡黄色积液。肝肿胀有出血点或出血斑。脾肿大、白色坏死点（彩图 7－24）。肾变软，表面出血。肠黏膜呈红色，弥漫性出血。大肠内充满气体，黏膜出血。

（2）脑炎型　脑脊髓液增多，脑膜、脑充血、瘀血、出血。部分有化脓性脑膜脑炎。

（3）化脓型　炎症部位皮下肿块，皮下组织溃烂、化脓（彩图 7－25）。

【治疗】大群可以选择口服青霉素、红霉素、氟苯尼考、四环素（每千克体重 10～20 毫克）、恩诺沙星（每千克体重 5 毫克）等敏感药物拌料预防、治疗，连续给药 3～5 天。严重病例可用头孢喹肟（每千克体重 2 毫克）、头孢噻呋（每千克体重 5 毫克）、卡那霉素肌内注射，同时可用多种维生素、葡萄糖维生素 C 饮水，提高机体素质。

【预防】搞好环境卫生，做好环境消毒工作和注射部位消毒工作。注意食物安全，死因或者来源不明的动物肉食必须熟制后饲喂，防止食物及饮水污染链球菌。减少各种应激，添加抗应激、提高机体免疫力的添加剂，提高动物抗病能力。

十、葡萄球菌病

葡萄球菌病是由致病性金黄色葡萄球菌感染引起的一种以组织、器官发生化脓性炎症或败血症、脓毒败血症为主要特征的细菌病。如新生幼貉的败血症、脓疱症，母貉乳房炎，貉皮肤和爪的葡萄球菌感染等。

【病原】 葡萄球菌是一群革兰氏阳性球菌，因常常堆聚成葡萄串状而得名。多数葡萄球菌为非致病菌，少数可致病。其中，金黄色葡萄球菌多为致病菌，表皮葡萄球菌偶尔致病，腐生葡萄球菌一般不致病。60%～70%的金黄色葡萄球菌可被相应噬菌体裂解，表皮葡萄球菌对其不敏感。用噬菌体可将金葡萄球菌分为 4 群 23 个型。该菌呈球形或稍呈椭圆形，直径 1.0 微米左右，排列成葡萄状。无鞭毛，不能运动。无芽孢，除少数菌株外一般不形成荚膜。对营养要求不高，在普通培养基上生长良好，在含有血液和葡萄糖的培养基中生长更佳。需氧或兼性厌氧，少数专性厌氧。

【病因】 葡萄球菌是环境常在菌。窝室内垫草污染葡萄球菌，可通过脐带感染。吃奶时可通过乳头感染。皮肤破损时可通过外伤感染。妊娠后期母貉饲料污染葡萄球菌，可导致胎内感染。B 族维生素缺乏引起爪垫龟裂及皮肤炎症时，可继发葡萄球菌感染。也可以通过呼吸道感染。

【临床症状】

（1）脐带感染型　脐部周围发炎、红肿，有脓性分泌物。

（2）肺炎型（败血症型）　高热，明显的腹式呼吸，精神萎靡。

（3）脓疱症　体表形成脓疱，表皮皮肤肿胀、变硬；创伤性脓疱，在创伤部位出现肿胀、糜烂、化脓。

（4）*乳房炎型* 母貉不食，焦躁不安。乳房红肿、硬感，泌乳减少或停止，挤出的乳汁异常，可见有脓样物。

【病理变化】

（1）*脓疱症及脐带感染型* 脓肿部位或脐部皮下胶样浸润，有混血脓汁流出。

（2）*败血症型* 尸僵不全，肺肿大出血、有脓肿，心包炎，腹膜炎等。

（3）*乳房炎型* 乳房红肿发炎，化脓性可见局部组织糜烂。

【诊断】依据临床主要症状可作出初步诊断，确诊需要实验室鉴定。

【治疗】对体表、爪垫局部感染的动物，外科手术排脓后，用双氧水或0.1%高锰酸钾彻底冲洗患部，再涂以5%碘酊或撒上消炎粉，然后使用敏感药物治疗。可以选用青霉素（20万～40万单位/只）、氨苄青霉素（0.1克/只）、庆大霉素（2万～4万单位/只）、卡那霉素（20～50单位/只），每日2次，全身或局部注射，连用3～6天。也可以用红霉素（0.1～0.2克/只）、麦迪霉素（0.2～0.4克/只），拌料3～5天。

【预防】做好垫草、笼具消毒工作，产前对产箱/窝室使用聚维酮碘或过氧乙酸严格消毒，发现外伤及时处理；发现有脐带感染或者咬伤的幼貉立即用外用消毒药处理；产后注意观察母兽行为，倾听仔兽叫声，一旦发现异常，应及时检查母兽是否有乳房炎，若有应及时治疗；严格控制肉类和乳类饲料食品卫生；注射、防疫、手术等操作尽量规范、轻柔，注意术部消毒及无菌操作。

十一、克雷伯氏菌病

克雷伯氏菌是由 Friedlander 于 1882 年从大叶性肺炎患者痰液中分离出来的，故也称为 Friedlander 杆菌，简称肺炎杆菌，是一种重要的条件性致病菌和医源性感染菌之一。本菌通过体表创伤感染，可导致毛皮动物体温升高，局部脓肿和脓毒血症；通过呼吸道感染而导致毛皮动物的肺炎、脑膜炎、腹膜炎及泌尿系统疾病等。

【病原】肺炎克雷伯氏菌属于革兰氏阴性菌，兼性厌氧，无鞭毛和芽孢，单个或呈短链，不运动，有明显荚膜，多数菌株有菌毛，菌体大小为（0.3～1.0）微米×（0.6～6.0）微米，37℃生长最佳，最适 pH 为 7.0～7.6。普通培养基上生长良好，在含糖的培养基上可以形成黏液状灰白色的大菌落，45°斜射光下可见明亮荧光，相邻菌落常易于相互融合而合成鼻汁样菌苔，用接种环挑之易拉成丝。本菌对理化因素的抵抗力不强，在 56～60℃水浴中 30 分钟即可被杀死；对一般消毒剂敏感。

【病因】由于本菌多存在于环境中及正常动物鼻腔内，毛皮动物通过针头注射、外伤、鱼刺、骨头渣刺破黏膜等感染皮下软组织及食道黏膜，导致局部脓肿甚至脓毒血症；另外，在毛皮动物换毛期通过呼吸道感染肺部，导致鼻炎、出血性肺炎甚至化脓性肺炎；食入被污染的饲料可能会导致泌尿系统感染、脑膜炎等疾病。

【临床症状】该病在临床表现上分为以下三个型。

（1）败血型　多由于吸入大量病原而导致肺部出现出血性、化脓性病变，菌体进入血液造成菌血症而发生死亡。本病例死亡较突然。

（2）脓肿型　浅表脓肿多见于肩、背部、尾部、胯部出现圆形或卵圆形脓肿，附近的淋巴结肿大，脓疱破溃后流出灰白色黏稠脓汁；部分可见颌下、颈部肿胀。眼球突出，病貉进食困难，多衰竭而死。

（3）蜂窝织炎型　常在胯部、臀部皮下发生蜂窝织炎，并向周围蔓延，化脓、肿大，甚至造成肌肉溃烂。

【病理变化】

（1）败血型　常见纤维素性化脓性肺炎，胸腔内有黏稠的脓汁（彩图 7－26），肝脏、脾脏肿大，肾脏有出血点和瘀血斑。

（2）脓肿型　体表及内脏淋巴结肿大，内有黏稠脓汁。

（3）蜂窝织炎型　局部肌肉呈暗红色或灰褐色。肝脏明显肿大，被膜紧张，充血、瘀血，切面有大量凝固不全的暗红色血液流出，切面外翻。脾脏肿大 2～3 倍。

【诊断】根据临床症状及剖检病变可以作出初步诊断。炎症部位分离到克雷伯氏菌可以确诊。

【防治】加强环境卫生管理，加强通风、消毒，减少病原数量；骨架类饲料绞碎彻底，无大块骨质，防止划伤口腔及食道黏膜；及时对笼具、食盒等器械的尖锐部位进行清理，防止造成外伤；免疫注射、治疗注射、激素注射时应做好局部消毒工作或者更换针头，防止出现感染；体表发生脓肿的，可切开患部彻底排脓，用 3％双氧水冲洗创腔，撒青霉素粉或其他消炎药物。配合庆大霉素肌内注射效果更好；对于大群动物发生出血性/化脓性肺炎时，可选用强力霉素及替米考星、左氧氟沙星等拌料，同时用葡萄糖、维生素 C 饮水以提高抵抗力。有条件的可以做药敏试验，根据药敏结果选用敏感药物进行治疗。

十二、幽门螺旋菌病

幽门螺旋菌或幽门螺旋杆菌，是一种微需氧的革兰氏阴性菌，生存于胃和十二指肠之间区域内。貉一旦感染，会引起胃及十二指肠慢性炎症、溃疡甚至穿孔，导致病貉死亡。

【病原】幽门螺杆菌病是一种单极、多鞭毛、末端钝圆、螺旋形弯曲的细菌，长 2.5～4.0 微米，宽 0.5～1.0 微米。在胃黏膜上皮细胞表面常呈典型的螺旋状或弧形。在固体培养基上生长时，除典型的形态外，有时可出现杆状或圆球状。幽门螺杆菌对生长条件要求十分苛刻，是微需氧菌，环境氧要求 5%～8%，在大气或绝对厌氧环境下不能生长。

【病因】

（1）*氧化变质食物*　长期饲喂不新鲜、氧化变质或者刺激性食物，容易损伤胃黏膜，致使胃的抵抗力低下，从而容易导致幽门螺旋杆菌的入侵。

（2）*喂生料*　饲喂生肉食容易感染幽门螺旋杆菌。

（3）*采食饮水器具污染*　健康貉可通过与病貉接触或者共用采食、饮水器具感染；采食、饮水器具消毒不严，污染了幽门螺旋杆菌也可传播本病。

（4）魏氏梭菌等病原菌或者细菌毒素造成貉胃黏膜损伤或者出现溃疡，容易导致该病发生。

【临床症状】病貉腹痛，精神较差，食欲不好、不爱吃料或不吃料，部分见呕吐、腹泻、胀气，有的突然死亡。慢性病动物逐渐消瘦死亡，有的病程达到 2 个月或更长。

【病理变化】心、肺无肉眼可观病变，胸腔有少许液体。

主要病变在腹腔，腹腔内积有含血混浊液体（彩图 7－27），有粪臭味。幽门与十二指肠交界处有溃疡灶，胃幽门处穿孔（彩图 7－28）。肝、肾肿大，发黄，有出血斑。

【实验室检测】

（1）涂片镜检　溃疡灶触片，固定，革兰氏染色，镜检，见革兰氏阴性螺旋形杆菌。

（2）细菌培养　取溃疡灶表面接种 10％绵羊血琼脂平板，10％ CO_2 环境、37℃恒温培养 3 天，平皿上长出针尖状细小菌落。挑取菌落涂片、革兰氏染色，见革兰氏阴性螺旋状杆菌。

【诊断】通过剖检病变及实验室检测分离到螺旋菌可以确诊。

【治疗】采用杀菌，消炎，保护胃肠黏膜的方案进行防控。本菌对氨苄青霉素、阿莫西林、头孢噻呋钠、头孢喹肟、丁胺卡那霉素、红霉素、强力霉素敏感。对万古霉素、环丙沙星、多黏菌素和磺胺耐药。

①大群给药，饲料中添加卡那霉素，每千克体重 10 毫克；地美硝唑，2 只成年貉一片；西咪替丁 100 毫克/只。连用 3～5 天。

②精神较差的个体，注射头孢喹肟，每千克体重 2 毫克，连用 2 天。饲料中添加西咪替丁 50 毫克/只，连用 3～5 天。

③预防。注意饲料卫生，饲料中可以添加益生菌（乳酸菌等）改善胃肠正常菌群，挤占螺旋杆菌生存空间。

十三、绿脓杆菌病

绿脓杆菌又称铜绿假单胞菌，是一种致病力较弱但抗药性强的革兰氏阴性杆菌。广泛存在于自然界中，是一种常见的条件性致病菌，常造成伤口的化脓性感染。绿脓杆菌能产生多种致病物质，主要是内毒素、外毒素、蛋白分解酶和杀白细胞素等。主要经呼吸道感染导致水貂、狐、貉的出血性肺炎，经产道感染导致狐狸、貉子的子宫内膜炎，经创伤感染引起化脓。

【病原】绿脓杆菌为长 1.5～3.0 微米，宽 0.5～0.8 微米，无荚膜、芽孢，菌体有 1～3 根鞭毛，能运动的革兰阴性菌。形态不一，成对排列或短链状。本菌生长对营养要求不高，在普通培养基上易生长，为专性需氧菌，培养适宜温度为 35℃，pH 为 7.2。致病性绿脓杆菌在 4℃不生长，在 42℃时能生长，据此可与荧光假单胞菌等进行鉴别；该菌含有 O 抗原（菌体抗原）以及 H 抗原（鞭毛抗原）。菌体 O 抗原有两种成分，一为内毒素蛋白（OPE），是一种保护性抗原；另一为脂多糖，具有特异性，根据其结构可将铜绿假单胞菌分成 A～N 共 14 种血清型，但目前临床流行的水貂绿脓杆菌主要还是以 G 型（82%）、B 型（16.9%）为主，极少数为 C 型（1.1%）。本菌对外界环境及化学药物的抵抗力较一般革兰氏阴性菌强大，在潮湿处能长期生存，对紫外线不敏感，湿热 55℃ 1 小时才被杀灭。该菌耐药性较强，治疗不及时或者用药不正确极易造成大面积发病动物的死亡。

【病因】

（1）出血性肺炎　多发于春夏季节，气候多变期。尤其是在 7—9 月多雨潮湿季节多发，饲料营养供应不足，机体抵抗力下降，极易引发该病。

（2）子宫内膜炎　配种时，公貉生殖器官污染绿脓杆菌，通过交配感染，易导致母貉子宫内膜炎及阴道炎，出现死胎及腐败化脓胎儿，甚至子宫蓄脓而导致母貉死亡。

（3）化脓性感染　绿脓杆菌经注射针孔、外伤引起的创口等部位感染机体引起局部脓肿，严重的可造成败血症。

【临床症状】

（1）出血性肺炎　病貉体温升高，打喷嚏，咳嗽，采食量减少。部分病貉后肢麻痹；少数病貉未见症状突然死亡。

（2）子宫内膜炎　妊娠母貉前期食欲无明显变化，随着时间延长，食欲下降，精神萎靡，腹部缩小，外阴流出白色、黄色甚至黑色脓液。多数病例配种后 7～25 天出现流产。

（3）化脓性感染　可见皮肤上创伤部位肿大，有化脓灶或者有脓汁流出。

【病理变化】

（1）出血性肺炎　肺脏出血、瘀血，呈暗红色（彩图 7－29）；气管内充满血色泡沫；肝脏肿大、瘀血，暗红色；脾脏肿大、有梗死。

（2）子宫内膜炎　子宫内有死胎，甚至脓汁；严重者子宫蓄脓，卵巢坏死化脓。

（3）化脓性感染　局部糜烂。

【防治】加强貉的饲养管理，合理搭配饲料，保证维生素、微量元素的供给，提高机体抵抗力；加强环境卫生及喷雾消毒工作。发生过绿脓杆菌感染的貉场，可以选择水貂出血性肺炎二价灭活疫苗（G 型 WD005 株＋B 型 DL007 株）进行免疫注射，2 毫升/只。该菌血清型众多，不同血清型间交叉保护效果差。若免疫后发病，应做实验室检测，以确定发病菌血清型是否与免疫疫苗对型。绿脓杆菌极易产生耐药性，对于零星发病，应根据药敏试验选择敏感药物，及时投喂。一旦有病例感染，大群口服头孢类药物进行治疗，亦可以选择恩诺沙星（每千克体重 5～10 毫克）等喹诺酮类抗生素进行防治。

十四、附红细胞体病

毛皮动物附红细胞体病，是附红细胞体附着在毛皮动物红细胞表面和游离于血浆中引起的一种热性传染病。临床上以高热、贫血、黄疸、呼吸困难、下痢为特征。

【病原】附红细胞体也称血虫体，简称附红体，是寄生于人、畜红细胞表面、血浆和骨髓中的一群微生物。在一般涂片标本中观察，其形态为多形性，如球形、环形、盘形、哑铃形、球拍形及逗号形等。大小波动较大，为 0.1～2.6 微米。附红体既有原虫特点，又有立克次氏体的特征，长期以来其分类地位不能确定，直至 1997 年 Neimark 等采用 DNA 测序、PCR 扩增和 16SrRNA 序列分析认为其应属于柔膜体科的支原体属。无细胞壁，无明显的细胞核、细胞器，无鞭毛，2 800 倍显微镜下，可见分布不均的类核糖体。常单独或呈链状附着于红细胞表面，也可游离于血浆中。附红细胞体发育过程中，形状和大小常发生变化，这可能与动物种类、动物抵抗力等因素有关。对干燥和化学药品的抵抗力很低，但耐低温。一般常用消毒剂均能杀死病原，如 0.5％的石炭酸于 37℃ 3 小时就可将其杀死。

【流行病学】本病一年四季都可发生，夏秋季多发；各种日龄都可感染，成年毛皮动物比幼龄毛皮动物多发。狐狸最易感，貉次之，水貂少见。患病貉及隐性感染貉是重要的传染源。传播途径不是很清楚，一般认为通过血液可以直接传播，也可通过活的媒介如疥螨、虱子、吸血昆虫（如蚊子、蠓等）传播。注射针头的传播也是不可忽视的因素，因为在注射治疗或免疫接种时，养殖户往往不换针头注射，有可能造成附红细胞体的人为传播。健康动物也可检测到少量附红体存在，但不会造成动物发病，通常情况下只发生于那些抵抗力下降的动物。过度拥挤、长途运输、天气突变、饲养管理不良、捕捉或饲料更换及其他疾病感染等，均可引发本病。

【临床症状】 临床以高热（不吃食）、贫血、黄疸、呼吸困难、血便、瘫痪（彩图 7－30）为特征。

（1）最急性型　无任何临床症状，突然倒地剧烈抽搐，全身僵直，口吐白沫，迅速死亡。

（2）急性型　先出现采食减少现象，体温升至 41～41.5℃或以上，呼吸困难，后可见后肢瘫痪，不食。严重时，呈间歇性全身抽搐，口吐白沫，注射抗生素无效，迅速死亡，病程一般为 1～2 天。

（3）慢性型　食欲逐渐减退，被毛粗乱，消瘦，腹泻，持续数日后，衰竭而亡。

【病理变化】 病死兽被毛粗乱，眼结膜、齿龈、口腔等可视黏膜苍白（彩图 7－31）或黄染。血液稀薄，血凝不良。肺气肿，苍白或者稍黄色；腹腔积液；肝、脾、肾肿胀，呈淡黄色或黄色，表面有出血点；胃肠浆膜淡黄色，黏膜出血。

【诊断】 根据临床症状及病变可以作出初步诊断，实验室观察到 70％以上的红细胞感染才能确定为原发性感染，否则仅能诊断为合并感染或正常。

镜检观察到红细胞失去固有形态，其表面附着数量不等的附红细胞体，许多红细胞形状不整而呈轮状、星状及不规则的多边形等（彩图 7 - 32）。游离在血浆中的附红细胞体呈不断变化的星状闪光小体，在血浆中不断地翻滚和摆动。

【治疗】大群用强力霉素或土霉素配合复方新诺明等磺胺类药物拌料治疗。个别不吃不喝的可以用四环素、土霉素按每千克体重 10 毫克和金霉素按每千克体重 15 毫克口服，或肌内注射，5～7 天。也可以用三氮咪、贝尼尔、咪唑苯脲等抗原虫药深部肌内注射。在上述治疗的基础上应进行以生血药为主的辅助治疗，如维生素 C、葡萄糖、维生素 B_6、维生素 B_{12}、硫酸亚铁等。

【预防】夏秋季兽舍周围要除草、排积水，防止蚊、蠓等吸血昆虫滋生。定期驱除疥螨、蜱虫、虱子等体外寄生虫，防止通过体外寄生虫传染。免疫、治疗注射时做好器具消毒、针头更换等工作，防止交叉传染。严禁生喂猪、牛、羊、兔、家禽等副产品及下脚料，或者血液制品，不同种毛皮动物尸体也不能生喂。减少应激，有天气变化、饲料更换、运输、调群等应激因素时，可添加抗应激药物。勤观察毛皮动物毛色、可视黏膜，发现异常，立即添加药物预防。

十五、蛔虫病

蛔虫病是毛皮动物常见的一种线虫病，主要感染幼龄动物。貉感染蛔虫后表现可视黏膜苍白，消瘦贫血，异嗜，呕吐，下痢，腹部膨大，个别病例有抽搐症状。严重时从口中吐出成虫及虫体穿透肠壁进入腹腔。该病的发生与饲料及环境卫生有直接关系。

【病原及生活史】蛔虫，呈淡黄白色，头端有 3 片唇，体侧有狭长的颈翼膜。雄虫长 50～110 毫米，尾端弯曲；雌虫长 90～180 毫米，尾端直。

蛔虫卵随粪便排出体外，在适宜条件下发育为感染性虫卵。仔兽吞食了感染性虫卵后，在肠内孵出幼虫，幼虫钻入肠壁，经血流到达肝脏，再随血流达肺脏，幼虫经肺泡、细支气管、支气管，再经喉头被咽入胃，到小肠进一步发育为成虫。年龄大的兽吞食了感染性虫卵后，幼虫随血流到达身体各组织器官中，形成包囊，幼虫保持活力，但不进一步发育；体内含有包囊的母兽怀孕后，幼虫被激活，通过胎盘移行到胎儿肝脏而引起胎内感染。胎儿出生后，幼虫移行到肺脏，然后再移行到胃肠道发育为成虫，在仔兽出生后 23～40 天已出现成熟的蛔虫。新生仔兽也可通过吸吮初乳而感染，感染后幼虫在小肠中直接发育为成虫。

【病因】配种前母貉驱虫不彻底，母貉体内成虫产生的卵由母体的胎盘进入胎儿体内，胎儿在出生时已感染，然后发育成成虫。驱虫后粪便不能及时清除、堆积发酵消灭虫卵，含虫卵的粪便一旦污染了饲料或者饮水，被貉吞食，则会感染发病。貉接触地面，食入虫卵。新生幼貉也可通过吸吮初乳而感染。

【临床症状】很少引起感染貉死亡。感染幼貉贫血、渐进性消瘦、可视黏膜苍白，生长受阻、异嗜；发育不良，被毛逆立；后期可见腹部膨大，先腹泻后便秘。个别病貉呕吐，呕吐物有蛔虫虫体。感染严重的粪便中可见虫体。

【病理变化】血液稀薄，可视黏膜苍白，肺苍白，肝色泽较淡。胃内、肠管内有虫体，严重的肠道被虫体堵塞。肠黏膜潮红，有卡他性炎症。有的病例肠壁被虫体穿透而进入腹腔，肠壁可见破穿痕迹。

【诊断】从貉粪便中见到成虫、查出虫卵，或者剖检中发现成虫即可确诊。

【治疗】大群用驱虫药如左旋咪唑（每千克体重8～10毫克，1次/日）、丙硫苯咪唑（每千克体重50毫克，1次/日）、阿苯达唑（每千克体重5～20毫克，1次/日）、芬苯达唑（每千克体重3～20毫克，1次/日）、阿维菌素或伊维菌素（每千克体重0.3毫克）拌料，也可用伊维菌素或阿维菌素1%注射液（每千克体重0.03毫升）皮下注射。

【预防】注意饲料及饮水卫生，蔬菜及瓜果生喂必须洗净，防止食入蛔虫卵，减少感染机会。及时清理粪便，特别是驱虫后更要集中清理，然后堆积泥封发酵，粪堆内温度可以将蛔虫卵杀死。定期进行驱虫预防，可降低感染率，减少传染源，改善兽群的健康状况。是控制传染源的重要措施。驱虫时间宜在冬季母貉配种前，仔貉可满月后采用集体服药，间隔1个月再驱虫一次。由于存在再感染的可能，所以最好每隔3～4个月驱虫一次。常用驱虫药有阿维菌素、伊维菌素、芬苯达唑、左旋咪唑等，可选择轮换用药保证良好驱虫效果。

十六、螨虫病

螨虫病是狐、貉最易感的一种寄生虫病，有接触传染性。银黑狐最易感，北极狐次之，其次是貉。

【病原】螨虫属于节肢动物门蛛形纲蜱螨亚纲的一类体型微小、肉眼不易看见的动物。种类很多，身体一般都在0.5毫米左右。成虫有4对足，1对触须，无翅和触角。虫体分为颚体和躯体，颚体由口器和颚基组成，躯体分为足体和末体。螨虫常寄生于皮肤较柔软嫩薄之处，寄生在宿主表皮角质层的深处，以角质组织和淋巴液为食，并以螯肢和前跗爪挖掘，逐渐形成一条与皮肤平行的蜿蜒隧道。

生活史分为卵、幼虫、前若虫、后若虫和成虫5期。卵呈圆形或椭圆形，淡黄色，壳薄，大小约80微米×180微米，产出后经3～5天孵化为幼虫。幼虫仍生活在原隧道中或另凿隧道，经3～4天蜕皮为前若虫。前若虫约经2天后蜕皮成后若虫。后若虫再经3～4天蜕皮而为成虫。完成一代生活史一般需8～17天。

【临床症状】螨虫多寄生于貉面部、背部、腹部、四肢、爪背面。耳螨则从耳道开始感染，严重的蔓延到外耳道及耳郭，甚至引发中耳炎。病变部位首先掉毛，继而出现皮肤增厚，后形成红斑痂，皮毛上可见皮、鳞屑（彩图7-33）。感染貉有强烈皮肤痒感，常用爪激烈抓挠病变部位，临床可见抓挠痕迹。

【诊断】根据接触史及临床症状，不难作出诊断。若能找出疥螨，则可确诊。

【防治】一切污染物均应彻底消毒（食具采用煮沸消费；笼具采用喷灯消毒；地面采用生石灰消毒；窝室采用喷灯或2%敌百虫喷雾消毒）。可选用阿维菌素、伊维菌素、多拉菌素，按说明拌料或皮下注射，间隔1个月再驱虫一次。

十七、组织滴虫病

组织滴虫病是貉感染组织滴虫后引起的一种原虫性传染病。貉发病率最高，狐狸也有发病，临床上以排西红柿样血便为主要特征。

【病原】组织滴虫为多样性虫体，大小不一。非阿米巴阶段虫体近似球形，3～16毫米。阿米巴阶段虫体是高度多样性的，常伸出一个或者数个伪足，有一个简单、粗壮的鞭毛，长6～11毫米。

【生活史】毛皮动物组织滴虫的生活史暂时无资料可查。临床上貉组织滴虫的发生常与家禽有关。组织滴虫寄生于鸡盲肠内，可进入异次线虫体内，在其卵巢中繁殖，并进入卵内，异次线虫卵排到外界后，卵内组织滴虫能在外界环境中存活很长时间，成为重要传染源。鸡采食组织滴虫幼虫而感染，成年鸡多为带虫者。毛皮动物采食鸡的肠道、被污染的含有组织滴虫粪便的饲料或饮水后，组织滴虫寄生于毛皮动物盲肠、直肠内而引起发病。

【流行病学】一年四季都可发生，春夏季多发。幼龄貉多发，一般从断奶后开始一直到生长期都属于易感阶段，1年以上貉有一定耐受性。饲养密集、通风不良、笼子低矮、粪便蓄积过多、卫生条件较差、饲养场内散养鸡或饲喂生鸡蛋、鸡肠的养殖场发病率明显较高。带虫鸡及发病貉粪便是重要传染源，貉采食带虫鸡的肠道或者污染有组织滴虫的饲料、饮水而感染。该病自然传染发病率低，致死率高，病期长，误诊率高。

【临床症状】发病貉以腹泻为特征，开始粪便稀薄，粪色发黄，很快排脓性、恶臭、黏稠的西红柿样血便（彩图7-34）。病貉后肢瘫软或站立困难，精神萎靡不振，迅速消瘦和脱水，目光呆滞，眼球塌陷，被毛蓬乱无光，肛门周围粘有多量的粪便。病程3～5天，最后因高度衰竭和自体中毒死亡。

【病理变化】主要病变在盲肠、直肠，其他脏器病变不明显。继发有其他病原时，会有相应其他脏器的病变。盲肠黏膜溃疡（彩图 7－35）、坏死、出血（彩图 7－36），内充满脓血样粪便或者黑色粪便（彩图 7－37）。慢性病例，盲肠内有干酪样物。肠道出血（直肠最严重），肠黏膜肿胀增厚，肠内容物呈黄色或黑色，黏稠。

【诊断】 取盲肠内容物少许放在载玻片上，加 1 滴生理盐水混匀，加盖玻片，放 37℃恒温箱预温，快速在镜下检查（×150），见到呈活泼的钟摆式运动（运动的虫体可伸缩，表现形态多变，一会呈圆形，一会又呈倒置的梨形）组织滴虫可确诊。用复红染色，可见到近于圆形的有一根鞭毛的滋养体（成虫）和无鞭毛的滋养体。

【防治】 大群饲料中添加复方新诺明、地美硝唑（拌料 10 克/千克）、痢特灵，每日一次，幼兽一次各半片，成年兽一次各一片；饲料中还可添加维生素 K_3、蒙脱石等对症治疗。也可以选用其他对组织滴虫有效新药。加强病貉护理，不吃不喝个体，按照说明剂量直接投喂上述药物。预防要做到貉场内避免养鸡，更不要散养；禽用下脚料作为日粮原料时严禁生喂。经常打扫粪便，堆积发酵处理，防止粪便污染饲料及饮水。

十八、真菌病

真菌病是毛皮动物易感染的皮肤病之一。病变特征是在面部、颈部、躯干、腹部、四肢等不同部位的皮肤上形成圆形、不规则的癣斑。具有高度的接触传染性，与动物的生存环境有直接关系，如兽场通风不良、饲养密度过大、卫生条件差、高温高湿等都是感染发生的诱因。真菌感染非常顽固，抗生素治疗无效，必需使用抗真菌药物治疗，而且要坚持不懈才能治愈。

【病原】真菌是一种真核生物，属于真菌界，分为四个门，其中半知菌亚门中有些属能引起人类和一些动物皮肤病及深部组织感染。它不能利用无机物进行光合作用，只能营寄生生活或腐生生活。除少数单细胞类群外，真菌大多有分支或不分支的菌丝体，能进行有性或无性繁殖。常见的真菌感染多为白色念珠菌、阴道纤毛菌、放线菌等。

【病因】真菌适宜于在潮湿、温暖的环境繁殖，在有氧、温度合适且有一定湿度的条件下，空气中飘散的真菌增多。所以真菌变态反应的发生，也有地区性和季节性的特征。一般在夏季，特别是梅雨季节，真菌发病增多。真菌感染有内源性感染，也有外源性感染。内源性感染与机体抵抗力，免疫力降低及菌落失调有关；外源性感染等主要是通过动物的互相接触，或通过污染的物品而传播。在规模化养殖情况下，也可通过空气传播。体外寄生虫，如虱、蚤、蝇、螨等在传播上也有重要意义。

【临床症状】貉刚开始发病时，精神、采食、饮水、粪、尿正常，在体表、四肢及头部（常见鼻头）看到近似圆形或者不规则的癣斑（彩图 7－38）。病貉常以舌舔或爪抓挠病变部位，随着发病时间推移，病变部位变化为红色的丘疹→水疱→水疱破溃→痂皮形成→痂皮脱落→形成近似圆形的、呈红色的无毛区。

部分足底感染，表现皮肤发白，继而形成痂皮→痂皮脱落（彩图 7－39）。

【诊断】对于典型病例，根据临床症状即可确诊。轻症病例，症状不明显，可自病健交界处用刀或镊子刮取一些毛根和皮屑，做显微镜检查，找到真菌菌丝和孢子，即可确诊。

【治疗】必须在严格隔离的基础上进行治疗，否则很容易传染，造成疫情扩大。内服＋外涂：灰黄霉素（每千克体重 25～50 毫克）或制霉菌素内服，特比萘芬、达克宁等外喷涂，喷涂范围要大于感染部位，每日喷涂 2 次，连用 7～10 天。有细菌感染且造成结痂的，要先清除结痂，然后喷上特比萘芬等，再撒上青霉素等消炎粉。

【预防】谨慎引种，不要从有真菌病的场引种，更不要引进有皮肤病或者皮肤病痊愈的貉。保持养殖场环境清洁卫生，通风良好。一旦发现真菌性皮肤病发生，特别是初次发生，一定把病貉清出养殖场，最低要求隔离治疗，发病貉及其相邻笼具要用火焰消毒方法，彻底消毒。另外，2%～3%氢氧化钠溶液、5%～10%漂白粉溶液、1%过氧乙酸、0.5%洗必泰溶液等也都有很好的杀灭真菌的效果，可选用。发病貉及其后代不得留作种用。

第二节　貉的主要非传染性疾病

一、黄曲霉毒素中毒

黄曲霉菌毒素中毒是毛皮动物危害严重的一种中毒性疾病。黄曲霉毒素是由黄曲霉菌代谢产生的一种毒性极强的剧毒物质，具强烈的致癌作用。主要是肝脏受侵害，影响肝功能，导致肝细胞变性、坏死、出血，胆管和肝细胞增生，引起消化功能紊乱、运动神经障碍、腹水、脾肿大、体质衰竭等病症。黄曲霉菌广泛分布于自然界，常寄生于玉米、小麦、花生、稻米、豆类、棉籽、鱼粉、麸皮、米糠等饲料中。毛皮动物采食了这些被黄曲霉菌污染的发霉变质饲料后，就可发生中毒。

【临床症状】症状与黄曲霉毒素食用量有关。成年兽长期食用少量含黄曲霉毒素的日粮，会引起慢性中毒。幼兽表现症状较重。怀孕期敏感，会引起母兽流产。

（1）急性中毒　黄曲霉毒素严重超标时也会表现为急性中毒，表现为黄尿，急性腹泻，后肢瘫痪，食欲废绝，2～4天死亡。

（2）慢性中毒　饲料中含有少量黄曲霉毒素，开始症状较轻，渐进性发病，慢慢表现为食欲减退、精神沉郁、行动迟缓、逐渐消瘦，发病貉体温正常，临近死亡时体温降低，病程可达15～30天。严重的可见尿湿、后肢神经麻痹或者四肢麻痹，间歇性腹泻，有的粪便呈现黑色焦油样，有的腹部膨大内有大量腹水。

【病理变化】可见血液凝固不良，皮下脂肪发黄，肝脏肿大、金黄色，胃肠黏膜充血、出血，心包积液，腹腔积液，肺脏正常。

【诊断】实验室检测日粮、病死兽肝脏中黄曲霉毒素含量，如果严重超标，则可确诊。

【治疗】黄曲霉毒素中毒无特效治疗方案。发生疾病立即停止使用可疑饲料，日粮中添加亚硒酸钠维生素E、氯化胆碱、牛磺酸、葡萄糖、维生素C、复合维生素B，用于抗氧化，提高机体抵抗力。发病严重的可以皮下分点注射25％葡萄糖20毫升，肌内注射复合维生素B、维生素C各1毫升，口服肌醇125毫克。

【预防】养殖场选择玉米、麸皮、豆粕等原料时，应挑选没有霉变的原材料。如果霉变过多，则不能使用，有条件的也可以进行霉菌毒素的检测。

饲料中添加脱霉剂（蒙脱石、沸石粉、生物脱霉剂等）对霉变轻微饲料有一定效果。明显霉变的饲料，添加脱霉剂也不能饲喂。

二、肉毒梭菌毒素中毒

肉毒梭菌毒素中毒是由于貉食入了含有肉毒梭菌毒素的鱼类、肉类等动物性饲料，而引起的中毒性疾病。发病特点是急速和群发性，以四肢麻痹、眼球突出、流口水为主要临床特征。本病发生的可能性较小，但是一旦发生就会导致毁灭性损失，因为中毒较严重的病貉治愈率几乎为零。

【病原】肉毒梭菌为革兰氏阳性短粗杆菌。芽孢呈椭圆形，粗于菌体，位于次极端，使细菌呈汤匙状或网球拍状。严格厌氧，可在普通琼脂平板和血平板上生长。根据所产生毒素的抗原性不同，肉毒梭菌可分为 8 个型，肉毒梭菌芽孢体抵抗力很强。肉毒毒素对酸的抵抗力比较强，可在胃液 24 小时不被破坏，并可被胃吸收。但肉毒梭菌毒素不耐热，煮沸 10 分钟即可被破坏。其毒素的毒性比氰化钾强 1 万倍，1 毫克可以毒死 2 亿只小鼠。

【病因】貉日粮中动物性饲料（肉、鱼、动物下脚料）被肉毒梭菌或者肉毒梭菌毒素污染，动物采食后引起发病。

【临床症状】超急性和急性中毒者仅见痉挛、抽搐后突发性死亡。常群发，几天内大量死亡，公貉、个体强壮采食量大的发病早、死亡多。典型临床症状：精神沉郁，食欲不振，痉挛，脖颈扭曲，四肢麻痹，小便失禁，眼球突出，头下垂，口流涎，吐白沫。爬行或拖拉式运动，目光凝视，瞳孔散大。病貉体温不高，死亡后，肢体柔软，尸僵不全。

【病理变化】 无特征性病变。胃内常空虚或有少量残留食物。肝脏有不同程度的出血，肺脏水肿充血，部分可见肠道黏膜出血。其他脏器无明显肉眼可观病变。

【诊断】 依据临床主要症状结合饲料分析不难确诊。取发病当天食物或者胃肠内容物，处理后注射小鼠做毒素检测，小鼠发病死亡，可作出定性诊断。

【治疗】 首先立即停喂可疑饲料，再采取治疗措施，但治愈率均比较低。

（1）*催吐* 用于早期中毒，阿扑吗啡，皮下注射，每次1～3毫升。

（2）*破坏毒素* 5%碳酸氢钠10～20毫升，口服、灌肠。

（3）*提高解毒能力* 5%的葡萄糖20～30毫升，皮下分点注射；维生素C 0.1～0.2克，肌内注射。

（4）*注射抗血清* 肉毒梭菌毒素抗血清，每只1万单位，每12小时注射1次，连用3次。

另外，可用0.2%的高锰酸钾（10～50毫升）、1%硫酸铜（15～25毫升）灌服。

【预防】 严防饲喂腐败变质的肉类、鱼类及其他动物副产品。过期的香肠、罐头一定要经实验室检验合格后才能饲喂。动物性饲料熟制后饲喂。做好疫苗免疫，2月龄左右幼貉肌内注射肉毒梭菌毒素灭活疫苗，2毫升/只，每年1次。

三、黄脂肪病

黄脂肪病是由于长期饲喂氧化变质的动物性饲料，特别是含脂肪高的变质鱼类而引起的一种中毒病。本病以脂肪肝、肾脂肪变性，全身脂肪高度发黄为主要特征，急性病例出现突发性死亡。

【病因】本病是由于长期饲喂氧化变质的食物引起的，如贮藏过久的鱼类或肉类等动物性饲料、变质的畜禽副产品、潮解的干粉饲料、氧化的添加剂、高脂肪的动物性饲料等。

【发病规律】一年四季均可发生，但以炎热季节多见，多发生于生长迅速、体质过胖的幼貉，成年貉也时有发生。吃得多、生长速度快、体质肥胖的动物先发病或发病率高，发病症状重；体质弱、吃得少的发病少或不发病。配种期会造成母貉不发情，或者失配。妊娠期可能会造成母貉妊娠中止、胎儿吸收、空怀。抗生素治疗效果不佳。

【临床症状】急性病例常不见任何症状突然死亡。多数发病后食欲大减，渴欲增强，精神沉郁，不愿活动，生长停滞，体重减轻，皮毛蓬乱无光泽，触摸鼠蹊部可感知有较硬的结块；可视黏膜黄染。病至后期，出现腹泻，粪便黑褐色并混有血液，步态不稳。有的后躯麻痹，腹围增大，腹部尿湿。妊娠母兽发生妊娠中断、流产。

【病理变化】口腔黏膜黄染，皮下脂肪黄染，常可见胶样浸润或脂肪液化，有的皮下有出血点，皮下脂肪变硬，呈黄褐色，特别是腹股沟两侧脂肪尤为严重。胸、腹腔有黄红色的渗出液。肠系膜、大网膜及脏器沉积黄褐色脂肪，肠系膜淋巴结肿大，胃黏膜黄染。有的膀胱内充满深色的尿液。肝脏肿大，严重脂肪变性，呈黄色或者土黄色；肾肿大，脂肪变性。

【诊断】依据临床主要症状，结合解剖病变及饲料分析可作出定性诊断。

【治疗】立即停喂可疑原料，换新鲜饲料原料，饲料中添加维生素E（20毫克/只）、复合维生素B（0.5～1.0克/只）、氯化胆碱（0.1～0.2克/只），连用7～10天；可同时添加氨苄青霉素消炎。

全群检查，发现精神、采食、粪尿异常的，触摸脂肪变化，如有脂肪肿块的都应注射治疗。每只肌内注射亚硒酸钠-维生素E注射液0.2毫升/千克、复合B族维生素注射液0.5毫升/千克。

【预防】禁止饲喂氧化变质饲料。储藏时间过长（3个月以上）的鱼类和肉类饲料不能长期饲喂，添加量也要控制。动物性饲料鲜度较低时，应添加预防量的亚硒酸钠-维生素E抗氧化。

四、药物中毒

毛皮动物药物中毒是指由于药物用量过大或者用药时间过长而造成毛皮动物某些器官或者整个机体的功能改变或丧失，严重的会危及动物生命。药物中毒不仅提高了用药成本，还会给动物健康带来伤害，甚至危及生命。随着养殖规模、养殖密度的增大，毛皮动物用药逐渐频繁，药物中毒不得不防。

【病因】

①药物本身毒副作用大，用量偏高则易造成中毒，如敌百虫、阿维菌素、伊维菌素、阿苯达唑等体内外驱虫药。

②药物本身安全系数高，但超过正常剂量的几倍用药，如左旋咪唑、磺胺类药物等。

③没有认真计算兽群体重，估计量过大或者计算错误，

造成投药量过大。

④药物在饲料中搅拌不均匀，造成部分个体采食药量过大。

⑤破坏性的或仇恨性的人工投毒。

⑥药物蓄积中毒。用药时间过长而药物毒副作用又较大。

⑦动物对某些药物比较敏感，如貉对甾体类解热镇痛药比较敏感，容易引起胃溃疡、穿孔。

⑧几种药物混合产生毒副作用，如小苏打片与敌百虫同用，可使敌百虫变成敌敌畏，毒性增强而中毒。

【临床症状】突然发病，动物体温不高；个体大、采食量大的个体发病重，症状重；可见呕吐、肌肉震颤、抽搐、麻痹、呼吸困难、血便等中毒的综合征候群。

【诊断】突然发病且为群发性。一夜之间全部死亡或所剩无几。发生在喂饲添加药物的食物后数小时之内，先喂食的早死亡，后喂食的晚死亡。已使用药物的群、栋或区间发生死亡；而未使用药物的无死亡现象。饲料分析没有可疑点。排除伪狂犬病、肉毒梭菌毒素中毒、魏氏梭菌感染和食盐中毒等。

【治疗】除少数药物外，一般无拮抗药治疗，多采用常规治疗措施。立即停喂含药日粮，喂给添加葡萄糖（0.2%～0.4%）、维生素 C、多种维生素、牛磺酸等保肝添加剂的日粮。采食时间短的可以注射催吐药物或者缓泻药物让动物排泄出来。根据中毒药物种类，采取对应的治疗措施，如敌百虫中毒可注射阿托品、解磷定等，恩诺沙星等喹诺酮类中毒可采取补钙措施等。可对症用肾上腺素（0.25 毫克）、地塞米松（0.5～1 毫升）、速尿等强心利尿药物。

【预防】用药前要仔细阅读使用说明书及注意事项，不可随意加大剂量，按说明、疗程给药。加入饲料中的药物要充分搅拌。对毛皮动物刺激性大、临床反应较重的药物慎用。熟悉药物药理病理，严格注意药物配伍情况，防止药物毒副作用增大。首次应用的药物，要做小群试验，观察 1 天，证明安全再大群应用。

【常见药物中毒】

（1）*阿维菌素/伊维菌素中毒*　阿维菌素/伊维菌素是一类新型广谱高效的大环内酯类杀虫杀螨药物。对畜禽几乎所有线虫、外寄生虫及其他节肢动物都有很强的驱杀效果，但用药剂量小（每千克体重 0.2～0.3 毫克，即 1%阿维菌素注射液每千克体重 0.02～0.03 毫升）。按中国农药毒性分级标准，阿维菌素属高毒农药，大鼠急性经口半数致死量（LD_{50}）为 10 毫克/千克，伊维菌素安全范围稍宽。对体重小的幼兽很难控制有效的治疗剂量，从而致使毛皮动物阿维菌素中毒的病例在临床上较为多见。

①临床症状：体温正常。病貉精神沉郁、共济失调、肌肉震颤、瞳孔散大、四肢呈游泳状划动，舌麻痹，呼吸急而浅。有的流口水、吐白沫，严重的出现昏迷。也有的狂躁不安，乱咬乱窜。

②病理变化：主要病变在肝肾，可见肝脏质脆、瘀血、肿大；肾脏浆膜下有针尖大小的出血点。胃内有少量黏液，胃底部有少数出血点；肠内容物增多；肺水肿，气管、支气管内有黏液。

③治疗：原则为止吐、保肝、解毒。大群用葡萄糖、复合维生素、维生素 C 粉按说明量混合饮水，胃复安按说明量拌料。病重个例注射阿托品、地塞米松，每日 2 次。

（2）*喹诺酮类中毒* 喹诺酮类是人工合成的含 4-喹诺酮基本结构，对细菌 DNA 螺旋酶具有选择性抑制作用的抗菌药物。喹诺酮按发明先后及其抗菌性能的不同，分为一、二、三、四代。一代代表药物为萘啶酸；二代代表药物为吡哌酸；平时常见到的为三代，有氟哌酸、环丙沙星、氧氟沙星、左旋氧氟沙星等，本代药物的分子中均有氟原子，因此称为氟喹诺酮；四代代表药物为加替沙星。由于具有抗菌谱广、抗菌力强、结构简单、给药方便、与其他常用抗菌药物无交叉耐药性等优点，临床使用十分广泛。随着临床耐药菌株的增多，为了提高药物疗效，任意加大药物剂量，使该类药物毒副作用（引起软骨组织损害）呈现，毛皮动物中狐狸最敏感、貉次之，水貂也有中毒案例。

①临床症状：病貉精神不佳，可见双侧后腿无力，关节轻度肿胀，有疼痛反应，严重者甚至瘫痪。因本药可进入乳汁，所以哺乳期动物可通过乳汁造成幼兽骨骼发育不良。也可引起中枢神经系统不良反应，如癫痫。

②治疗：立即停药，并以补钙和促进钙的吸收为主要的治疗原则。停止饲喂含喹诺酮类的日粮及饮水。全群日粮添加无氟磷酸氢钙、肉骨粉、葡萄糖酸钙、高钙片及维生素 AD_3 粉。也可以购买大猪骨头熬水添加到日粮中。对已经瘫痪并且废食个体肌内注射维丁胺性钙，每次 1 毫升。加强运动，多晒太阳。

（3）*磺胺类药物中毒* 磺胺类药物是一种广谱抗菌药，临床上主要用于预防和治疗感染性疾病。可以治疗巴氏杆菌、沙门氏菌、大肠杆菌、链球菌、肺炎球菌等引起疾病；此外，对弓形虫、球虫病、原虫病等也有较好效果。磺胺类药物虽然应用广泛，但在使用不合理时会发生中毒。如一次大量误用或虽是治疗量但长期使用，都会引发蓄积性中毒。

①临床症状：

急性中毒：饲喂磺胺类药物后，患兽表现出厌食、呕吐、腹泻、兴奋、昏迷等。

蓄积中毒：大剂量或连续用药超过 1 周以上的患兽，可出现食欲不振、呕吐、便秘、腹泻等，还可出现结晶尿、血尿、蛋白尿。

②病理变化：病死兽血液凝固不良；皮下、肌肉有明显出血；肝肿大、黄染；肾肿大，肾盂内有结晶或者血样液，膀胱积尿，有血色尿液；脾出血梗死或坏死；骨髓黄染。

③治疗：本病无特效解毒药，发现中毒症状时，立即停止用药。必须用抗菌药时，改用其他抗生素。投药时间短时，可采取催吐或者缓泻措施，减少药物吸收。饮水或者饲料中加入 0.2%～0.4%碳酸氢钠和 3%～5%葡萄糖让病貉采食，还可将复合维生素 B 用量增加 1 倍。不吃不喝个体，静脉注射 5%碳酸氢钠注射液，以促进磺胺药的排泄。

五、空怀

空怀指适龄母貉在交配之后没有怀孕。

【病因】

（1）未受孕　公貉精子品质较差、死精或者母貉卵子未受精、受精卵早期夭折等。

（2）繁殖技术失误　发情鉴定不准、交配质量不佳、假配、误配、无效交配、生殖系统疾病影响等。

（3）配种期间使用对受精、怀孕有影响的药物　如雌激素、孕激素、睾酮可影响精子质量；杀虫药可抑制精子生成；痢特灵等呋喃类、棉酚可抑制睾丸生精；有机砷、汞有杀精作用；氯丙嗪、红霉素、利福平、酮康唑、环丙沙星及解热止痛药可通过干扰雄性激素合成而影响精子受精能力。因此，发情配种期不得应用此类药物。

（4）*食入不良饲料* 食入发生霉变的植物性饲料（玉米、豆粕等）、变质或来源不明的肉食类饲料（毛鸡、鸡架、鸭架、死猪、死鸡等）。

【防治】无论何种原因引起的空怀，一般不再留作种用。

①日粮要做到营养全价、品质新鲜、适口性好、易于消化。腐败变质或怀疑有质量问题的饲料，绝对不能喂。饲料品种应尽可能多样化，但主要品种要相对稳定，轻易不要改动，以保证营养均衡，确保妊娠母貉的营养。

②调整体况，防止母貉过肥或过瘦。有的养殖户在毛皮动物配种前期不增加饲料中动物性蛋白的比例，仍以谷物类饲料为主，玉米面添加比例过大，种兽体质过肥，影响受配率和妊娠率；有的种兽营养较差，体质差，即使受配，由于受精卵活力低，也难以着床。

③配种前要对公兽进行检查。检查时，在触诊附睾、睾丸、阴茎的同时，要确定阴囊内睾丸的大小、致密性、位置、滑动性和有无双侧或单侧隐睾。配种期要经常驯养公兽，保持公兽较强的配种能力。

④确保母兽交配次数，初配成功后的母兽，应进行复配。

⑤搞好笼舍及环境卫生，保持圈舍安静。没有特殊情况，配种后母貉不要用药。如必须用药，则须选择对着床及胎儿无毒害作用的药物，如头孢类、青霉素类等。

⑥母貉要适当接受光照，保证维生素 D 的合成，促进其繁殖。

六、流产

流产是动物配种后，胎儿尚未发育至能存活时，以任何方式终止妊娠的现象。流产的危害很大，不仅使胎儿夭折或发育不良，而且会损害母体健康，严重的会导致不孕、不育，甚至危及母貉生命。流产在貉妊娠的不同阶段都可发生，根据流产的时间早晚，临床上常分为早期流产（配种后至妊娠 35 天之前）和晚期流产（妊娠 35 天以后至分娩前）。

【病因】 引起貉流产原因很多，常见以下几种。

（1）疾病因素　母貉感染犬瘟热病毒、伪狂犬病毒、阿留申病毒或者感染绿脓杆菌、致病性大肠杆菌、布鲁氏菌、金黄色葡萄球菌、沙门氏菌等病原，均可引起流产。

（2）药物性流产　妊娠期使用含激素类的药物、霉变饲料或者被细菌繁殖产生毒素污染的饲料，饲喂后常常引起感染发病或者毒素中毒，从而引起流产。

（3）应激因素　妊娠期内、外环境的突变都可能对貉产生强烈刺激。例如，胃肠道菌群失调等内环境的改变，饲料突变，养殖场周围放鞭炮，机器轰鸣，夜晚的异光，陌生人进入，动物的尖叫，犬、猫在群内奔跑等外环境的改变，都会给貉造成强烈的刺激，导致孕貉流产、死胎。

（4）营养因素　营养物质缺乏或者比例失调的母兽不易受孕，即使受孕也易出现死胎或弱胎、胎儿吸收。营养过剩时也会引起貉代谢紊乱，发生病理变化，引发流产。

（5）机械性流产　常常个例发生，多由于对孕兽进行抓捕、身体检查、注射、治疗等操作时，因身体挣扎扭曲而造成流产，甚至笼门狭小也会给多胎的母兽造成不便而引发流产。

【临床症状】流产的临床症状比较简单，表现食欲减退或不食、烦躁不安或精神不振、渐进性消瘦、阴门流出血液或混有脓汁的分泌物。因药物性（毒素除外）、应激、营养性及机械性刺激因素引起的流产，流产后母兽很快恢复正常。疾病因素及毒素引起的流产，流产后母兽还会表现相应疾病的临床症状。

【病理变化】很少引起死亡。剖检病死母貉可见阴道表面充血、肿胀、溃疡、化脓；子宫体肿胀，宫内有血样脓汁，子宫壁增厚，两侧子宫角肿大；卵巢肿胀、出血；感染化脓菌，还可见到子宫蓄脓及淋巴结出现化脓灶等病变。毒素引起的流产还可见肝、肾等内脏器官的变性损伤。

【诊断】根据临床症状不难作出诊断。寻找发病原因，还需要进行实验室病原分离鉴定。

【预防】根据引起貉流产的常见原因，采取针对性的措施是必要的。

（1）*加强饲养管理*　加强母兽孕期管理，根据各妊娠阶段营养需求，为母兽提供品质新鲜、营养全价、品种多样且稳定、易于消化、适口性强的日粮。切忌饲喂霉烂变质和冰冻饲料。场内、外尽量保持安静，在场外显眼处张贴明显警示标示，每日细心观察兽群的食欲、消化、活动和精神状态。减少应激条件，并在饲料中添加多种维生素、微量元素、氨基酸等、维生素 C 等添加剂，预防应激性流产发生。检查、捕捉、打针应轻拿轻放，并且拿到场外去操作等。尽量不用药物，必须用药时，一定与生产厂家确定购买的药物是否可用于孕兽。

（2）*严格卫生消毒制度* 在配种之前就开始执行严格的卫生、消毒制度。消毒可以减少环境中有害菌（病毒）的数量，达到减少疾病发生的目的。为了避免地面有害病原污染生殖道，有的养殖场将运动场地的地面上铺上网，让母兽与地面隔离，这个方案可有效减少绿脓杆菌、大肠杆菌等引起的流产。在配种前，做好母兽外阴及公貉包皮消毒工作，环境也要认真进行消毒，

【治疗】

①如发现流产征兆，可以肌内注射黄体酮 10 毫克，维生素 E 15 毫克，连用数天，至母兽稳定，征兆消失，进行保胎。

②疾病因素引起的流产，可以选择青霉素、氨苄青霉素、氟苯尼考、头孢类及恩诺沙星等药物对有继续留种价值的母兽进行治疗。有条件的可以进行实验室检查，做药敏试验，选择可用药物。

③流产后的母兽应根据其发病原因及使用价值选择继续留种或取皮。例如，感染布鲁氏菌的母兽，建议马上淘汰。

七、乳房炎

乳房炎是哺乳动物常见的一种疾病，多发于一个或几个乳腺，临诊上以红、肿、热、痛及泌乳减少为特征，是乳腺受到物理、化学刺激或遭受病原微生物的感染而发生的一种炎性变化。根据发病快慢，可分为急性乳房炎及慢性乳房炎。一旦发生乳房炎，会给养殖场带来一定经济损失。

【病因】急性乳房炎发生于仔貉吮乳损伤或乳房外伤感

染病原菌，最常见感染的病原为葡萄球菌和链球菌；此外，大肠杆菌等肠杆菌科细菌及化脓性棒状杆菌、支原体也是引起乳房炎的病原；哺乳母兽乳汁量足而胎儿数少或仔兽由于疾病全部死亡，母兽过肥脂肪包围了乳腺细胞等原因均可导致乳汁积滞。慢性乳房炎多见于老龄貉，可能与体内激素变化有关。

【临床症状】仔貉腹部松弛、塌陷，由于饥饿，常发出异常的叫声，可见发育迟缓，被毛焦乱，重者饿死。母貉表现精神不安，常在笼中徘徊，不愿进产箱喂奶，而且有的母貉常叼仔貉出入小室而不安心护理。母貉体温升高，鼻镜干燥，食欲减退，病程长者精神沉郁、体力衰弱。检查乳房可见乳房肿胀、发硬，乳房周围颜色变红，乳头发红。轻轻挤压乳头，患貉不安，挤出的乳汁颜色发黄或灰白色。

【诊断】乳房检查乳区有炎症即可确诊。

【防治】

①产箱内的垫草要保持干燥、柔软和卫生，严禁使用霉变垫料或被污染的垫草。

②母貉在产前、产后 3 天内适当减少饲喂量。生产不顺利或者产程过长的母兽，产后口服抗菌药物，或肌内注射恩诺沙星（每千克体重 5 毫克）、头孢噻呋钠（每千克体重 5 毫克）等头孢类药物，防止发生乳房炎。

③保持笼门、笼底、产箱光滑，无钉头、芒刺等尖锐物，防止划伤母貉乳房。

④对病貉可用青霉素 80 万单位、链霉素 50 万单位，混合后一次肌内注射；或者氨下青霉素每次 0.5 克，每日 2 次。根据本场用药情况，也可选用头孢噻呋钠、头孢喹肟、恩诺沙星、红霉素、氟苯尼考等药物治疗。

⑤若不能快速治愈，则应及时把仔貉寄养出去。

⑥防止母貉过肥。

⑦妊娠后期，饲料中添加蒲公英、通乳散等可预防乳房炎的发生。

⑧产前检查母貉乳房，可用手轻捏乳头，挤出乳头孔中的奶。

八、胃肠炎

胃肠炎是胃肠表层黏膜及其深层组织的炎症，分为卡他性胃肠炎、出血性胃肠炎。前者主要表现为胃肠分泌和运动机能紊乱，常出现腹泻；后者是一种胃肠黏膜与胃肠腔内相伴发生的胃肠黏膜炎症，常突然发病，治疗不及时常造成大批发病、脱水及自体中毒死亡。

【病因】

（1）*病毒性肠炎*　貉患细小病毒病、犬瘟热、阿留申病等疾病时，病貉出现胃肠炎症。

（2）*细菌性肠炎*　貉胃肠道感染大肠杆菌、沙门氏菌、肠型巴氏杆菌、魏氏梭菌等细菌导致肠道菌群发生变化，引起感染，发生炎症，甚至菌血症或败血症等。

（3）*寄生虫性肠炎*　蛔虫、钩虫、球虫、组织滴虫等肠道病原引起胃肠道损伤。

（4）*饲喂质量不好的饲料*　饲喂变质（腐败、酸败、霉变、脂肪氧化）饲料，饲料调制与饲喂方法不当、饮水不洁、圈笼舍粪尿堆积、潮湿、通气不良、保温不良等均可引起发病。营养不良、气候多变、长途运输、突然变换饲料等因素，使机体衰弱、抵抗力下降，易诱发本病。

【临床症状】胃肠炎常发病急，并伴有剧烈腹泻。粪便颜色从灰、白、绿、黄、粉红、红、黑色变化到排肠黏膜和管套状物。部分病初便秘，粪便干硬、色深暗并混有多量灰白黏液，甚至粪球全被黏液包住，成团排出。食欲减少到完全拒食，饮欲增加，精神极度疲惫，眼窝凹陷，常回顾腹部。严重脱水，迅速消瘦。

【病理变化】可见胃肠黏膜水肿、充血呈暗红色，并伴大量点状或条状出血，严重的整个肠道似血肠样。有时胃肠道黏膜下层有溃疡或坏死灶；肠系膜淋巴结水肿、出血；其他器官变化决定于原发病导致的各种病变。

【诊断】根据临床症状可作出初步诊断，必要时把病理材料送实验室检测，确定发病原因。

【治疗】

(1) 消毒　用消毒药（2～3 种轮换使用）对兽舍、环境、用具、运输工具等进行彻底消毒，死亡的及时处理（深埋或焚烧），切断传播途径。

(2) 抑（杀）菌消炎　可选择庆大霉素、硫酸黏杆菌素、硫酸新霉素、氨苄青霉素、痢菌净、复方新诺明、林可霉素、氟哌酸、小诺霉素等主要作用于胃肠道的药物抑/杀病原、消除炎症。不吃不喝的病兽可注射恩诺沙星、头孢噻呋钠、硫酸头孢喹肟等药物。

(3) 收敛止泻　饲料中添加鞣酸蛋白、白陶土、活性炭、蒙脱石等收敛止泻药，协助吸附毒素，保护胃肠黏膜等。

(4) 补液　为减轻脱水症状，可在饮水中添加口服补液盐，脱水严重的病貉可采取腹腔注射。同时可添加葡萄糖、电解多维、黄芪多糖等药物，以强心、补液、提高免疫力、降低应激等。

（5）禁食　适当禁食，可减轻腹泻症状。

（6）调整胃肠机能　疾病过后可以用稀盐酸1～2毫升/只，混入饮水中自由饮用，每天2次，连用5天。同时用苦味酊或大黄苏打片等健胃剂。停药2天后还可以在饲料中添加毛皮动物专用益生素，以平衡肠道内微生物。

【预防】 按照正确的免疫程序定期注射犬瘟热、细小病毒肠炎灭活疫苗；注意环境消毒和卫生防疫工作，每日对饮、食具进行清洗、消毒；严防动物采食腐败变质饲料；饲料中添加益生素能显著降低肠道应激反应。

九、急性胃扩张

急性胃扩张是指貉胃和十二指肠内由于大量气体、液体或食物潴留而引起胃和十二指肠上段的高度扩张。临床上以腹痛、呕吐、腹围膨大为特征。

【病因】 个别貉不知饥饱，食量过大；胃幽门痉挛；便秘或肠道阻塞；饲料腐败变质、霉变等导致食物在胃内滞留时间过长，发酵产气而造成胃急剧扩张。

【临床症状及病理变化】 病貉腹部迅速臌胀、膨大，呼吸高度困难，病貉痛苦不安、哀鸣。病貉空嚼、吐沫，继而呕吐，呕吐物为食物和胃液。剖检可见胃臌胀、膨大（彩图7-40）。

【治疗】

（1）急性病例　先胃部穿刺（胃最凸出膨大部）缓慢放气，待稍缓解后再注入或灌服药物。

（2）一般病例　根据体重灌服10～30毫升植物油及1片甲硝唑或者地美硝唑。

（3）慢性病例　下列方法任选其一：

①食醋20～30毫升或豆油30毫升，口服或胃内注射。若无效，可使用豆油30毫升、碳酸氢钠5～10克，灌服或胃内注射。

②鱼石脂1～2克，95%酒精5～10毫升，豆油10～20毫升，普鲁卡因50毫克，一次注入胃内（先将鱼石脂溶入95%的酒精中，再与豆油、普鲁卡因混合）。

③大蒜浸汁10毫升（将大蒜捣碎，用凉水浸泡后纱布过滤即大蒜汁），豆油10～20毫升，鱼石脂酒精10毫升，一次灌服或注入胃中。

十、感冒

感冒是由于气候骤变、雨淋、动物机体被寒冷侵袭等原因引起的一种急性、热性疾病，以羞明流泪、鼻流清涕、呼吸加快、体温升高等为特征，是多种疾病的诱因。

【病因】多发生在早春和秋季。体质弱、营养不良、患有慢性病等临床上亚健康的貉更易发病，动物生存环境恶劣时发病率高。气候骤变、被毛被雨淋湿、窝室保温差、贼风侵袭、从温度较高地方运输种貉到温度较低的地方等都容易导致感冒的发生。

【临床症状】主要症状为体温升高，鼻镜干燥，水样鼻液。羞明流泪，咳嗽，呼吸困难。

【治疗】主要以解热镇痛，防止继发感染为主。病初用解热镇痛药（安痛定、安乃近、氟尼辛葡甲胺、卡巴匹林钙、复方穿心莲注射液、柴胡注射液、鱼腥草注射液、板蓝根注射液）配合抗生素（氨苄青霉素、头孢噻呋钠、复方新诺明等）有较好的效果；为促进食欲，可用复合维生素 B 注射液。

【预防】掌握气温变化的信息，提前做好防范措施。提高动物整体健康水平，增强动物抗应激能力。长途运输，应在运输前喂饲一些抗应激药物。

十一、中暑

中暑是毛皮动物在烈日下或高温环境里，体内热量不能及时散发，引起机体体温调节发生障碍的一种急性疾病。中暑分日射病和热射病两个类型。

【病因】

（1）日射病　夏季，烈日长时间曝晒头颅和延脑引起全身的过热反应。遮阳板短，貉饱食后卧于笼上休息，肥胖不愿活动或动作迟缓的貉易发生此病。

（2）热射病　毛皮动物所处的外界环境温度过高，空气不流通，引起机体过热而发病。貉饲养在低矮和没有隔热层的铁瓦盖或油毡纸顶盖的棚内，小室过小，通风不良或在闷热的天气里用密闭的车船运输易患热射病。小室及兽笼离地面过低，地面是沙石或兽棚密集，或地面过于潮湿而遇炎热无风天气不易散热等情况也容易发生此病。

此外，饮水不足或完全缺水也是发生中暑的主要原因之一。

【临床症状】貉中暑后体温显著升高，可视黏膜潮红，鼻镜干燥，剧渴。初发病时表现急躁不安，后卧入小室内或兽笼上，后躯麻痹、张口直喘并发出刺耳的叫声。随着病情的发展出现精神沉郁，头部震颤，摇晃，走路不稳，口吐白沫或呕吐，昏迷，全身痉挛死亡。中暑多发于每天的12：00—18：00，有的急性死亡，往往有50%的病貉死于中暑后2～3天内，有的死前食欲很好。如果及时救治，可以痊愈。

【诊断】根据气温高，貉口渴、剧喘、尖叫，发病时间（12：00—18：00）和笼舍位置，（西侧或南侧比东侧或北侧，上层比下层严重）等发病特点，可以作出诊断。

【治疗】立即将病貉移至阴凉通风处或空调室中，并给予物理降温。重症者迅速降温，头部敷冰块，静脉注射复方氯丙嗪，有心力衰竭病例时应快速注射洋地黄；脑水肿病例除降温外，应注射速尿和糖皮质激素（肾上腺素）；胃肠臌气可进行穿刺，以缓解压力和心脏负担。纠正水、电解质平衡。防治并发症，控制感染。夏秋高温季节，貉场要采取防暑降温措施。

十二、结膜炎

结膜炎是结膜表面或实质的炎症，为最常见的一种眼病。一般分为卡他性、化脓性及急性和慢性结膜炎。但一般无严格区分，卡他性结膜炎可转化为化脓性结膜炎且常波及角膜而形成溃疡。慢性结膜炎常由急性结膜炎转化而来。

【病因】貉眼结膜受到机械性、化学性及紫外线刺激而发炎。或为某些传染性疾病的一种症状，如犬瘟热、支原体病、衣原体病、真菌病、葡萄球菌病、链球菌病、肺炎双球菌病、流感杆菌感染等。

【临床症状】病貉眼睑肿胀，畏光，结膜充血、潮红，眼睛流泪。根据发病时间及感染严重性，可见浆液性、黏膜性、脓性分泌物。严重时，脓性分泌物导致眼睑闭合并侵害角膜而引起角膜炎。

【诊断】依据临床主要症状可确诊。

【治疗】3%硼酸或0.1%雷佛奴尔清洗，然后涂氯霉素眼药膏，每日2次。根据购买难易程度也可以选择其他眼药水、眼药膏交替点眼。

【预防】避免强光直射眼睛。防止灰尘或者刺激性气体侵害眼睛。某些传染病导致结膜炎时，应及早治疗。

十三、白鼻子症

白鼻子症是营养素缺乏导致的以鼻镜色素逐渐退化（粉色或白色）为特征的一种疾病。常伴有食欲不振、趾（指）甲长而弯曲、生长发育缓慢。多数是由于生长中多种维生素、矿物质、氨基酸和微量元素等缺乏或比例不平衡所致。

【病因】本病是由于营养代谢失衡而引起的综合性营养代谢障碍疾病；因某些维生素或微量元素供给不足或不平衡而引起的营养缺乏症；根据发病初期补铜有效和白鼻头病程较长的心脏扩张、心肌变性，认为与铜缺乏有关。其原理是缺铜能导致酪氨酸酶活力降低，使酪氨酸转化为黑色素的过程受阻，因而皮肤色泽减退。经常使用抗生素造成菌群失调，肠道功能紊乱，引起吸收障碍。

【临床症状】表现部位不同，症状不同。

（1）鼻镜　出现红点→红斑→变成白点→逐渐连成一片→鼻端全白（彩图7-41）。

（2）脚垫部位　脚垫发白、增厚、开裂、疼痛，站立困难，个别发生溃疡。

（3）趾爪　异常生长，变长、弯曲，深红色或暗红色，常伴有食欲减少，逐渐消瘦，发育受阻。

（4）四肢　肌肉干瘪、萎缩，发育不良。肢部被毛短而稀少，皮肤出现皮屑，毛易断、无光。

【病理变化】心室扩张，心脏表面有散在的坏死灶。

【诊断】依据临床主要症状可确诊。

【治疗】调整饲料品种结构，合理搭配日粮。平时少用药，添加益生素，调整胃肠功能，提高消化吸收能力。添加高铜日粮，硫酸铜 50～100 毫克/千克，复合维生素 B 2～5 克，一次性喂饲，每日 2 次。抗真菌，感染部位喷丁克、达克宁等抗真菌药物。也可添加灰黄霉素、克霉唑、酮康唑等抗真菌药。

【预防】育成期貉，应于饲料中添加该时期专用营养素。饲料中铁和锌过高时，要考虑补铜。

十四、食毛症

食毛症是由于含硫氨基酸缺乏或某些维生素（B 族维生素）缺乏而引起的以动物啃咬自身被毛为特征的一种营养代谢性疾病。水貂易发生食毛，其次为狐，貉也有发生。

【临床症状】病貉啃咬身体各部位能够咬到的毛，多数部位在尾部、背侧和腹侧面，有的还异嗜。

【治疗】复合氨基酸按说明拌料。或者蛋氨酸 1.0 克，生石膏粉 2.0 克，复合维生素 B 1.0 克，混匀后喂饲。每日 1～2 次，连用 10 天。

十五、石灰爪病

石灰爪病是由于营养素缺乏及足部真菌感染导致的以爪子肿大、变白为特征的一种临床症状。常见渐进性食欲不振，生长发育缓慢。多数是由于生长期日粮营养不均衡所致。

【病因】本病是由于营养缺乏和失调，例如日粮中能量含量过高而蛋白质含量偏低，而引起的营养代谢障碍疾病。食欲降低导致营养失衡，继发真菌感染。肠道功能紊乱，引起吸收障碍。

【临床症状】病貉生长发育受阻，被毛粗乱，渐进性消瘦（彩图 7－42），采食量渐进性减少，粪便无异常。主要见肢和体表上皮细胞角化，呈鳞屑状脱落。四个爪子肿大、发白，爪垫增生、变厚、发硬（彩图 7－43）、干裂、出血等，严重的爪呈石灰样变性。

【病理变化】机体消瘦，其他脏器常无眼观病变。

【诊断】依据临床主要症状可确诊。

【防治】

①调整饲料品种结构，合理搭配各种营养。平时少用药，添加益生素，调整胃肠功能，提高消化吸收能力。

②添加多种维生素及氨基酸，可以选择 2～3 个知名品牌添加剂混合使用。

③抗真菌。足部清洗，外喷丁克、达克宁等抗真菌药物。也可同时内服灰黄霉素、克霉唑、酮康唑等抗真菌药。

④预防主要是加强环境卫生消毒工作，加强育成期貉的饲养管理，合理搭配日粮。

第三节　疾病防控原则及主要技术措施

一、貉传染性疾病防控原则及主要技术措施

貉传染病是指由病毒、细菌、支原体及真菌等病原体和寄生虫感染貉体后所产生的具有传染性的疾病。传染病具有传染性及流行性，对貉养殖生产危害巨大，因此，其防治工作很重要。貉传染病的发生需要传染源、传播途径及易感貉群三个必要条件，缺一不可，因此，貉传染病的防治原则也是从这三个方面有针对性地采取措施。

（一）消灭、控制传染源

①病貉是最重要的传染源，对传染性病貉要坚持“四早”，即早发现、早诊断、早隔离、早治疗。大多数传染病在发病早期传染性最强，因此发现越早，就越能迅速采取有效措施消除疫源地。对病貉的及时诊断，可以使病貉得到早期隔离、早期治疗，有效地防止疫情进一步扩大，还可以防止病貉转变为病原携带者。

②病死貉及其排泄物需做好无害化处理。传染病死貉及其排泄物常携带大量传染源，尸体必须按照《病害动物和病害动物产品生物安全处理规程》和《病死动物无害化处理技术规范》执行，通过高温、高压、深埋、化制等方法进行无害化处理。

③从其他场引种或调入种兽时要进行检疫。检疫合格个体，应隔离观察 1 个月以上，确实健康无病时方可合群，防止将带毒貉或者潜伏感染貉引进貉场。

（二）切断传播途径

1. 人员控制 进入养殖场的所有人员都是潜在的病原携带者。非生产人员不得进入生产区。生产人员进入生产区前，要在消毒室更换消毒的工作服、胶靴，洗手后经消毒池方可进入车间。种兽场要求更严格，进入生产区时，应经彻底淋浴，换上消毒后的生产区专用衣服及工作服、胶靴，经消毒池进入生产区。

2. 饲养用工具和车辆控制 养殖场中工具应做到专场专用，保持清洁卫生。定期对场中的工具进行消毒，如料车、食槽、水槽/饮水器、捕兽器具等。门口设消毒池，消毒池内消毒液要定期更换，保持有效。消毒液深度要求浸没轮胎的1/3。外来车辆不得进入生产区，进入生活区也必须经过严格清洁消毒，特别是车辆的挡泥板、底盘、驾驶室等。外来购兽车辆一律禁止进入生产区，装兽用笼具必须严格消毒（火焰、喷雾等）后方可进入生产区，并设专人执行和检查验收。

3. 饲料的控制 饲料要保证质量，严格防止病原污染或其他啮齿类动物的污染。采购肉类或鱼类饲料时严把质量关，防止潜在的共患传染病。严禁饲喂病死猪、牛、羊、兔、家禽等尸体。对来路不明的饲料原料，一定要追查死亡根源。近几年，毛皮动物伪狂犬病、水貂病毒性脑炎、布鲁氏菌病、大肠杆菌病、沙门氏菌性流产等共患病的发生，多数都是原料把关不严引起的。

4. 动物的控制 养殖场的犬、猫、老鼠等啮齿类动物以及家畜、家禽，是病原微生物的携带者或传播者，严禁混入，更不能混养。麻雀等野鸟和迁徙鸟类也是许多病原的携带者或传播者，尤其是林下养殖的场区应严格防控鸟类传播疫情。不要把展览动物及样品动物运回养殖场，更不能马上合群，防止带来的外源病原感染兽群发病。

5. 垫料控制 未经允许不准给毛皮动物私自使用垫料，要在兽医了解垫料情况后选择性使用。近几年，因垫料不安全而造成毛皮动物皮肤病、霉菌毒素中毒等的案例不在少数。

6. 搞好场内卫生、消毒 保持场内、舍内清洁卫生，温度、湿度、通风、光照适当，避免各种逆境因素。料槽、水槽定期洗刷消毒，及时清理垫料和粪便，减少氨气产生。粪便应堆积指定地点生物发酵，防止通过垫料和粪便传播病原微生物及寄生虫。引进动物前，毛皮动物出售、分窝转群后，笼舍及用具要进行消毒、药物喷洒、熏蒸或火焰喷射彻底消毒。场内道路、空地、饲料间都要定期消毒。

（三）保护易感貉群

对某种传染病而言，未做免疫的貉群都是该病易感群，可采取免疫预防、药物预防及定期驱虫等方法进行保护。犬瘟热、细小病毒性肠炎、病毒性脑炎、绿脓杆菌病、肉毒梭菌中毒有商品化疫苗，可以根据当地及本场疫病流行情况选择是否进行免疫。根据母源抗体消长规律，仔貉45～50日龄时，肌内注射免疫犬瘟热冻干活疫苗1头份，55～60日龄肌内注射细小病毒性肠炎灭活疫苗3毫升，也可以在仔貉45～50日龄时进行犬瘟热、肠炎一针免疫；病毒性脑炎活疫苗在犬瘟热免疫后半月进行；肉毒梭菌及绿脓杆菌病苗根据貉场需求进行免疫；冬季，留种兽配种前 1 个月进行加强免疫，每只 1 头份。其他传染性疾病都没有商品化疫苗，需要通过药物预防及貉场采取生物安全措施进行控制。

毛皮动物传染病预防主要技术措施：①搞好貉场生物安全措施；②制订合理免疫程序；③制订合理投药驱虫程序，并严格执行。

二、貉非传染性疾病防控关键技术

非传染性疾病不是由特定病原微生物引起，而是由饲养管理过程中工作失误造成的对动物的不良伤害，包括维生素、微量元素、矿物质、蛋白质、能量等营养物质缺乏或者过量造成的营养性疾病、代谢性疾病，寒冷、燥热等恶劣气候造成的环境应激病，饲料霉变、药物过量等造成的中毒病，养殖管理技术不过关造成的空怀、流产等。非传染病虽然没有传染性，对某个区域或整个行业危害不大，但对某个养殖场来说，一旦发生，也会造成不可估量的损失，不得不防。

（一）加强环境管理

1. 选好场址　貉场应建在地势高燥、阳光充足、通风良好的地方。

2. 仔貉保温　刚出生仔貉皮薄毛少容易冻死，产前5 天要做好产仔箱保暖措施，如塑料布、棉被、纸壳、麻袋片等遮盖，或将动物转入室内。

3. 夏季防暑　毛皮动物怕热，夏季要做好防暑降温措施，如搭遮阳棚、植树（不能太密）、加隔热层、提供风扇、棚顶滴水等。

4. 加强卫生管理 及时清除粪便，防止氨气等有害气体刺激呼吸道，引发疾病。

（二）加强饲料管理

根据貉各阶段生产发育及生产的营养需求，给貉提供新鲜、全价、营养均衡的全价日粮。自配料要认真选择各种原料质量，根据日粮营养需求及原料营养含量合理搭配，要保证各种维生素、微量元素、氨基酸及能量达到日粮需求，不能缺乏，也不能过量；如果选择商品全价料，不能只看价格，一定选择高质量饲料，防止出现营养缺乏症或者营养代谢病。饲料一定要新鲜，变质饲料不能饲喂，防止食物中毒。

（三）加强兽医管理

若不能为每个场配备兽医人员，则要求养殖场管理者熟悉兽医管理制度。一旦发现貉群出现异常，一定要咨询兽医意见，严格按照兽医指导意见进行防疫、用药，不能随意更改药物剂量及药物配伍，防止药物中毒等异常情况。

（四）减少应激

貉生长过程中需要安静、舒适的生活条件，各种应激条件均可能造成貉行为异常，如叼仔、食仔、自咬、流产等。

（五）加强养殖技术学习培训

貉饲养过程中，各生长阶段都非常关键，管理技术要点各不相同，饲养管理人员要加强良种选育、体况调整、遗传配种等关键技术的学习培训，减少空怀等普通病发生。

总之，非传染性疾病病因复杂且经常发生，往往不被人们所重视，俗话说细节决定成败，非传染性疫病的发生常常就是管理不细致引起的，因此，该类疾病的防控关键就是养貉生产的精细化管理。

第八章 貉皮加工关键技术

貉的主要经济产品是毛皮。貉皮是制裘的原料皮，又称狗獾皮。皮的大小像狐皮，背部毛呈棕黑色或略带橘黄色，脊线夹杂黑色条纹。貉皮是珍贵的大毛细皮，貉皮及貉绒皮具有坚韧耐磨、柔软轻便、保温美观等优点，是制作大衣、皮领、帽子和皮褥等裘制品的优质原料。貉皮的针毛富有弹性，貉针毛和尾毛是制造高级化妆用毛刷、胡须刷和毛笔等的原料。貉皮产品保暖性能好，华贵美观，深受国内外消费者喜爱。

貉皮加工是一项技术性非常强的工作，加工工艺直接影响产品性能和档次；另外，貉副产品如胴体、貉油和粪也是具有很高经济价值的产品。本章主要介绍貉取皮、初加工技术以及影响毛皮质量的关键加工技术。

第一节 取　皮

一、取皮时间

根据貉及其毛皮生长发育规律和生产实践中褪黑激素使用情况，一般将貉的取皮时间划分为三个阶段，第一阶段是在 11 中下旬至 12 月中旬，一般来讲，这个阶段貉处于大群成熟阶段，所以每年的这个时期是貉的最佳取皮期。第二阶段是在配种结束后，淘汰的种貉取皮。第三阶段是植入褪黑激素的貉取皮。由于养殖区域所处地理位置、当地气候条件、饲养水平对貉毛皮的成熟情况有影响，具体取皮时间还要根据个体毛皮发育成熟程度而定。

成年貉一般早于幼貉，健康貉早于体弱消瘦貉，患病或营养不良貉的毛绒成熟最晚，应注意区分甄别。取皮时间应由个体而定，成熟一只取一只，成熟一批取一批，不能图省事而一刀切。毛皮尚未成熟的貉，一定要等成熟后再取，取皮过早或过晚都会影响毛皮质量和经济价值。此外，要获得质量好的毛皮，除了准确掌握取皮时间外，还要注意观察、鉴定毛皮的成熟程度。

鉴定毛皮成熟程度，有以下几种方式。

1. 观察毛绒　毛皮成熟的标志是全身毛峰长齐，因为貉的冬毛生长和成熟最迟的部位是臀部，所以应重点注意观察臀部毛绒。若臀部毛绒长齐，底绒丰厚，具有光泽，尾毛蓬松，则标志着全身毛绒成熟，可以屠宰试剥。

2. 试剥鉴定　对于大规模的屠宰取皮，还要进行试剥鉴定，以确保貉皮处于最佳收获期。主要通过观察皮肤进行鉴定，选择有代表性的貉，进行鉴定性剥皮。将貉抓住，用嘴吹开毛绒，观察皮肤颜色，毛绒成熟的皮肤呈白色或灰白色（也有呈粉红色的）；然后试剥皮板，如整张的板面都呈乳白色，仅尾尖略带有青黑色，则认为毛皮已经完全成熟，可以全群取皮。

二、处死方法

国家林业局发布的《貂、狐、貉繁育利用规范》（LY/

T 2689—2016)（以下简称《规范》）指出，貉的处死应采用安全、环保的方法，避免在出现激动、惊吓、痛苦的情况下实施，也应避免对其他貉的干扰，防止其他貉受到惊吓。所以生产实践中，貉的屠宰处死均应符合动物福利和人道精神，即采用适当方式处死貉后，再行剥皮。应遵循操作简便，处死速度快，不损伤污染被毛，动物无应激反应、惊吓和痛苦的行为原则。

药物致死、窒息和电击法是我国目前比较通用且符合《规范》的方法，而折颈、砍杀和棍击法既污染损害貉的毛皮产品，又对貉伤害比较大，不符合动物福利要求，严禁使用。本书主要介绍这些常用的处死方法。

1. 药物处死法 常用药物为横纹肌松弛药司可林（氯化琥珀胆碱），它可以阻断神经传导信号，通过刺激迷走神经而引起心跳减速，最终导致貉死亡。按照每千克体重0.75～1毫克的剂量，经皮下注射或肌内注射，貉在3～5分钟内即可死亡。药物致死法的优点是死亡时貉无痛苦和挣扎，不损伤和污染毛皮，残存在体内的药物无毒性，不影响屠体再利用。药品使用者及使用单位应严格加强药品管理，确保用药安全。

2. 电击法 电击法是指通过电流导致貉的心脏产生纤维性颤动，从而使貉因大脑血氧不足而死。最小电压110伏，最小电流0.3安，最短时间3秒，将电源两极分别接入貉的口腔与肛门，接通电源施以电击，貉立刻失去知觉而死亡，再行放血致死，以减少貉的痛苦。这是目前常用处死貉的取皮方法（民间称“打貉”），操作简单，避免了使用化学试剂的残留与污染问题，费用低廉。但是要防止操作人员触电，电击设备应在保证安全的条件下，由专业人员进行操作。

3. 窒息法 将貉放入密闭箱内，盖紧箱盖，然后用胶管将二氧化碳（CO_2）或一氧化碳（CO）通入箱内，经3～5分钟后貉在缺氧环境下昏睡死亡。

CO与貉体内的血红素结合，阻碍O_2与红细胞的结合，造成机体缺氧而死。其优点是CO的体积分数只需4%～6%就可使动物迅速死亡。缺点是CO为有毒气体，也是可燃气体，当CO体积分数超过10%时遇明火会引起爆炸。

密闭气室内CO_2体积分数达到70%以上时，会导致貉的红细胞携氧量下降，随后貉会由于血氧不足而失去知觉，在3～5分钟内即停止呼吸而死亡。这种方法的处死速度相对较快，动物无痛苦，符合动物福利的要求；缺点是个别动物对CO_2有较强的耐受力，不易窒息。

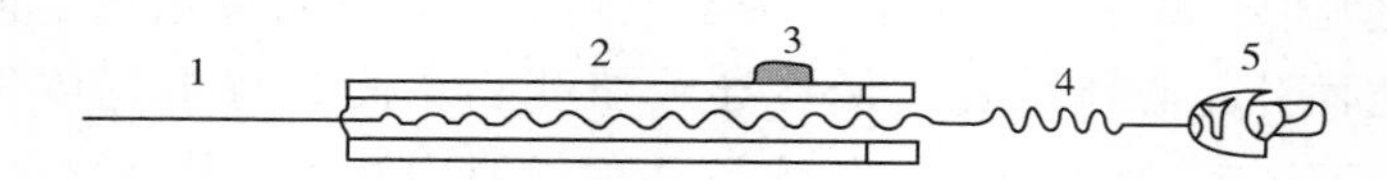

图8-1 貉电击处死棒

1. 金属棒 2. 绝缘棒 3. 开关 4. 导线（接220伏火线） 5. 插头

（引自白秀娟，2007）

4. 注入空气法 一人将貉仰卧保定，另一人用左手摸准心脏位置（胸骨柄下第2～3根肋间），右手将注射针头扎入心脏，深1.5厘米，见到回血时用注射器向心脏内注射空气10～20毫升，之后貉会因为血栓堵塞而致死。这种方法省力，但要求操作人具备熟练的操作技能，能迅速准确地把针头刺入心脏。

以上几种方法，以电击法效率较高，一次可窒死多只貉，适合规模化貉的养殖企业采用。对于小型养殖户来说，前三种方简单易行，被普遍采用。

三、剥皮

剥皮操作前，应进行检验，确保貉生命体征消失后，再进行剥皮操作。在确定貉死亡 30 分钟后进行，严禁在其尚未彻底死亡的情况下剥皮。当然貉死亡后的尸体也不要长时间放置，在貉确定死亡 30 分钟后、其尸体尚有一定温度时迅速将貉皮剥下，以防细菌滋生而影响毛皮质量。否则易导致貉皮受焖而掉毛，或因貉尸体发生尸僵冷凉而致使剥皮困难。一般采用圆筒式剥皮法，剥皮时应保持皮张完整，包括头、耳、尾和四肢（部分个体须从掌腕部去掉）。嘴、眼和鼻等是貉的自然孔眼，剥皮时应采取相应措施，使其不受损伤。貉皮的剥取，直接关系到毛皮质量和售价。因此，必须要严格按照规程操作，不可随意处置。

其具体的操作规程如下：

1. 开裆 或称挑裆。开裆前，先将锯末等揉擦在貉的尸体上，然后适当搓拭，再用毛刷轻轻梳刷，除掉锯末，清洗掉尸体上的粪土、泥沙、血污及其他一些脏污。洗净后将貉的尸体后腿提起，开始开裆。首先，用剪刀从貉的后肢跗关节处下刀，沿其股内侧，长短毛交界处挑至肛门前缘，横过肛门，再挑至另一侧后肢跗关节处，最后由肛门后缘中央沿尾腹面的中央挑至肛门后缘，再将肛门两侧的皮肤挑开（图 8－2）。

2. 去腿 去掉前、后肢的指（趾）爪部。

3. 剥皮 将貉的两后肢挂在剥皮钩上固定住，从后向前翻剥。剥皮要求将手指插入貉的皮肤和肌肉之间，借助剪刀等工具的力量用手指扳抠，使皮肤和肌肉分离。剥皮从后

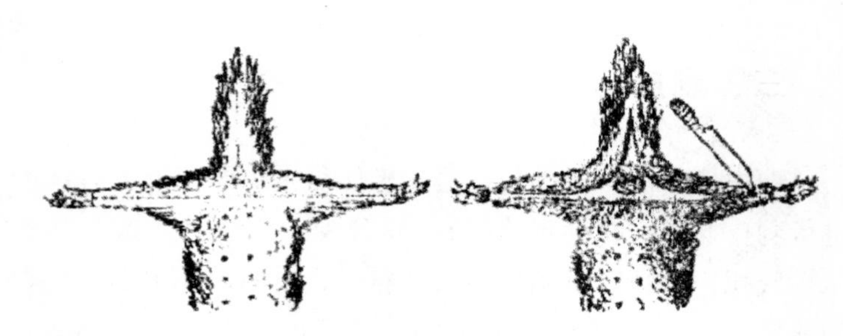

图 8-2 貉取皮开裆尾示意图
（引自白秀娟，2007）

肢臀部开始，然后从臀部向头部做筒状翻剥，剥至公貉生殖器官时，将尿道与皮肤连接处剪断，直到剥至前肢。前肢剥成筒状，于腋下顺前肢内侧分别挑开 3～4 厘米，将前足完全由开口处翻出。剥到头部时，要特别小心，一定要保持耳、眼、鼻、唇部完整地保留到皮板上，在这些部位要用剪刀剪断皮肤和肌肉的连接处。注意不要把耳、眼孔割大。同时，为了避免油脂、残血污染毛皮，剥皮时，手和皮板上要撒些锯末或麸皮。

第二节 皮张加工关键技术

貉的毛皮原料皮常常是脏而油腻的，上面往往带有不利于皮张加工的头、腿、尾等，有可能还带有泥沙、血污、肉渣、油脂以及原料皮贮存过程中所添加的防腐剂等，所有这些阻碍毛皮加工的东西均应除去。对原料皮进行一系列机械和化学的处理，再经鞣制工序处理生皮，使生皮性能发生根本性变化的过程，就是毛皮加工过程。也就是说，毛皮加工包括原料皮初加工、鞣前准备过程和鞣制过程。

一、毛皮初加工

毛皮的初加工工艺主要包括脱脂（或称刮油）、洗皮、上楦、干燥及洗皮、防腐贮存等过程。原料皮的初加工工艺、贮存方法与毛皮品质有很大关系，所以一定要重视这一环节的操作。

1. 刮油 貉子的鲜皮上经常附着有油脂、血迹和残肉等，这些物质均不利于对原料皮的晾晒、保管，易使皮板油渍和透油，影响后期生皮的鞣制、染色，所以必须除掉，称刮油或脱脂。为避免因透毛、刮破、刀洞等伤残而降低皮张等级，刮油过程必须注意以下几点。

①为了刮油顺利，应在鲜皮皮板干燥前就进行刮油；如果是干皮，需经过充分的水浸之后才能进行刮油。

②刮油的工具一般采用木板或钝铲、钝刀，也可用刮油刀或电工刀。

③刮油的方向应从尾根和后肢部向头部的方向刮。

④刮油时必须将皮板平铺在木楦上或套在胶皮管上，将皮板撑开，不要使皮有皱褶，避免由于皮板有皱褶而刮伤真皮层。

⑤头部和边缘的油不易刮净，可用剪刀剪除。

⑥刮油时持刀一定要平稳，用力均匀，不要过猛，边刮边用锯末或麸皮搓洗皮板和手指，以防止油脂污染被毛，大型饲养场可用刮油机刮油。

刮油最好是在鲜皮状态进行，用钝刀或刮油机时，需细心操作，以刮净油、肉和皮下疏松结缔组织，不损伤皮板、不污染毛被为原则。剥皮后的胴体应进行无害化处理或资源化利用。

2. 洗皮

（1）*少量洗皮*　刮油后，用小米粒大小的硬质锯末或粉碎的玉米芯搓洗皮张。先搓洗皮板上的附油，再将皮板翻过来搓洗毛被，以达到毛绒清洁、柔和、有光泽的目的。洗皮用的锯末或麸皮一律要过筛，筛去过细的锯末或麸皮，因为太细的锯末或麸皮易粘在皮板或毛绒里，影响毛皮质量。

（2）*大量洗皮*　应采用脱脂锯末在转鼓内进行，先洗皮板再洗毛被，最后在转笼内脱去锯末，转鼓和转笼速度18～20转/分钟，分别运转5～10分钟。即先将皮板朝外，放进装有锯末的转鼓里，转几分钟后将皮取出，翻皮筒，使毛朝外，再次放进转鼓里洗皮。为了抖掉锯末和尘屑，再将洗完后的毛皮放进转笼里。

3. 上楦　洗皮后要及时上楦和干燥。其目的是使原料皮按商品规格要求整形，防止干燥时因收缩和折叠而造成发霉、压折、掉毛和裂痕等情况而损伤毛皮。貉皮楦板要符合国际标准规格（图8-3）。

上楦前先用纸条缠在楦板上或做成纸筒套在楦板上，然后将洗好的貉皮套在楦板上，先拉两前腿调正，将两前腿顺着腿筒翻入胸内侧，使露出的腿口与腹部毛平齐，然后翻转楦板，使皮张背面向上，拉两耳，摆正头部，使头部尽量伸展，最后拉臀部，加以固定。用两拇指从尾根部开始依次横拉尾的皮面，折成许多横的皱褶，直至尾尖。使尾变成原来的2/3或1/2，或者再短些，尽量将尾部拉宽、固定。尾及皮张边缘用图钉或铁网固定。也可以一次性毛朝外上楦，亦可先毛朝里上楦，干至六七成后再将毛皮翻过来，毛朝外上楦至毛干燥。

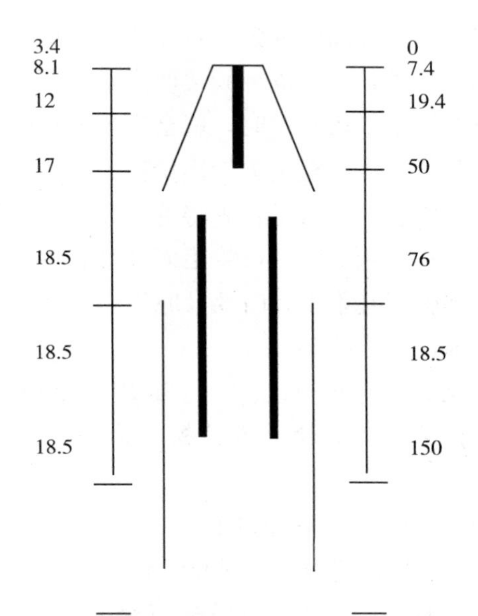

图 8-3　新型貉皮楦板规格（单位：厘米）
（引自 LY/T 2689—2016）

4. 干燥及洗皮　貉鲜皮含蛋白质和水分，非常有利于细菌的滋生与繁殖。貉的毛皮若遭受腐败性细菌的侵蚀，则将导致貉皮掉毛、腐烂或焖板，为此必须对貉皮进行干燥、防腐处理。

大型貉场，一般采取风干机给风干燥法，将上好楦板的皮张分层放置于风干机的吹风烘干架上，将貉皮嘴套入风气嘴，让空气进入皮筒即可。干燥室温度控制在 18～25℃（温度不可过高，最高不超过 28℃），相对湿度为 55%～65%，每分钟每个气嘴喷出空气 0.29～0.36 米^3，12～24 小时即可风干。小型加工厂或专业户可适当提高室温采取通风自然干燥法。

干燥皮张时切忌高温或强烈日光照射，更不能让皮张靠近热源，如火炉等，以免皮板胶化而影响后期的鞣制和利用价值。另外，如果干燥不及时，就会出现焖板脱毛现象，使皮张质量严重下降，甚至失去使用价值。

防止焖板脱毛的方法是：先将毛面朝里、皮板朝外，上楦干燥，待干至五六成时，再将毛面外翻、皮板朝里进行干燥。当四肢和腋部基本干燥时要及时下楦，下楦后的毛皮要放在干燥室内进一步晾干。

皮张干燥后，要进行洗皮。一般用锯末或麸皮洗去灰尘和脏物，然后梳毛，使毛绒蓬松、柔润、美观，以备贮存、出售。

5. 貉皮分级 经初步加工的貉皮在入库之前，应该进行初步验收，然后鉴定分级，才能入库贮存。主要通过检查貉皮的皮形、毛绒、色泽、板质和面积等来鉴定貉皮等级。一般将貉皮分为以下四个级别。

（1）*一级皮* 毛绒丰满充足，皮形完整，针毛齐全，绒毛清晰，毛被色泽光润，毛皮板质优良，无伤残。

（2）*二级皮* 正季节皮，皮形完整，毛绒略空疏，针毛齐全，绒毛清晰，板质良好，无伤残；或具有一级皮质量，带有下列伤残之一：①下颌和腹部毛绒空疏，两肋或后臀部略显擦伤、擦针；②自咬伤、疤痕和破洞，面积不超过13.0厘米^2；③破口长度不超过7.6厘米；④轻微流针飞绒；⑤撑拉过大。

（3）*三级皮* 皮形完整，毛绒空疏或短薄；或具有一、二级品质，但带有下列伤残之一者：①刀伤、破洞总面积不超过26.0厘米^2；②破口长度不超过15.2厘米；③两肋或臀部毛绒擦伤较重；④腹部无毛或较重塌脖。

（4）次级皮　不符合一、二、三级标准的貉皮为次级皮张。

6. 貉皮包装、贮存保管　经过初加工后的貉生皮称为原料皮，在转入下一步的深加工工序之前，经过原料皮分级后，应入库贮存。各种鲜皮经干燥防腐处理后，虽能存放较长时间，但在贮藏期间，若保存不当，也会造成原料皮的损伤，引起原料皮质量下降。因此，了解和掌握原料皮的贮存及其环境控制因素，对保证原料皮及成品质量具有重要意义。

干燥好的皮张应及时下楦。下楦后的皮张易出现皱褶，被毛不平，影响貉皮美观，因此下楦后需要用锯末再次洗皮，用转笼除尘（也可以用小木条抽打除尘）。然后梳毛，使毛绒蓬松、灵活、美观，可用密齿小铁梳轻轻将小范围缠结的毛梳开。梳毛时动作一定要柔和，用力梳会梳掉针毛，最后用毛刷或干净毛巾擦净。

下楦后的毛皮还需要在风干室内至少再吊挂 24 小时，使其继续干燥。干燥好的皮张要在暗光房间内后贮存 5～7 天，然后出售。贮存条件为温度 5～10℃、相对湿度为 65%～70%，每小时通风 2～5 次。然后将彻底干燥好的皮张转入仓库。

貉皮仓库要坚固，屋顶不能漏雨，无鼠洞和蚁洞，墙壁隔热防潮，通风良好。库内温度要求不低于 5℃，不高于 25℃，相对湿度 60%～70%。为了防止原料皮张在仓库内贮存时发霉和发生虫害，入库前要进行严格检查。严禁湿皮和生虫的原料皮进入库内，如发现湿皮，要及时晾晒，生虫皮须经药物处理后方能入库。

入库后的皮张还要进行分类堆放。将同一种类、同一尺寸的皮张放在一堆。堆与堆、堆与墙、堆与地面之间应保持一定空隙，以利于通风、散热、防潮和检查。堆与堆之间至少留出 30 厘米的距离，堆与地面的距离为 15 厘米。库内要放置防虫、防鼠药物。对库内的皮张要经常检查，检查皮张是否返潮、发霉（这样的皮张表现为皮板和毛被上产生白色或绿色的霉菌，并带有霉味）。库房内应有通风、防潮设备。

干燥好的皮张可以装箱（用来盛装貉皮的箱子，必须是硬质材料制成，可用硬纸壳、木板、竹板制作，长度不应低于貉皮的自然长度，不能用软包装盛装），装箱时要求平展不得折叠，忌摩擦、挤压和撕扯。要毛对毛、板对板地堆码，并在箱中放一定量的防腐剂。每 10 张、50 张或 100 张捆成 1 捆，每捆要扎 2 道绳。最后在包装箱上标明貉的品种、毛皮等级、色型和数量。

7. 运输　原料皮经过检疫、消毒后可以装车、运输，但应注意雨雪天气不宜运输；车辆保持干燥、清洁，并且避免过高温度；搬运装卸时，要稳抬稳放，并尽量保持库存时的形状，不要折叠皮张。

二、鞣前准备

貉皮是制裘原料。初加工后的貉皮（生皮）必须经过鞣制（熟制）后才能成为洁白、柔软、美观、富有弹性、保暖性好的裘皮。貉皮的鞣制包括鞣前准备、鞣制和鞣后整理工序。首先介绍鞣前准备工序：貉皮鞣制前，需将生皮软化，恢复鲜皮状态，除去与制裘无关、无用的物质，即鞣前准备工序。准备工序的任务是在保持皮板和毛被完整性、不受损害的情况下，除去貉皮上的脏物和无用的组织物，如油脂、肉渣及污物、皮下组织、脂肪和部分蛋白质，适度松散真皮层纤维结构，为后续的鞣制加工做好准备。鞣前准备工序主要包括分路、清理、浸水、去肉、脱脂、酶软化、浸酸等工序。

（一）分路、清理

貉皮原料皮的品种繁多，各品种之间的品质差异极大，即使是同一品种的原料皮，也存在路份、季节、新陈、老嫩、油脂含量和毛被特征（等级、面积、皮板厚度、毛绒长度、粗细度、疏密度、颜色、皮板油脂含量、脱水程度）等差别而进行挑选分路（又称“组批”），组织生产皮张。分路的目的是挑选出没有加工价值的貉皮，另行处理；缩小整批原料皮差别，便于生产过程控制，得到品质均匀的产品。

（二）浸水

浸水操作对裘皮质量影响很大，必须严格执行操作方法。其目的就是要使毛皮吸水、软化而尽量恢复到鲜皮状态，即补足原料皮中失去的水分，使其含水量达到与鲜皮相同的程度，同时将附着在貉皮上的污物完全除去；初步溶解生皮中的可溶性蛋白质，如白蛋白、球蛋白等。

浸水一般分两次进行。第一次浸水时要先洗去生皮上所附带的污物和细菌，使原皮基本回鲜，故应加入杀菌剂、润湿剂，以及能促进回湿和抑制细菌繁殖的食盐。第二次浸水则要求在充分回鲜的同时，尽量除掉皮板中的可溶性蛋白成分，应根据生皮状态添加浸水助剂，必要时可加入 0.5～1.0 克/升的甲醛以抑制细菌的滋生和固毛。第二次浸水时，可选用具有脱脂效果的浸水助剂，既简化脱脂工序，又可避免由于过长的浸水周期而可能引起的掉毛、溜毛现象。鲜貉皮浸水 6～8 小时，干皮浸水 12～20 小时。浸水的程度要达到皮板适度柔软，基本恢复鲜皮状态。

1. 影响浸水效果的因素

（1）*原料皮状态* 毛皮的种类、大小、厚薄、脏污和陈化程度、油脂含量、脱水程度等因素都对浸水有影响。其中，脱水程度对浸水的影响最大，脱水程度越大，充水越困难，所需浸水时间也就越长。而鲜皮的浸水时间较短，只需洗去血污及脏污即可进行下一道工序。

（2）*水质和水量* 在毛皮加工中，水为溶剂，因此水的质量对毛皮制品的加工影响很大。浸水和洗涤用水，要求清洁，有机物含量低，细菌少，硬度低，否则会促进细菌的繁殖，使皮在浸水时发生腐烂、掉毛等现象。

浸水所用的水量通常用液体系数来表示。液体系数是操作液的容积（升）与皮的质量（千克）的比值，也称为液比。即：

液体系数＝操作液容积（升）/皮的重量（千克）

浸水时，液比的大小与原料皮的种类，毛的长度、密度及使用的设备有关。液比大有利于浸水，但不要太大（液比太大不仅浪费水，而且增加皮质损失，从而影响成品质量），也不能太小（液比太小，皮与皮之间靠得太近，皮中可溶性蛋白质的除去就会受影响，吸水慢，皮浸水不均匀，影响后续的工序）。所以，浸水时的水量应保证皮的各部位能充分、均匀地与水接触。一般在池中浸水，液比为 16～20（以干皮重计）。

（3）*水温* 浸水温度对浸水时间、成品质量都有很大影响。从化学反应动力学角度分析可以得出，在一定范围内，浸水温度越高，浸水速度越快（达到充水平衡时，胶原吸收的水量也就越少），同时细菌繁殖也越快。所以浸水温度一般控制在 18～22℃。为了提高产品质量，现代毛皮生产中广泛采用快速浸水法，即提高浸水温度（30～35℃），并加入一定量的浸水助剂和防腐剂以保证皮的质量。

（4）机械作用　通过机械的划动、去肉、踢皮等操作，可以使得黏结的皮纤维适度松散，促使水的渗透、非胶原蛋白的溶解，从而加速皮板充水速度。但进行机械作用时，皮板必须有一定的柔软度，否则将损害皮板和毛被，造成毛的脱落。

（5）时间　鲜皮浸水 6～8 小时，干皮浸水 12～20 小时。浸水的程度要达到皮板适度柔软，基本恢复鲜皮状态。

2. 常用的防腐杀菌剂和浸水助剂

（1）防腐剂　毛皮浸水过程中常用的防腐剂主要有甲醛、食盐、氟硅酸钠、氯化锌和高效杀菌剂等。在此需要注意的是，漂白粉可用于普通毛皮的浸水操作，但是漂白粉含有卤素，对毛鳞片有较强的破坏作用，降低毛的强度，所以珍贵毛皮动物的毛皮浸水工序，不应使用漂白粉。

①甲醛：毛皮浸水通常用 0.5～1.0 克/升的浓度即可起到良好的防腐杀菌效果。

②食盐：主要起到抑菌、促进可溶性蛋白质溶解的效果，建议使用浓度为 20～40 克/升。

③氟硅酸钠：防腐效果强于漂白粉，在微酸性介质环境下（pH 不低于 5.5），其有效浓度为 0.5～1.0 克/升，但是加工过程中要注意操作人员的防护。

④高效防腐杀菌剂：美国劳恩斯坦公司出品的浸水助剂

HAC，属非离子型润湿、浸泡剂，其中含有杀菌成分，是珍贵毛皮浸水工序的良好润湿杀菌助剂，用量为1～2毫升/升。

（2）*浸水助剂* 为了加速生皮浸水，缩短浸水时间，减少皮质的损失和抑制细菌的作用，常在浸水时加一定量的浸水助剂。常用的浸水助剂的有酸性助剂、盐类助剂、表面活性剂、酶制剂等物质。

①酸性助剂：主要是促进毛皮蛋白质分解，降低pH，使得原料皮充水膨胀、抑菌、削弱皮下组织与真皮的结合度，利于去肉、揭里。常用的酸性助剂有甲酸、乙酸、乳酸、酸性硫酸盐等。用量一般为1克/升左右，酸度控制在pH 5.0～5.5。对于毛松弛不易浸软的原料皮，常采用酸性助剂浸水。

②盐类助剂：能促进可溶性蛋白质的溶解及抑制细菌的繁殖。常用食盐、芒硝，一般用量20～40克/升，当食盐的浓度较低时（5～10克/升），反而有加速细菌繁殖的作用。

③表面活性剂：能降低水的表面张力，乳化皮内脂肪，使水分子易于渗透进入皮内，加速皮的回软，同时表面活性剂不使皮发生膨胀、不损伤皮质和毛，是优良的浸水助剂。国产的浸水助剂有拉开粉、渗透剂T及TX、浸水助剂M65、渗透剂5881D、渗透剂JFC、平平加C-125、平平加OS-15等。国外的浸水助剂也很多，如美国劳恩斯坦的润湿剂HAC、德国斯特豪森公司的TETRAPOL WW及TETRAPOL SAF等。

④酶制剂：目前国内已有一些企业应用，但是不很普遍，产品也不多，主要是国外产品，如美国的艾波罗100-C（EL-BRO 100-C），用量为2.5克/升；德国Stockhausen公司的FULGURAN APC，建议用量1.0～1.25克/升，而

且使用温度不宜超过 35℃。在浸水过程中使用酶制剂后，易于去肉，加速皮的回软，迅速溶解血污，除去脂肪，很大程度上能消除浸泡不透、硬块现象，而且不易脱毛，同时酶制剂能够清除皮板中具有粘连性能的酸性黏多糖，还能催化皮内因干燥而变得难溶或不溶的非纤维蛋白质的水解，增大纤维间的空隙，缩短浸水时间，提高浸水效果和效率。

（三）削里

削里也称去肉、除脂，即除去毛皮上无用的部分并进一步软化的一道工序。将浸水软化后的毛皮，肉面向上平铺在半圆木上，用弓形刀刮去附着于肉面的残肉、脂肪等。为了不使弓形刀伤害毛根，可在半圆木上先铺一层厚布，再铺毛皮。为了下一步的脱脂，削里时，除了要将皮下组织刮尽之外，还要用弓形刀挤压 1～2 次，以便使皮质内的脂肪挤压到皮的表面。因为皮质中如果残留脂肪过多，则妨碍鞣剂浸入皮内，进而影响成品质量。如能将皮质内的脂肪挤压到皮的表面，再用脱脂剂进行脱脂时，脂肪就很容易被除去。

（四）脱脂

脱脂是除去皮质内脂肪的过程。脱脂工艺是毛皮生产中一个重要环节。当毛被中存在过多的油脂时，毛不能灵活地散开，暗涩无光，很容易脏污；同时，又影响毛皮纤维组织的浸湿，进而影响化学药物进入真皮，造成鞣制不良、成品粗糙而硬，也不耐贮藏。另外，毛被的脂肪也不能完全脱去，含脂率小于 1%的貉毛皮的毛性脆而且没有光泽，一般认为含脂率 2%是毛被完美的脱脂标准。

在毛皮实际生产中，脱脂的方法有很多，包括皂化法、乳化法、酶脱脂法、机械法和溶剂浸提法。

1. 皂化法 利用碱液皂化生皮内外的脂肪，生成的产物为肥皂和甘油，用水洗去肥皂和甘油，即可达到皮张脱脂的目的。但碱液会破坏毛的角质层，使毛失去光泽、毛质变脆或产生勾毛现象，降低毛皮质量。因此，一般不建议使用碱性物质脱脂。但可使用一定量的纯碱（0.5～1.5 克/升）和一定量的表面活性剂联合使用脱脂，能获得较好的脱脂效果。

2. 乳化法 利用表面活性剂进行脱脂，是毛皮脱脂使用最多的一种方法。这些物质在其结构中一端有极性基团，另一端具有非极性基团，这种极性不对称的结构特点，能改变油与水的表面张力，产生吸附现象，从而使油脂从皮中脱出。这种脱脂方法作用温和，对毛的质量影响很小，是毛皮生产中常用的脱脂方法。常用作乳化剂的表面活性剂有皂片或皂粉、洗衣粉、各种类型的脱脂剂等。

3. 酶脱脂法 利用脂肪酶在一定的温度、浓度、pH 下处理生皮，使脂肪水解生成甘油和脂肪酸而达到除去脂肪的目的。国内外均有脂肪酶产品的生产。

4. 机械法 是使用小型或大型去肉机除去皮下组织层的大量脂肪，利用挤压等机械作用，使游离脂肪与脂腺受到机械挤压后遭到破坏而除去油脂的一种方法。一般与其他方法结合起来使用，效果更为明显。除了用去肉机之外，还可使用滚筒挤压机和压榨机除去皮中油脂。滚筒挤压机除去油脂的效果好，还可节省脱脂剂。

5. 溶剂浸提法 又称萃取法。利用非极性有机溶剂，如汽油、三氯乙烯、石油醚、硫醚等作为溶剂。这种方法一般在鞣制后进行，其优点是脱脂效果好，效率高，缩短生产周期，提高产品质量，既能回收溶剂反复使用，又能回收脱下的油脂。但是，此法需要的设备和工艺均较复杂，安全性差（存在易燃、易爆、毒性大等问题）。因此，生产中必须注意安全，对于貉的毛皮，建议在干洗机内进行。也可以在湿操作环境下进行，如美国劳恩斯坦公司的洗涤剂 DE SOL A 去污剂，是一种含有机溶剂的去污剂，建议使用液比 15，温度 32℃，使用浓度 2 克/升，另加 1 克/升的纯碱，作用 30 分钟即可达到脱脂目的。有时将溶剂加入锯末中进行转鼓滚转，同时加入一定量的三氯乙烯或四氯乙烯溶剂，以进一步洗脱毛被油脂。

（五）酶软化

毛皮制品应具有较高的延伸性、柔软性、可塑性及透水透气性，以及一定的弹性，这些性质主要取决于原料皮纤维结构的紧密度和加工过程中对皮张纤维的松散程度。酶软化的主要目的有三方面：①进一步溶解毛皮的纤维间质，使貉皮更加富有柔软性，并呈现出多孔性，以利于鞣剂分子等材料的均匀渗透与结合；②部分分解貉皮内油脂，改变弹性纤维、网状纤维和肌肉组织的性质，使皮板有一定的可塑性；③进一步改变貉皮胶原纤维的性质和结构，适度松散皮板纤维，使貉皮成品有一定的弹性、透气性和柔软性，提高出材率，减轻重量。

总之，通过酶软化后的貉皮，成品的柔软性好、出材率高、质轻。

1. 常用酶软化剂的应用条件 毛皮的酶软化剂种类较多，现介绍几种常用酶制剂及其使用方法（表 8-1）。

2. 酶软化实际操作 将水量、水温调到规定要求后，加入 1 398 中性蛋白酶，划匀后投皮，再划动 2～3 分钟；以后每隔 2 小时划动 2～3 分钟（划动 1～2 次），随时检查软化程度。

表 8-1 几种常用酶软化剂特性及其使用条件

（引自朴厚坤，2007）

特性	1398 蛋白酶	3942 蛋白酶	289 蛋白酶	3350 蛋白酶	胰蛋白酶
酸碱性	中性	中性	碱性	酸性	碱性
最适 pH	7～8	7.2～8	9～10.5	2.0～3.5	7.8～8.7
使用 pH	8～9	7～8	8～9	2.5～4.0	7～8
最适温度（℃）	40～43	40～45	40～45	40～42	36～40
使用温度（℃）	35～38	38～40	38～40	35～40	35～38

3. 酶软化过程的检验 酶软化是在较短时间内完成的工序，所以必须严格控制软化条件，仔细检查软化程度，才能得到满意的软化效果。貉皮的酶软化工序是貉皮加工的关键环节之一，一定要控制好。为了便于控制，要尽量把酶软化工序安排在白天进行，最好是在下班之前结束酶软化工序，并及时转入下一个工序——浸酸。

（六）浸酸

用酸和盐的溶液处理毛皮的操作称为浸酸。浸酸一般在脱脂、酶软化后、鞣制前进行。

1. 目的 貉皮经酶软化后，再经过浸酸工序，主要有以下目的。

（1）终止酶软化作用 酶软化后，残存在貉皮中的酶还会继续起作用，为了保证貉皮成品质量，避免酶软化过度，在酶软化后会采取一些抑制酶软化作用的方法。一般采用浸酸法来改变貉皮和软化液的酸碱度，以终止或减缓酶的软化作用。对于酸性蛋白酶的软化液，可将其 pH 调至 2.0 以下，也能起到终止酶软化的作用。

（2）*调整酶软化液和貉皮的 pH*　脱脂或酶软化后的貉皮，pH 一般为 7～8（除酸性蛋白酶软化之外），处于中性或弱碱性状态。而后期鞣制工序中，鞣液（如铬鞣）pH 约为 3，呈酸性，如不经过浸酸操作而直接铬鞣，则毛皮将迅速吸收鞣液中的酸，引起鞣液中铬盐沉淀，铬盐在皮板分布不匀，导致貉皮成品变硬，缺乏柔软性和延伸性；同时由于鞣液中铬盐浓度发生变化，也影响鞣制的效果。

（3）*改变貉皮的表面电荷*　利于鞣液渗透，使鞣液均匀分布于貉皮。

（4）*使貉皮的胶原纤维进一步松散*　提高貉皮成品的柔软性和延伸性。

对于貉皮这种珍贵毛皮，可将酶软化与浸酸两个工序合并进行，效果更理想。另外，在浸酸的同时，也可以联合后期的加酯工序，即浸酸、加酯同浴进行，能使皮板柔软、丰满，延伸性良好。当然貉皮的浸酸、加酯同浴进行还需要摸索。

2. 浸酸的实际操作及各环节的条件控制

（1）*浸酸液的性质*　浸酸液由酸和盐组成。加盐的目的是为了避免产生酸膨胀，破坏胶原纤维。一般以食盐作为酸膨胀的抑制剂，也有的用硫酸钠。浸酸液中食盐的用量可根据浸酸溶液的液比得出下列计算公式：

$$P=5.8n+4.35$$

式中：P——100份皮不发生酸膨胀的食盐量；

n——液比。

用于毛皮浸酸的酸有无机酸（盐酸、硫酸）、有机酸（醋酸、蚁酸、醇酸等）。使用有机酸，皮板吸收酸缓慢，溶液的pH稳定，而且具有缓冲作用。因此，使用有机酸，反应过程容易控制，不易出现事故，所得成品柔软丰满，出材率大，毛被有光泽。但由于有机酸价格高，仅限于珍贵毛皮使用，一般毛皮大都使用无机酸（硫酸）浸酸，硫酸用量一般为3～6克/升。

对于貉皮这种珍贵毛皮，可以采用联合浸酸法，即先用有机酸浸酸，再用无机酸浸酸。首先在有机酸中浸酸，pH控制在3.5～4.5，有机酸对貉皮真皮层的纤维间质具有良好的分散作用，并能洗去貉皮中的黏蛋白，促进貉皮纤维的分散，从而充分发挥有机酸浸酸的优势。第二阶段用无机酸浸酸，对貉皮纤维起到补充分散和脱水作用，对皮板起到成型作用，提高貉皮的毛和真皮的结合牢度，减少貉皮裂面。

（2）*生皮的状态*　生皮的厚度和皮纤维的紧密程度不同，吸收的酸量和盐也不同。对于厚皮或纤维组织紧密的皮浸酸，酸液浓度应大一些，浸酸时间适当延长一些；反之，薄皮或纤维组织疏松的皮浸酸，酸液的浓度应小一些，适当缩短浸酸时间，这样才能保证质量。

（3）*液比*　浸酸时的液比，必须使貉的毛皮获得足够、均匀的润湿渗透。毛皮浸酸一般在划槽中进行，一般建议的液比是8左右（以湿皮重计算）。对于长毛而又稠密、易成毡的毛皮，液比可适当增大。当酸量足够时，液比只与加入的食盐量有关，对浸酸的效果影响不大。

（4）*温度*　浸酸时，适度提高浸酸液温度，可改善毛皮可塑性，减少皮板收缩，成品更具柔软性和延伸性。但是提高温度（35℃以上）会显著增强胶原蛋白的水解作用，使蛋白质分解的速度加快，降低真皮强度，影响成品质量。实践经验表明，厚而坚实的毛皮宜在35℃左右浸酸。对于薄皮、小型春季皮宜在较低温下浸酸。

（5）时间　根据毛皮厚度及紧密度的不同，浸酸时间通常为10～24小时，有的还需要更长的时间。

3. 浸酸的实际操作　将水量、水温调整至规定要求，加入浸酸用的化工材料，搅动均匀，待全部材料溶解完全后，再投入貉皮，划动数分钟，以后间歇性划动。8～12小时补温一次，升温至（35±1)℃。

三、貉皮的鞣制

貉皮经过上述准备工序处理后，其真皮层纤维组织获得了松散，但由于皮肤中的纤维组织没有定型，蛋白质被酸饱和而造成结构稳定性降低，若直接进行干燥、刮软等加工程序，组织纤维会重新胶结，皮板变硬。同时成品不耐化学药品的作用，受潮后易受微生物侵蚀，腐烂、变质，成品的耐用性变差。要改变这些缺点，使真皮纤维松散程度达到一定程度的稳定性，生皮性能发生根本的变化，必须经过鞣制这一过程。

鞣制就是使用各种鞣剂（交联剂）来处理生皮，使其和皮板中胶原的各种官能团（属于活性基团）发生交联反应，生皮性能发生根本性变化，皮板中胶原纤维结构得到固定的加工过程。所以，鞣制过程通常称为熟皮。

鞣制后的貉皮具有以下特征：真皮耐水性、耐热性、稳定性提高；对微生物和化学药物的抵抗力增加；干燥时真皮黏结性、体积收缩度减少；毛和真皮的结合牢度稳定。

（一）鞣剂的种类

凡具有使皮板的胶原结构交联、皮纤维松散的物质，统称为鞣剂。这种物质的性质称为鞣性。鞣剂的种类很多，可分为无机鞣剂和有机鞣剂两大类。无机鞣剂有铬、铝、铁、钛、锆等；有机鞣剂包括植物鞣剂、甲醛、不饱和度高的油脂，以及合成鞣剂等。

目前，我国毛皮生产中最常用的鞣剂为铬盐、铝盐和甲醛。近年来脲醛树脂鞣剂使用推广较快，而采用结合鞣剂的方法（两种或两种以上鞣剂进行鞣制）也越来越多。结合鞣剂可以取所有鞣剂之长，补其之短，易于鞣制出好的毛皮。

（二）鞣制方法

毛皮鞣制方法很多，有明矾鞣、铬鞣、甲醛鞣、铝鞣及结合鞣等。明矾鞣和结合鞣比较简单实用。明矾鞣制的毛皮洁白而柔软，但缺乏耐水性和耐热性。铬鞣具有耐热性，适于染色。

1. 明矾鞣

①先用温水将明矾溶解，然后按 1 份明矾加 0.7～2 份食盐的比例加入食盐和水，混合均匀（食盐添加量需随温度等条件变化而定）。通常温度较低时（10℃左右），应少加食盐；温度如在 20℃以上时，由于皮张膨胀，应多加食盐。

②鞣制时取湿皮重 4～5 倍的鞣液于缸中，投入漂洗干净并经沥水后的毛皮。开始鞣制时，为了使鞣液均匀浸入皮

质中，必须充分搅拌，最好采用转鼓，隔夜以后，每天早晚各搅拌一次，每次搅拌 30 分钟左右，浸泡 7～10 天鞣制结束。鞣制时如水温太低，不仅延长鞣制时间，而且皮质变硬，所以，水温最好保持在 30℃左右。

鞣制结束时皮板质量的检查方法是将毛皮肉面向外，叠成四折，在角部用力压尽水分，如折叠处呈现白色不透明的海绵状，证明鞣制已结束。鞣制结束后，肉面不要用水洗，仅将毛面用水冲洗一下即可。

2. 铝鞣 貉子皮的鞣制可以采用铝鞣。铝盐鞣制后的毛皮颜色纯白，皮板柔软，皮张伸张率高，出裁率高；皮板收缩温度低，一般为 75～85℃；但皮板不耐水洗，否则易导致铝鞣剂的洗脱，干后皮板变硬；同时不耐贮存，易吸潮、霉变。基于以上特点，铝鞣后的貉毛皮不适合染色。

（1）*铝鞣工艺要点* 温度 35℃；药品有助鞣剂 B 5 克/升、铝明矾 40 克/升、食盐 40 克/升、纯碱 1.5 克/升；pH3.5～3.7。

（2）*操作要点* 加水调温，加铝明矾、食盐后划动，缓慢加入助鞣剂 B（先用温水溶解），待全部溶解且溶液清亮之后投皮，继续划动 10 分钟，以后每小时划动 5 分钟。约 12 小时后，用纯碱调 pH 至 3.7 左右，过夜，共计 24 小时。出皮前甩水 1～2 小时，打毛、打皮。

（3）*铝鞣液 pH 的控制* 当 pH 低于 3.4 时，铝盐的收敛能力太低，不易和皮板胶原发生作用。随 pH 增加，铝鞣剂与胶原的结合量增加，当 pH 接近 4 时，则会析出氢氧化铝沉淀。因此，铝鞣的 pH 范围比较窄，要严格控制。

3. 铝-铬结合鞣 铝盐鞣制皮革，其成品柔软、色白，粒面细致；但最大的缺点就是与皮板蛋白质结合不牢固，大部分铝盐可以从皮中洗脱出来，导致皮板返硬，容易回到生皮状态。铬盐鞣制，皮板收缩变厚，毛被容易沾染上绿色；但是铬鞣后的皮板耐水洗，耐高温。为了取长补短，将铝鞣、铬鞣联合使用，能克服各自缺点。

铝-铬结合鞣的鞣剂配方见表 8-2。

表 8-2 铝-铬结合鞣的鞣剂配方（克/升）

（引自白秀娟，2007）

成分	用量
芒硝	50
硫酸	1.5
Cr_2O_3	0.6
小苏打	1
食盐	20
明矾	1.8
滑石粉	30

操作方法：先将芒硝、食盐加入池中，再加入明矾、三氧化二铬（Cr_2O_3）。加至要求的温度，搅拌均匀，鞣液与湿皮的比例为 1 ： 4，投皮后搅动 10～15 分钟。投皮前 pH 调至 2.5，投皮后 12 小时加温一次，pH 调至 3.0；24 小时后再加温，pH 调至 3.5；等到 36 小时加温时，pH 调至 3.8。出皮时 pH 应为 3.7～3.8，收缩温度达到 70℃以上即可出皮。

4. 脲醛树脂-铝鞣和甲醛-铝鞣 脲醛树脂鞣剂与其他鞣剂不同，它不是在水溶液中与皮板纤维作用，而是以单体渗透进入皮板内，然后在皮内进行聚合，排出纤维水分，从而达到鞣制目的。实践证明，脲醛鞣剂可以鞣制多种毛皮，其鞣制后的产品洁白，色调自然，不变色，无灰、无异味，质量轻，耐水洗，皮板丰满、柔软，抗张强度和撕裂强度大，出裁率高，是优良的毛皮鞣剂。所以脲醛树脂经常和铝鞣结合起来鞣制毛皮，能获得更好的鞣制效果。其工艺条件见表 8-3。

表 8-3 脲醛树脂-铝鞣和甲醛-铝鞣的工艺条件与指标要求（克/升）

（引自白秀娟，2007）

试验条件	脲醛树脂-铝鞣		甲醛-铝鞣	
	脲醛	铝	甲醛	铝
脲醛树脂（克/升）	5			
甲醛（克/升）			5	
明矾（克/升）		6		
芒硝（克/升）	40	40	83	
食盐（克/升）	40	10	10	30
纯碱（克/升）	2.5		2.5	
硫酸（克/升）		0.8		
滑石粉（克/升）		30		30
渗透剂（JFC）（克/升）	0.3	0.3	0.3	0.3
pH	5.5～8	2.5～4	6.2～8.2	2～3.7
氨水（克/升）	0.2			
温度（℃）	36～38	36	36	36
时间（小时）	48	24	30	16
质量标准				
收缩温度（℃）	64		74	
抗张强度（千克/毫米^2）	2.53		2.11	
断裂伸长率（%）	43		30	
可塑伸长（%）	12		8	

（三）鞣制后整理工序

经过鞣制后的貉皮，虽然初步具备了成品的性质，但毛被和皮板的感官性能仍不如成品状态。为此，必须再经过鞣后整理，进一步改善毛皮的外貌，提高产品质量。整理工序包括加脂、回潮、刮软和整形整毛过程。

1. 加脂 貉皮中原有的脂肪已在脱脂工序中被除去，使皮质失去了柔软性和伸展性。为防止已经松散的纤维在干燥时发生黏结，提高貉皮成品柔软性和伸展性，并进一步提高皮板的抗张强度、抗水性及毛皮的出材率，鞣制后的毛皮应进行加脂。

（1）*常用的加脂剂* 一般按其来源和化学结构的不同分为天然动植物油、天然油脂改良性产品和合成加脂剂三大类。按加脂材料所带电荷，分为阳离子型加脂剂、阴离子型加脂剂、非离子型加脂剂、两性加脂剂，其中最常用的是阴离子型加脂剂，如硫酸化蓖麻油、硫酸化鱼油等。

（2）*加脂工艺* 毛皮加脂方法有涂刷加脂法和浴液浸泡法。

①涂刷法：是用刷子将加脂液均匀涂布于半干状态的毛皮肉面，涂布后重叠（肉面与肉面重合）一夜，然后继续干燥。涂刷时，先从皮板中部开始，然后向两腹、颈、肩和四肢涂刷。背脊部可多刷一些，边缘部可少刷一些。涂刷完毕，板对板或沿背脊线折叠，堆放 10 小时以上，待加脂液均匀渗入皮内后，再进行干燥。

②浴液浸泡法：毛皮浸入加脂液中进行加脂，此法简便、效率高。但应特别注意，在酸性介质中毛被是油脂的一种优良吸附剂，浴液浸泡酯液的 pH 一般在 6.4 左右为好。

加酯液一般在 30～60 分钟内就可完成（视皮板厚度而定），之后加入甲酸，降低浴液 pH，使油脂沉积在皮纤维间隙或与皮纤维结合，从而达到加脂的目的。

2. 回潮 加脂干燥后的毛皮，皮板变硬，为了便于刮软，必须在肉面喷以适当水分，这一过程称为“回潮”。回潮时也可用毛刷在肉面涂布少量水分，或用喷雾器将水分喷于肉面。如用明矾鞣制的毛皮，因其缺乏耐水性，最好用鞣液涂布。将回潮后的毛皮肉面与肉面重合，用油布或塑料布等包捆后，压以石块，放置一夜，使其均匀吸收水分，然后进行刮软。正确回潮，要求皮不宜过干或过湿，全张皮含水均匀，经回潮后皮板能拉开且呈白色为宜。含水量为 18％～20％。可选用转鼓回潮法、直接喷水回潮法。

3. 刮软 又称为铲软，其目的主要是为了使毛皮板柔软，皮纤维松散、伸展，并去掉皮板上的肉渣，使皮板尽量地变软、变薄、变轻，皮板洁净。貉皮数量较少时，可将回潮后的毛皮铺于半圆木上，用钝刀轻刮肉面，这时皮纤维伸长，面积扩大，皮板变得柔软。规模化生产加工时，经过回潮的毛皮一般用铲刀、钩软机、铲软机及磨里机等对皮板施以一定的机械操作，同时注意不要使毛根露出，不要掉毛。

4. 整形及梳毛 为了使刮软后的皮板平整，需要对皮板整形。即将毛皮的毛面向下，钉于木板上使其伸展开。钉在板上的毛皮，需进行阴干，切勿在阳光下暴晒。毛被梳理一般在梳毛机上进行，将黏结的毛梳开，使毛朝一定的方向，同时去除毛中残留的锯末、灰尘、浮毛，使成品外貌美观。要求操作细心，尽量少掉毛，不伤皮。

5. 除尘 是除去毛皮上的灰尘。要求毛皮在阳光下抖动，以不见灰尘为好。除尘可使用转笼，最好采用吸尘机除尘。

6. 量尺 经质量检查合格后，测定皮张面积，为后续的裁制工段提供依据。丈量皮张时，面积误差一般要求不超过±2%。

（四）简易毛皮鞣制技术

下面介绍一种与传统鞣制方法不同的毛皮鞣制方案，其特点是在一种溶液中鞣制，流程相对简化、容易，缩短了鞣制时间，使毛皮收缩率低，非常适合小型养殖户、小型加工业主进行少量貉皮的鞣制加工。

1. 鞣制 用福尔马林作为鞣剂，将干板的毛皮浸泡在盐水中（刚刚剥下的新鲜毛皮不用浸泡），去除皮下脂肪和贴皮肉，然后在30～35℃水中充分洗净，并用流水冲洗。在1升常温水中加食盐30克，将毛皮置于溶液中充分浸泡；30分钟后向溶液中投入碳酸钠，使其浓度达到1克/升；再分2次补加福尔马林，间隔3分钟，每次每升加入2毫升；然后在25℃条件下浸泡6小时，定时搅拌；再补加醋酸15毫升/升，25℃温度下处理8小时；以后补加氨水4毫升/升，混匀搅拌1小时。

2. 鞣后的整理过程 鞣制结束后取出毛皮，拧去溶液，涂上油乳剂。油乳剂的配制方法是，1升开水中加入4条肥皂、0.5升脂肪和0.5升机油，充分混合后补加氨水20克/升，用刷子将制备好的乳剂（50℃）均匀涂抹在皮板上。最后将皮张晒干、揉软、拉伸，用砂纸研磨、敲打，再用工业酒精浸泡，棉团擦拭毛皮，增加光泽。

第三节　影响皮张质量的主要因素

影响貉毛皮质量的因素很多，一般包括自然因素和人为因素两大类。

一、自然因素

影响貉皮质量的自然因素主要包括貉的种质、产地环境（生活地区）、生产季节等。

1. 种质　貉的种质主要包括毛色、毛绒品质及毛皮张幅等。毛色要求有本品种或类型固有的颜色和光泽；毛绒品质要求针毛和绒毛短平齐，两者长度比例适宜，背腹毛长度比趋于一致；貉的体长及鲜皮的拉伸率决定了其毛皮张幅。由于貉在我国分布广泛，南貉和北貉的种质差异较大。北貉体型大，多属于东北亚种，貉皮质量好，针毛长而尖、呈黄色或灰黄色，底绒足，皮张大。南貉体型小，貉皮略小，针毛短、毛绒稀疏，但毛色比北貉皮美观。我国辽宁、黑龙江、吉林、河北、山东、内蒙古等饲养的貉以乌苏里貉为主。典型的乌苏里貉色型为颈背部针毛尖呈黑色，主体部分呈黄白色或略带橘黄色，底绒呈灰色。

2. 产地环境（生活地区）　会对原料皮的质量产生综合的影响。一般来讲，对于同种原料皮，产于寒冷地区的毛皮张幅大，毛绒丰足，毛被厚密，光泽较好，颜色略浅，皮板略厚，价值较高；而产于热带地区的毛皮一般张幅小，毛绒略短粗而且空疏，颜色较深，皮板略厚，使用价值较低。

貉属半冬眠动物，主要分布于中国、俄罗斯、蒙古、朝鲜、日本、越南、芬兰、丹麦等国家。芬兰貉皮长度为100～150厘米，毛色为棕黄色，有的略带红棕色调，其毛被厚密，绒毛长度在40毫米左右，针毛稀疏，明显呈撮状分布。国产貉皮张面积小于芬兰貉皮，长度90～120厘米。针毛有三节色，毛尖为黑色，中间为浅米色，底部为浅棕色。绒毛长度35毫米左右。其颜色接近芬兰貉皮，因养殖地区的不同略有差别。

3. 生产季节　不同季节，动物毛被的色泽、密度、粗细度、长度及皮板厚度、强度等都有明显差异。适时掌握取皮时间，对于人工饲养的毛皮动物，屠宰前应进行毛皮成熟的鉴定（貉皮的成熟鉴定方法详情参见本章第一节取皮部分）。以下为不同季节貉皮的品质特点。

（1）*冬皮*　毛足绒厚，毛绒竖立而灵活，毛峰齐全，光泽油润。皮板呈白色，有油性。

（2）*秋皮*　产于霜降前后，毛绒短，毛被平伏，皮板都呈灰黑色。早秋皮产于寒露前后，毛绒短稀呈爬伏状，光泽弱，皮板呈灰黑色。晚秋皮产于立冬前后，毛绒略短，颈部较明显，峰毛平齐，光泽较好。皮板已白，唯臀部呈青灰色。

（3）*春皮*　产于雨水之后，针毛稀少，毛绒空疏枯燥、弯曲，光泽差，皮板厚硬，无油性。

（4）*夏皮*　针毛长短不齐，无光泽，粗糙，手感带沙性。无底绒，皮板干枯脆弱，无油性。

二、人为因素

人为因素对貉皮原料皮质量的影响主要包括生产方法、

饲养管理（含饲料营养等因素）、初步加工、防腐、贮存保管和包装运输等。

1. 生产方法 包括是否正确宰杀、合理捕捉和开剥等过程。正确的宰杀和科学合理的剥皮方法可以减少和避免刀洞、描刀、缺材等伤残貉皮的出现，还能够保证貉原料皮的形状完整。在貉的剥皮过程中，如果方法不得当或不注意，容易造成各种伤残。

2. 饲养管理 ①貉日粮中要供给充足的可消化蛋白质和含硫氨基酸。若缺乏则会导致换毛延迟，冬毛生长缓慢，出现底绒空疏，毛长短不齐或毛峰弯曲。尤其是在日粮中大量添加兔头、兔骨架时，会严重影响貉皮质量。②日粮中矿物质含量不能过高，否则易使毛绒脆弱、无弹性。③日粮中脂肪含量也对毛皮品质有一定影响，日粮中适宜的脂肪含量，可促进体内脂肪的沉积，生产出光泽好、皮张幅度大的貉皮。④商品貉的碳水化合物饲料要高于种貉，有利于提高貉皮的皮张幅度。⑤维生素对貉皮质量也有一定影响，尤其应注意添加核黄素，如果核黄素缺乏可能导致貉的绒毛颜色变浅。

貉的饲养管理中，主要任务就是提高貉的毛皮质量。商品貉 10 月就应在小室内铺垫草，以利于梳毛。同时加强貉的笼舍卫生，防止貉毛发生缠结，尤其是圈养的貉更应注意。

3. 初加工 主要包括貉皮的剥皮、刮油、洗皮、上楦、干燥、下楦等工序。这些工序应按各工序操作要求和收购规格进行加工。上楦用的楦板一律用国家规定的统一楦板。

4. 贮存保管 貉皮贮存库一定要保证通风良好，注意库房温度、湿度等变化状况，严防虫蛀和鼠咬。控制貉皮霉变、掉毛、腐烂等现象发生。

5. 包装运输　貉皮的包装运输必须按规定要求进行包装，捆扎牢固，运输过程中不能受雨淋、日晒。

第四节　皮张质量标准及检验方法

一、商品规格

对于貉皮来讲，目前全国尚无统一的商品规格和质量标准，仅将黑龙江、吉林省试行的商品规格和质量标准介绍如下，供参考。

1. 加工要求　按季节屠宰（冬季皮），剥皮适当，皮形完整，头腿齐全，除净油脂，以统一规定的楦板上楦，板朝里、毛向外呈筒形干皮。

2. 等级规格　貉皮的等级规格划分，详见本章第二节皮张加工关键技术中一、毛皮初加工中的（五）貉皮分级。

3. 颜色比差　绒毛颜色（青灰色、黄褐色、灰白色、白色）、针毛颜色（黑色、褐色、灰白色、黄白色）的多种颜色配比，其等级依市场行情酌定。

4. 长度规定　不同尺码的貉皮长度要求见表8-4。

表8-4　貉皮的尺码规格

（引自LY/T 2689—2016）

尺码号	长度（L，厘米）
0000000	>151
000000	$142<L\leqslant151$
00000	$133<L\leqslant142$

（续）

尺码号	长度（L，厘米）
0000	$124<L\leqslant 133$
000	$115<L\leqslant 124$
00	$106<L\leqslant 115$
0	$97<L\leqslant 106$
1	$88<L\leqslant 97$
2	$79<L\leqslant 88$
3	$70<L\leqslant 79$

注：长度介于两档之间（即上、下码号交叉线）时，就下不就上。

二、原料皮品质与质量检测标准

毛皮原料皮品质包括毛被和皮板两部分，其中毛被品质更为重要。除水貂、蓝狐皮有国外的评级和检定标准，獭兔皮有国家标准外，其他原料皮尚无品质标准和科学的检测方法。关于原料皮质量的检测目前仍以感观检测为主，定量检测为辅。一些研究单位也正在研发科学的检测方法，如獭兔皮毛密度的厚度检测法、光学分析法等。

（一）毛皮品质感观评价指标

貉皮品质的感官评价，一般从以下四个方面进行分析判断。

1. 毛被 美观、自然、灵动、光亮是最重要的决定因素。

2. 皮板 丰满、厚实、油脂、坚韧、强度。

3. 牢固度 毛被与皮板的结合牢固度。

4. 伤残 毛皮原料皮常见伤残缺点。

（二）貉皮检测地点与设备

为统一检验标准，一般应在统一条件下检验，有条件的单位应建立检验室。检验室要求清洁卫生，不受自然光线干扰。检验室内设有检验台，高度 87 厘米，宽度 95 厘米（或根据工作情况自定高低），长度根据需要而定。台面涂浅色油漆。与台面平行架设一组日光灯设备，40 瓦日光灯 4 支或 80 瓦日光灯 2 支为一组，灯源与检验台面距离 70 厘米。检验工具包括量皮板、卷尺或木尺。如没有条件建立标准检验室，检验工作也应在柔和的光线下进行。

检验前先将貉皮按公、母分开。检验时依据貉皮的毛绒品质、皮板颜色和伤残程度进行综合评定。

（三）貉皮的质量检测与等级标准

目前貉皮的质量检测方法主要依据眼看、手摸，综合分析后确定貉皮等级。主要从毛绒和皮板两方面进行分析鉴定。

1. 鉴定毛绒质量

（1）手摸　以一只手捏住貉皮头部，另一只手自颈部至尾部捋过，体察毛绒密度、针毛弹性、板质状况和伤残程度。

（2）抖皮　用手抖动皮张，使毛绒恢复自然状态。抖皮时，首先将皮张平放在检验台上，用一只手按住貉皮的后臀部，另一只手的拇指和食指捏住貉皮的吻鼻部，利用腕力将貉皮上下抖拍。抖拍时，捏吻鼻部的手用力不可过大，以防将貉皮扯破。抖拍的次数以毛绒恢复自然状态为止。

（3）眼看　观察毛绒长度、密度、光泽、颜色，毛被是否整齐平顺，以及有无塌陷及流针飞绒（毛被针毛脱落，绒毛浮起，一般是因为皮张在刮油操作时，用力过重而致貉皮的毛囊破坏）、掉毛和尾毛是否蓬松等特征。注意要特别检查冬毛最后成熟的部位，以判断皮张的生产季节。

（4）嘴吹　检验毛绒灵活程度、有无伤残；同时进一步观察毛绒长度和密度。一般只有当某个部位的毛绒出现可疑现象之后，才采用嘴吹的检验方法。

2. 鉴定皮板质量　鉴定皮板品质除在抖皮的同时直接感觉皮板的厚薄、板质强弱以外，还要在检验毛绒之后，翻转查看皮板的颜色，主要是看黑色素沉积情况，以确定皮张的生产季节；并要查看皮板的加工情况，特别是去脂和洗净程度，以及有无霉变、虫蛀等问题。

（四）伤残检查

貉皮伤残检查是结合上述两项检查同时进行的。一般自然伤残多影响毛绒品质，而人为伤残多表现在皮板上，要特别注意伤残检验。

（五）面积计算方法

貉皮面积的计算方法是量出自耳根至尾根的长度，选腰部适当部位量出宽度，长宽相乘后再乘 2（筒皮）即貉皮的面积。目前，等内貉皮在面积上有具体要求，但面积在 0.22 米^2 以上、毛足绒厚、板质良好、伤残不超过甲级皮规定者，可按特级皮掌握。过小的貉崽皮，则按等外皮处理。貉皮长度介于两档之间（即上下尺码交叉线）时，就下不就上。

（六）伤残标准

貉皮的伤残是由各种原因形成的，如按伤残产生的原因，可分为人为伤和自然伤；按伤残的性质，可分为软伤和硬伤。自然伤残是指由于貉的性别、年龄、生长环境，以及气候、饲料、疾病等原因形成的；而人为伤残是由饲养管理、捕捉方法、捕杀季节，以及剥皮、保管、运输等原因形成的。所谓软伤指加工鞣制后伤残面积会扩大者。所以，在皮张质量检验时，在伤残面积相同的情况下，对软伤要从严掌握，硬伤可以从轻处理。

1. 自然伤残　一般指动物因受某些自然因素的影响，在生产皮张之前产生的伤残。

（1）*疹皮*　动物因生活环境潮湿而患的一种皮肤病。较轻者，患处板面呈浅粉红色或淡黄色的小斑点，毛绒无显著变化，制裘时影响较小；较重者，痂皮尚未脱落，患处板面发亮呈灰黑色，毛绒较稀短或生有短针毛，毛被不平；严重者，患处无毛，板面有红色小斑点，或溃烂成洞，对制裘价值影响较大。

（2）*疥癣和癣癞*　疥癣是疥癣虫寄生在动物皮肤内所引起的一种皮肤病，初期皮肤局部发红并有丘疹，丘疹向外渗出黄水，逐渐结成痂皮。疥癣患处毛绒不平顺，光泽较差，皮肤表面有较薄的银灰色痂皮。癣癞患处绒毛少或无毛，皮肤表面有很厚的痂皮。

（3）*疮皮*　是自然生长的一种病害，生长部位不固定。轻者，疮口已愈，疮痂脱落，有的长出短针毛但无绒毛，伤处皮板呈黑灰色，并有皱纹；重者，皮板呈紫红色，毛面无毛绒，但真皮层未穿透；再重者，皮肤已烂透成窟窿。

(4) 咬脖伤　动物在交配过程中，母兽的颈部皮肤被咬伤。轻者，咬伤面积较小，毛绒损伤较轻，或咬伤已愈，板面呈现成对的浅灰色牙印，毛绒略短，制裘价值略低；重者，咬伤面积较大并成洞眼，毛绒损伤严重，制裘价值较低。

(5) 自咬伤及食毛伤　患有自咬症、食毛症的动物，常咬食身体后部使毛绒断裂，造成皮张的缺材及被毛损伤，使制裘价值严重降低。

(6) 毛峰勾曲　貉因老、弱、病、残及营养不良，或原料皮生产季节过晚，以及生活在高原地区受过量紫外线照射等原因使针毛光泽减弱，毛尖勾曲，严重影响皮张的表观。

(7) 杂色皮　因遗传变异或受某些外界因素影响，毛被中出现与本种动物毛色不一致的异色毛，制裘时很难配皮，列为等外皮。

(8) 白底绒或灰白底绒　换毛期间蛋白质和某些氨基酸缺乏或微量元素缺乏，使色素细胞不能合成正常数量的色素，造成绒毛与固有颜色不一致而呈白色或灰白色。针毛与绒毛的颜色很不协调，使其制裘价值降低。

(9) 毛绒磨损　被毛与笼、小室等摩擦所造成的损伤，按毛绒的磨损程度，有擦针、擦绒之分；按毛绒磨损的部位，又有蹲裆、拉撒、擦脊之别。擦针又称擦尖，指针毛毛峰被磨，绒毛未受损伤。擦绒指不仅针毛被磨损，而且绒毛也已受损伤。蹲裆是指动物臀部毛绒被磨损，轻者毛尖被磨损，重者伤及绒毛。拉撒是动物体侧毛绒被擦伤的习惯叫法。擦脊是脊背部毛绒被擦伤，擦脊对制裘价值影响较大。

(10) 塌脖、塌脊　是动物冬毛未完全成熟的表现。一般表现为周身其他部位的毛绒已较丰满或已成熟，仅颈部和脊部的毛绒较稀短，使毛被高低不平。多因换毛期营养不良所致。

（11）病瘦皮　患严重疾病的动物，皮板显瘦薄，枯燥无油性，板面较粗糙，弹性较差，毛绒紊乱，光泽较差，制裘价值较低。

（12）母子肷　母兽在繁殖或哺乳期间，腹部毛绒被抓掉或自然脱落，呈现无毛或有毛少绒、皮板薄瘦等现象。

（13）缠结毛　粪便、食物污染毛被使毛缠结在一起，在皮张初步加工时应用针梳轻轻梳理，除去污物使毛被平顺。

2. 人为伤残　指在原料皮的生产、初步加工、贮存、保管、包装运输过程中人为因素造成的各种伤残。

（1）描刀或刀洞　剥皮时，用刀将皮板划伤成未透的破口称描刀；将皮割穿者称刀洞。描刀有轻重之分，划伤的深度未超过全皮厚度的1/3者为轻伤，对制裘价值影响较小；划刻的深度超过全皮厚度的1/3以上者为重伤，制裘价值较低。

（2）刮透毛　在刮除鲜皮上的脂肪、残肉时，用力过大或逆着毛根方向刮，伤及毛囊露出毛根。轻者，制裘时毛在皮板上的牢固度减低；重者，已无制裘价值。

（3）冻糠板　在寒冷冬季，将鲜皮置于室外低温冷冻所致。皮板苍白、多孔而厚、无光泽，机械性能降低。严重冻糠板应降级收购。

（4）皱缩皮　鲜皮晾晒时未展平，不仅影响皮张的形状，增加验质、贮存、运输中的困难，且皱缩处皮板不易干燥，容易发生受闷脱毛等缺点而降低制裘价值。

（5）油烧板　由于皮板富含脂肪，又未彻底清除，在皮张干燥时温度过高，加上皮板中的脂肪熔化释放出一定热量，致使皮板的各种蛋白质纤维变性或胶化，皮板发生不可逆的皱缩变形，且脂滴渗入貉皮纤维中。油烧板僵破、皱缩，皮板被脂肪所污染，重者无制裘价值。

（6）受闷掉毛　动物死后未及时剥皮或剥皮后未及时干燥，加之室温较高，在酶及微生物的作用下，皮板中的蛋白质分解，导致貉毛脱落。由于此伤残在鞣制时面积还要扩大，严重影响制裘价值。

（7）撑拉过大或皮形不整　上楦时，将貉皮强行拉长，或不使用标准楦板上楦，导致皮形不标准，致使毛绒空疏。

（8）贴干板　晾晒筒皮时，皮板黏结，干燥缓慢，导致皮板受闷发霉或掉毛。

（9）陈皮　生皮存放时间过久，特别是经过高温的夏季后，貉皮中的脂肪变性，导致皮张变黄，毛绒光泽减退，鞣制后皮板的机械性能降低。

（10）虫蚀　保管不善时，皮张被虫蛀成小孔或掉毛，严重影响制裘价值。

第五节　貉副产品的加工利用

貉作为毛皮动物，除了皮张珍贵，可加工成毛皮用品之外，取皮后的其他组织即副产品也有很高的利用价值和经济价值，可产生较大的经济效益。此节介绍貉主要副产品的加工与利用技术。

一、貉肉

貉肉细嫩鲜美，营养价值高，不仅是可口的美味佳品，而且有一定的药用价值。貉肉营养丰富，蛋白质含量16.84%，比猪肉、羊肉中蛋白质含量高；钙的含量为每100克中82毫克，远高于猪肉、牛肉。据《本草纲目》记载："貉肉甘温，无毒，食之可治元脏虚劳及女子虚惫"，即貉肉可治五脏虚劳、女子虚惫和妇女寒症。日本人用貉肉汤治妇女病和妇女寒症。此外，貉还可以治疗心、脾、肾虚症及各种慢性病和气血亏损贫血病等。

山东农业大学郭慧君教授科研团队近年来的研究表明，貉股四头肌中的16种氨基酸含量占20.61%，其中必需氨基酸占8.61%。貉肉中赖氨酸、蛋氨酸、苏氨酸、异亮氨酸、亮氨酸和缬氨酸的含量均高于FAO/WHO（世界粮农组织和世界卫生组织）所提出的氨基酸理想模式。其中，赖氨酸和亮氨酸的含量和氨基酸评分、营养价值比牛奶和鸡蛋还要高；蛋氨酸、苏氨酸和异亮氨酸的含量和氨基酸评分高于或接近牛奶中相应氨基酸含量和评分，而稍低于鸡蛋中相应氨基酸含量和评分。貉肉中还检测到16种挥发性物质（这些物质绝大部分具有一定的感官特征，对肌肉风味的形成可能起不同的作用），在肉品加工过程中须采取适宜的工艺而获得独特风味。貉肉中丰富的氨基酸成分和脂肪组织中的大量不饱和脂肪酸如油酸、亚油酸、亚麻酸等是形成较高含量的醛类、醇、酮、呋喃、烃、苯等挥发性风味物质的重要物质基础，对貉肉风味的形成非常重要。总之，貉肉具有较高的营养价值和风味特征，这为了解貉肉理化特性、肉品加工及与风味改良提供了重要的科学依据。可用于宠物食品加工行业，生产宠物食品（如加工成宠物用罐头、肉干、肉脯、肉肠等产品），促进貉副产品的加工利用，提高产品附加值，有利于特养产业从业人员的增产增收。

二、貉粪

由于貉每天食用大量的动物性饲料，主要是杂鱼等，饲料中所含营养只能被貉消化吸收一部分，还有许多营养物质没有被消化吸收而随粪便排出体外。据国内有关资料介绍，貉粪干物质中含有粗蛋白达30%～50%，同时还含有粗脂肪、粗纤维、无氮浸出物、粗灰分、水分等，所以貉粪属于优质有机肥料；在养貉和养鸡的生产实践中，通过长期观察发现，貉和鸡都有互食对方粪便的习性。

三、胴体的肉骨粉加工技术

肉骨粉是以动物屠宰后不宜食用的下脚料、肉类罐头厂、肉品加工厂等残余碎肉、内脏杂骨以及各种废弃物或畜禽屠体等为原料，经过高温消毒、高压脱脂干燥粉碎而成的产品。《饲料用骨粉及肉骨粉》（GB/T 20193—2006）中规定，饲料用肉骨粉是新鲜无变质的动物废弃组织及骨，经高温高压、蒸煮、灭菌、脱脂、干燥、粉碎后的产品。

貉作为毛皮动物，取皮后的胴体指屠体经过去除头颅、内脏、爪、尾巴后的尸体。由于貉肉质含有特殊异味，所以价格低廉，可以将其作为蛋白质饲料原料，用来生产肉骨粉。我国是养殖大国，同时也是动物性蛋白饲料短缺的国家，每年都要耗费巨资进口近十万吨肉骨粉和百万吨鱼粉。若将毛皮动物屠体经过一定加工手段合理开发利用，不仅可以有效缓解我国蛋白质饲料短缺的局面，还可降低养殖成本，获得更大的经济效益。

2016 年度我国貉存栏量约 1 500 万只，取皮后胴体总量约 8 万吨。据调查，这些貉的胴体大都没有被合理利用，浪费掉了。如果能将这些胴体加工成肉骨粉，每年可生产优质肉骨粉 3 万吨左右，以优质肉骨粉价格 6 500 元/吨计算，则可创造近 2 亿元的经济价值。市场上进口鱼粉价格为 15 000元/吨，价格高于优质肉骨粉 2 倍，而且持续上涨。若能将貉胴体合理开发利用，替代鱼粉，则可减少我国对动物性蛋白进口的依赖，节约养殖成本。

肉骨粉的生产工艺主要分为干法熬制和湿法熬制两种。①干法熬制：指将原料捣碎后装入双层壁蒸煮罐中，在蒸煮罐中不通入水蒸气也不加水，利用蒸汽间接加热的方式分离出油脂，固体部分粉碎，用物理压榨法再次分离出残存油脂和骨肉渣，后者再干燥粉碎得到成品。②湿法熬制：同样是将原料捣碎后装入蒸煮罐中，然后在装有原料的加压蒸煮罐内直接通入蒸汽。脂肪组织是在有水分存在的条件下被加热的，此法在温度上比干法熬制低，得到的产品在颜色上较干法略浅，风味较柔和。

本章节介绍的是湿法熬制工艺，即直接将蒸汽通入装有貉屠体的加压蒸煮罐内，使油脂在高温高压下成为液状，经过滤后与固体分离，再通过压榨法进一步分离出残存于细胞间的油脂，骨肉渣经烘干粉碎后得到貉的肉骨粉成品，再将液体部分提取出油脂。以下为貉胴体的肉骨粉加工工艺。

（一）肉骨粉加工厂的建设

1. 厂址选择及厂区要求 厂区要求水源充足、无污染、符合国家规定水质标准；厂区所处位置交通运输便利，地势较高或有缓坡，下风口，排水顺畅；与居民区、屠宰场、牲畜市场、畜牧产品加工厂等污染源保持至少500米的距离；加工厂粉碎机、风机工作时噪声较大，所以应远离居民区；厂区选择在城市的下风口方向建设；远离易燃易爆的工厂，避开排放有害气体及粉尘的生产工厂；远离城市水源、水库，加强排污处理；有条件的可设置绿化带；尽量选择荒地或者不能耕地的地方、地势广阔的贫瘠土地；厂内配备机械设备正常工作所需要的各种电力功率。

2. 厂区规划与设备要求 厂区的原料存放区即原料冷藏区或冷冻区，建设在加工车间附近；屠体处理区建设在加工车间第一道工序处；加工车间安装加工所配备的相应设备；成品检测室用于检测产品质量的区域，建设在离车间较近的区域，避免污染；成品贮藏区避开原料存放区域；办公区和生活住宿区建在加工厂的上风口或者与距离其他区偏远的地方，或者设有围墙、大面积绿化带，以避免交叉污染。

3. 加工车间要求 车间口放置消毒鞋靴等设施，统一工作服装；车间地面为有1°～2°倾斜的水泥地面，便于排出污水；加工工艺符合卫生要求，工序衔接合理，不得交叉污染；加工设备应采用不生锈、防腐蚀、易清洗、耐用的材料制成；配备胴体处理工具、专用存放器具和运载工具；胴体处理处应建有单独的排污管道，切勿污染其他加工环节；墙体表面应铺磨光的水泥或瓷砖，便于洗刷消毒；安装温湿度显示装置，车间温度根据生产需要可随时调控；车间入口、与外界相连的排水口、排风口做好防鼠防虫措施；原料入口与成品出口单独分开，防交叉污染；车间关键机械操作设备处设有警示牌或者警告标识。

4. 质检室 包括留样观察室、质检室。留样观察室保留的样品一定要清洁、密封，防止变质，并做好标识记录，定期观察检测，对发生异常的试样进行妥善处理。质检室应有通风、避光、防火、防爆措施。保持质检室卫生，检验完毕后，将仪器清洗干净，需要烘干处理的，烘干后存放，药品摆放整齐。

5. 人员要求 生产负责人熟悉整个生产加工工艺流程，具有相应管理能力。技术和质检负责人具备相关专业的大专学历或者中级以上职称。检验、化验等特有工种人员具有相应的执业资格证书。检验人员要求不能少于2人。新员工先培训后上岗。工作人员在车间不准抽烟、喝酒，工作时鞋帽服装要求佩戴整齐。

（二）貉胴体的收购、存放与运输

1. 取皮后的胴体处理与存放 参照几种常见肉类冷冻要求，貉胴体应在−18℃以下的室外环境或者冷库存储。存放地点要防虫、鼠及其他动物污染，保持清洁、干燥。取皮后胴体单个摆放预冷，待胴体表面水分凝结干燥后再堆放冷冻存储。

2. 胴体收购 调查当地毛皮动物种群规模、养殖数量及饲料水平、重大疫情，制订收购计划；收购时，鉴别胴体散发出的气味，如果有严重的刺鼻气味，则应剔除；观察胴体色泽，标准肉色与所采购胴体肉色进行比对，颜色越相近，肉质也越趋于合格；剔除不合格胴体，正常胴体呈红色；剔除营养不良或者疾病状态下的胴体，如极度消瘦胴体。检测胴体腰胸结合处背最长肌pH，根据pH变化确定肉质，正常pH为6.1～6.4。

3. 胴体运输 胴体运输前，运输车辆需进行消毒处理；运输车辆（例如箱式卡车）要求有封闭空间，防止渗漏；运输路程较远的，车厢温度保证在－18℃左右；车厢内部衬有一层结实的聚乙烯塑料，同时车厢底部放置一层无毒吸附性材料（如刨花、木屑、稻草或秸秆等），至少30厘米厚，以便吸收流出的液体。所有人员、车辆、设备进入或离开受污染的场所或处理场所，必须进行清洗和消毒。

（三）貉胴体饲用肉骨粉加工工艺

貉胴体饲用肉骨粉加工工艺包括胴体预处理、胴体粉碎、均匀搅拌与水解、固相分离、过滤离心、烘干冷却、骨肉渣粉碎、筛毛、压片成型等工序。

1. 胴体预处理

（1）开膛　用吊钩将貉的尸体吊挂在横杆上，用快刀割开颈部皮肤和肌肉，分离食管和气管，防止在剖开腹腔时胃内容物流出。用快刀从腹部切开沿身体中线切至胸腔，完全暴露胸、腹腔。

（2）去内脏　完全暴露胸、腹腔后，仔细观察各内脏器官的健康状况，如怀疑患有寄生虫病或传染性疾病的应剔除，根据《病害动物和病害动物产品生物安全处理规程》（GB 16548—2006）规定严格处理。所有部位全部检查完毕后，确认没有安全隐患时，可将左手伸进骨盆腔找到直肠，右手持刀环切肛口周围一圈皮肤，分离肛口末端、割下直肠，顺便取下脾，找到打结后的食管，将胃肠全部取出；紧接着依次取出心、肝、肺和气管等组织。

（3）其他组织的去除　接下来，去头、尾和四肢，用电动铡刀从颈部与下巴连接处剁下头部，在尾根处去掉尾巴，从腕关节和跗关节处去掉四爪。

（4）胴体消毒与清洗　用高锰酸钾消毒液对胴体进行消

毒冲洗一次，接着用清水冲洗貉的胴体。注意貉的头部、内脏、四爪等废弃物处理应按照《畜禽病害肉尸及其产品无害化处理规程》（GB 16548—1996）严格执行。

2. 胴体粉碎 生产加工过程中，根据原料供应量及肉骨粉需求情况，可采用多台粉碎机同时工作，以提高生产效率。若厂区还加工其他动物胴体及肉骨粉，则需要对不同动物的胴体原料分类粉碎，单独操作加工，切勿混合交叉使用。更换胴体原料时，要将前一种原料加工完成且排除干净后再投放新的胴体，并做好记录，减少不同物种胴体原料间的交叉污染。加工过程中，根据粉碎机工作速度控制好填料的节奏，以防投入过多胴体导致粉碎机口堵塞，或者投入过少，输送设备走空，降低生产效率。胴体原料的投放应该按照“先进先出”原则，避免胴体原料储存时间过久，导致原料腐败变质。

3. 均匀搅拌 用搅拌机将粉碎后的肉骨泥搅拌、分散均匀。搅拌机转速不可过快，功率为 55 千瓦，转速是 400 转/分钟。

4. 高温高压水解 此道工序是肉骨粉生产工艺的核心部分。水解分三次，每次水解分别在不同的水解釜内进行，且每次的温度、压力和时间都不同。经多次试验总结出了最佳的工艺参数，三次水解的温度、气压和时间如下。

（1）第一次 温度控制在 50～60℃，4 个标准大气压，分解时间为 30 分钟。

（2）第二次 温度控制在 70～80℃，5 个标准大气压，分解时间为 20 分钟。

（3）第三次 温度控制在 140℃，6 个标准大气压，分解时间为 30 分钟。原料进入第三个水解釜时温度最高，压力最大，它直接关系到产品品质。

貉胴体在高温高压水解的同时，也彻底杀死了病原微生物等有害物质，对胴体各组织成分进行了分离，以便于后续生产流程的运行。

5. 固液分离 经水解后的产物进入固液分离机进行分离，得到骨肉渣和液态物质。固液分离机通过对水解物的压榨，使固液分离；同时在机械外力作用下将存在组织细胞间的油脂充分挤压出来。此过程包括物料变形、固液分离、摩擦发热、水分蒸发等环节，均属于物理变化。由于压榨过程中，水解物受温度、水分、微生物等因素的影响，会产生一些生物化学变化，如蛋白质变性、酶的破坏和抑制等。所以，在本环节中一定要控制好压榨时间、温度，以免影响产品品质。

6. 过滤、离心 貉胴体的肉骨泥经过固液分离后，得到骨肉渣和液态物质。液态物质主要包括水、油脂和一些微细物质。得到的液态物质需再经 20 目的过滤网进行粗过滤（注意时刻检查过滤网），将剩下的滤液导入离心机内离心，分离出微细物质；将得到的残存油脂和水混合物再进一步分离，以提高产品的数量。通过离心还能得到一部分明显分层的油水混合液。离心机转速为 1 300 转/分钟，离心时间为 20 分钟。

7. 烘干、冷却 经过固液分离后的骨肉渣和经过离心后的微细物所含的水分和油脂还是比较高，为防止发生油脂氧化而引起饲料变质、酸败，必须进行脱水处理，即烘干工序。烘干的次数直接关系到产品质量，烘干次数越多，肉骨粉水分就越少，产品质量也就越好，国家规定肉骨粉的含水率为不大于 10%。

本工序分三个步骤：①控制在常压，100℃左右，烘干时间 20 分钟；②控制在常压，70℃左右，烘干时间 20 分钟；③控制在常压，40℃左右，烘干时间 20 分钟。

接下来，肉骨粉在传送带传送过程中经过加料器，使所得到的固态肉骨渣物质均匀地铺在规格为 40 目*的不锈钢丝网上，在传送带的带动下，钢丝网平行移动。干燥机中热气上下循环穿过铺有肉骨粉的钢丝网，通过对肉骨粉的直接风吹，使得肉骨粉水分蒸发。传送过程中，可以通过调节传送带的速度，控制肉骨粉的温度变化。

8. 骨肉渣粉碎 将传送带运输烘干后的肉骨渣，转入细筛孔粉碎机中进行二次粉碎。要求二次粉碎机的筛板孔径为 1.6 毫米或者 2.0 毫米，不宜超过 2.0 毫米。粉碎后肉骨粉再经传送带送至筛网，筛动除杂。

9. 肉骨粉的除毛 粉碎后的肉骨粉里含有少量动物毛发，这些毛发主要来自胴体和四趾。毛发的蛋白含量虽高，但其主要成分是角蛋白，不能被动物直接分解利用，所以胴体毛发利用率不高；过量又会影响饲料的适口性，将肉骨粉过电动筛，可将毛发筛出。如果发生堵网现象，则要及时清除网筛上的杂物，以免影响后续生产步骤。

10. 肉骨粉的压片与成型 肉骨粉呈粉末性状，粉粒间空隙较大，与空气的接触面积也较大，极易被氧化，导致产品品质不稳定。可以将肉骨粉压成不规则的碎片，减少肉骨粉与空气的接触面积，减缓氧化进程，以保证肉骨粉质量。

---

* 筛网有多种形式、多种材料和多种形状的网眼。网目是正方形网眼筛网规格的度量，一般是每 2.54 厘米中有多少个网眼，名称有目（英）、号（美）等，且各国标准也不一，为我国非法定计量单位。孔径大小与网材有关，不同材料筛网，相同目数网眼孔径大小有差别。

压片时应注意控制时间和温度。

经过以上工艺流程，貉胴体就加工成了肉骨粉成品。接下来，还有后续的质量检测、包装、贮存、运输等过程，在此不再赘述。

四、貉其他组织的高效利用

貉胆、睾丸和脂肪药用价值高。貉胆可入药，滋补身体，特别是治疗胃肠疾病及小儿痫症更加有效。貉的睾丸入药后，可用来治疗中风。貉的脂肪可制成貉油，可用于鸡饲料，也可作为工业用油，用于化妆品（用于护肤霜、洗发乳、洗面奶等化妆品的配制）、香皂、涂料等工业行业。貉油可代替獾油治疗烫伤，对湿疹、皮肤过敏等皮肤病也有很好的治疗和预防效果，特别是对于干裂皮肤疗效显著。貉油提取物可制成防冻防裂霜，对皮肤防冻防裂效果较好，可用于保护皮肤。

此外，换毛时，每只貉脱落的针毛、绒毛为50～80克，特别是背部的刚毛和尾部的针毛，富有弹性，可加工制作成胡刷、高级毛笔和画笔和粉扑等。

第九章 养貉生产经营管理关键技术

经营管理是养貉生产的重要组成部分，是一门重要的经济学科，越来越被养貉企业管理者所重视。在畜牧养殖尤其是特种经济动物养殖及毛皮加工市场竞争激烈的今天，“向管理要效益”显得尤为重要。因此，不论是大型养貉场还是小型养貉户，经营管理的作用都非常明显。本章就从档案管理、成本核算与效益分析（养貉成本和经济效益分析）、养貉生产计划制订（饲料计划和生产计划制订）、提高养貉生产经济效益的经营管理措施等方面阐述养貉生产经营管理技术，以期指导养貉生产经营，促进养貉全产业链的良性、可持续发展。

第一节 档案管理

为了规范养貉生产经营行为，提高养貉经济和社会效益，促进养貉产业可持续发展，参考农业部 2006 年 6 月 16 日第 14 次常务会议审议通过新的《畜禽标识和养殖档案管理办法》（农业部令第 67 号，已于 2006 年 6 月 26 日公布执行），同时依据《中华人民共和国畜牧法》《中华人民共和国动物防疫法》《中华人民共和国农产品质量安全法》，制订养貉档案管理方案，从而规范养貉生产经营行为，加强企业或养殖户貉的标识和养殖档案管理，建立貉及其产品可追溯制度，有效防控貉的重大疫病，保障产品质量安全。本方案主要从貉的标识管理、养殖档案管理、信息管理和监督管理等几个方面阐述养貉档案管理工作。

一、标识管理

貉养殖企业的标识实行一貉一标，编码应具有唯一性。标识编码由种类代码、县级行政区域代码及标识顺序号（15位数字及专用条码）组成。

编码形式为：×（种类或物种代码）—××××××（县级行政区域代码）—××××××××（标识顺序号）。同时还参照农业部制定并公布畜禽标识技术规范进行貉的标识。养貉业主应向当地县级动物疫病预防控制机构申领畜禽标识，不能从畜禽标识生产企业购置畜禽标识，并按照下列规定对貉加施标识：

①新出生貉，在出生后30天内加施标识，30天内离开饲养地的，在离开饲养地前加施标识。从国外引进的貉，在引进貉到达目的地10日内加施标识。

②标识严重磨损、破损、脱落后，应及时加施新的标识，并在养貉档案中记录新标识编码。

③动物卫生监督机构实施产地检疫时，应当查验貉的标识。没有加施标识的，不得出具检疫合格证明。

④动物卫生监督机构应当在貉屠宰前查验、登记标识。貉的屠宰、加工经营者应当在貉屠宰时回收标识，交由动物卫生监督机构保存、销毁。貉的标识不得重复使用。

⑤貉经屠宰检疫合格后，动物卫生监督机构应当在畜禽

产品检疫标志中注明貉的标识编码。

⑥本方案所提到的貉标识指经农业部批准使用的耳标、电子标签、脚环，以及其他承载信息的标识物。

二、养殖档案管理

貉的养殖档案管理主要涵盖以下几个机构的工作：养貉场养殖档案建立、县级动物疫病预防控制机构建立的貉防疫档案、养殖档案备案并获得养殖代码、涉及养貉产业经营的销售和购买行为发生后的档案信息更新等工作。

（一）养貉场建立貉的养殖档案

貉的养殖档案主要载明以下内容：

①貉的品种、数量、繁殖记录、标识情况、来源和进出场日期。

②貉饲料、饲料添加剂等投入品和兽药的来源、名称、使用对象、时间和用量等有关情况。

③貉场及貉的检疫、免疫、监测、消毒情况。

④貉发病、诊疗、死亡和无害化处理情况。

⑤貉养殖代码。

⑥农业部规定的其他内容。

（二）县级动物疫病预防控制机构建立貉防疫档案

貉的防疫档案主要载明以下内容：

1. 规模化养貉场防疫档案 应涵盖养貉场名称、地址，貉的品种、数量，免疫日期、疫苗名称，貉养殖代码，貉的标识顺序号，免疫人员，以及用药记录等。

2. 貉散养户的防疫档案 应涵盖户主姓名、地址，貉的品种、数量，免疫日期、疫苗名称，貉的标识顺序号，免疫人员，以及用药记录等。

（三）养殖档案备案及养殖代码的获取

规模养貉企业或养貉散户、养殖小区应依法向所在地县级人民政府畜牧兽医行政主管部门备案，取得养殖代码。貉的养殖代码由县级人民政府畜牧兽医行政主管部门按照备案顺序统一编号，每个养貉场、养殖小区只有一个养殖代码。养殖代码由 6 位县级行政区域代码和 4 位顺序号组成，作为养殖档案编号。

饲养种貉应当建立个体养殖档案，注明标识编码、性别、出生日期、父系和母系品种类型、母本的标识编码等信息。种貉调运时应在个体养貉档案上注明调出和调入地，个体养貉档案应随同调运。

（四）养貉产业经营的销售和购买行为发生后的档案信息更新

从事养貉产业经营的销售者和购买者应及时向所在地县级动物疫病预防控制机构报告更新貉的防疫档案等相关内容。销售者或购买者属于养殖场的，应及时在貉的养殖档案中登记标识编码及相关信息变化情况。

三、信息管理

国家实施畜禽标识及养殖档案信息化管理，实现畜禽及其产品可追溯，所以，养貉产业也必须实施养貉标识和貉养殖档案的信息化管理。

由农业农村部建立包括国家畜禽标识信息中央数据库在内的国家畜禽标识信息管理系统。省级人民政府畜牧兽医行政主管部门建立本行政区域畜禽标识信息数据库，并成为国家畜禽标识信息中央数据库的子数据库。县级以上人民政府畜牧兽医行政主管部门根据数据采集要求，组织畜禽养殖相关信息的录入、上传和更新工作。

四、监督管理

县级以上地方人民政府畜牧兽医行政主管部门所属动物卫生监督机构具体承担本行政区域内养貉标识的监督管理工作。养貉标识和貉的养殖档案记载的信息应当连续、完整、真实。有下列情形之一的，应对貉及其产品实施追溯：①标识与貉及其相关产品不符；②貉及其相关产品染疫；③貉及其产品没有检疫证明；④违规使用兽药及其他有毒、有害物质；⑤发生重大动物卫生安全事件；⑥其他应当实施追溯的情形。

县级以上人民政府畜牧兽医行政主管部门应当根据貉的标识、貉养殖档案等信息对貉及其相关产品实施追溯和处理。从国外引进的貉在国内发生重大疫情，由农业农村部会同有关部门进行追溯。任何单位和个人不得销售、收购、运输、屠宰应当加施标识而没有标识的貉及其相关的产品。

第二节　成本核算与效益分析

貉的养殖既是自然再生产过程，又是经济再生产过程。

貉的养殖受自然条件约束大，产品生产周期长，从成本投入到产品产出期间，所有费用都表现在最终的毛皮产品上。貉养殖的目的是为了获得优质的貉皮和优良种兽，降低饲养成本，提高经济效益，增加收入。养貉生产过程中，要做好貉场计划管理，尤其是貉场的经济核算，以促进从业者提高养貉经营管理与生产管理水平，不断降低成本，提高养貉经济效益。

一、养貉成本分析的重要性

1. 成本是补偿生产耗费的尺度 养殖者为了保证再生产的不断进行，必须对生产耗费即资金耗费进行补偿。养殖者是自负盈亏的商品生产者和经营者，其生产耗费需用自身的生产成果即销售收入来补偿，维持养殖者再生产按原有规模进行，而成本就是衡量这一补偿份额大小的尺度。

2. 成本是计算养殖者盈亏的依据 养殖者只有当收入超出支出时，才有盈利。成本也是划分生产经营耗费和养殖者纯收入的依据。因为成本规定了产品出售价格的最低经济界限，在一定的销售收入中，成本所占比例越低，养殖者的纯收入就越多。

3. 成本是综合反映养殖者工作业绩的重要指标 养殖者经营管理中各方面工作的业绩都可以直接或间接地在成本上反映出来，如饲养管理、貉毛皮质量、繁殖能力、成活率情况，以及各生产环节的工作衔接协调状况等。所以，可以通过对养貉成本的预测、决策、计划、控制、核算、分析和考核等来促使养殖者加强经济核算，努力改善管理，不断降低成本，提高养貉经济效益。

二、养貉成本分析的内容

养貉场生产的目的，就是向市场提供商品貉皮和优质种貉，降低饲养成本，取得盈利。在养貉的生产经营中，成本本身就是单位产品人力和物力的消耗。

（一）成本构成要素

一般养貉的成本主要包括两大方面，一是直接消费，二是间接消费。

1. 直接消费 指投入到养貉生产过程的消费，包括饲料消耗费、饲料加工费、疫苗兽药费，养貉场人员工资，养貉场直接使用的工具（笼舍费、加工设备费）、场地费，当年的维修费、固定资产折旧费及水电费等，这部分消费占养貉成本的绝大部分。

2. 间接消费 指服务于养貉生产的消费。如后勤、行政人员的工资，非生产建设投资，行政管理费等。一般这部分费用占成本的比例较小。经营管理好的大型养貉场，因配套较适宜，可相对地减少间接消费。

此外，幼貉的育成费也是养貉场主要的成本支出项目。

（二）成本预算

成本预算是养殖户针对整个养貉过程涉及的各个成本构成要素所需成本，计算出一个大致的总养貉成本的投入值。成本预算可以控制成本，对养殖生产中影响成本的各种因素加以管理，一旦发现与预定的目标成本之间出现差异，应采取一定的措施加以纠正。

（三）通过成本核算，得出准确的成本分析

成本核算指在生产和服务提供过程中对所发生的费用进行归集和分配，并按规定的方法计算成本的过程。成本核算主要以会计核算为基础，以货币为计算单位。成本核算是成本管理工作的重要组成部分，它是将养貉业主在生产经营过程中发生的各种耗费按照一定的对象进行分配和归集，以计算养貉的总成本和单位成本。

成本核算的准确性，直接影响养殖户的成本预测、计划、分析、考核和改进等控制工作；同时，也对养殖户的成本决策和经营决策的正确性产生重大影响。成本核算过程是对养殖户生产经营过程中各种耗费如实反映的过程，也是为更好地实施成本管理进行成本信息反馈的过程，因此，养貉成本核算对养殖户成本计划的实施、成本水平的控制和目标成本的实现起着至关重要的作用。

做好成本核算工作。首先要建立健全原始记录；建立并严格执行材料的计量、检验、领发料、盘点、退库等制度；建立健全原材料、燃料、动力、工时等消耗定额；严格遵守各项制度规定，并根据具体情况确定成本核算的组织方式。

成本核算，可以检查、监督、考核预算和成本计划的执行情况，反映成本水平，对成本控制的绩效以及成本管理水平进行检查和测量，评价成本管理体系的有效性，研究在何处可以降低成本，进行持续改进。

（四）成本核算与预算成本相比较，提出今后养貉生产的改进措施

针对养貉的各个成本要素，进行成本核算的实际成本和

预算成本的比较分析，重点分析产生差异的原因，针对由于貉的饲养技术或效率产生的不利差异，提出改进的措施和行动计划。

三、经济效益分析

养貉的经济效益就是生产的总收入扣除养貉生产的成本以后，所剩的差额部分，所剩正数为盈，负数则为亏。实际生产中，总收入、总成本和利润（或亏损）之间是互为因果、互为依存、互为制约的。成本是获得总收入和利润的前提条件，收入和利润是成本在生产经营中转化的结果。

1. 貉场生产总收入分析 貉场主要经济收入包括出售种貉和貉皮的收入、貉副产品（貉胆、貉肉、胴体、粪便等）的收入。养貉的收益与养貉生产水平关系很大。相同条件下，科学地配合饲料及合理地选种、选配可以提高单产，提高幼貉质量和貉的皮张质量，从而增加养貉收益；反之，则效益较小。

2. 貉场生产经济效益分析 貉场的总收入减去总支出，正数为盈，负数为亏。一般在正常生产水平下，貉群平均每胎成活数 5 只左右，养貉产品按皮张计算，其成本利润率为 30%～50%，如果产品中有 1/3 作为种貉出售，养貉效益可翻 1 番以上。上述分析也不是一成不变的，往往随市场行情的变动而有所变化。另外，貉场的效益在成本和售价不变的情况下，其利润直接取决于生产水平，即每只母貉单产育成幼貉数量。育成幼貉数量越多，盈利越高；当育成幼貉数低于风险点时，将出现亏损。但风险点也是随市场行情变化的，特别是貉皮市场起落较大，所以风险性也较大。

第三节　生产计划制订

一、养貉场的饲料计划

饲料是养貉场不可缺少的重要生产原料，它关系到养貉场的成败与发展。因为动物性饲料在采购、运输和贮存上都有一定的难度，必须有周密的计划，保质保量，及时供应。

1. 把好饲料质量关　在貉的饲料管理工作中应特别注意质量管理。质量不好的饲料，弃掉时会造成直接经济损失，勉强可用的也需增加加工的费用，有时不仅会影响貉的健康及其毛皮品质，而且还会造成较大的经济损失。值得注意的是，只图降低饲料成本而不考虑不同发育阶段貉的营养需要的做法是不可取的。如有的饲养场在冬毛生长期大量喂给貉质量低劣的饲料，结果降低了貉的皮毛质量，或延迟了取皮期，反而造成更大的经济损失。

2. 合理确定饲料消费量　貉场可根据不同种类、不同年龄貉的饲料消费量，确定各季度的饲料总需要量。根据需要量组织采购、贮存，不能盲目采购而造成积压。饲料积压会导致如下问题，一是占用资金，影响周转；二是长期贮存易使饲料氧化而造成损失。制订饲料计划时，注意配制的饲料要多样化、营养物质要平衡，从而提高饲料利用率、毛皮质量和繁殖性能，减少饲料浪费，提高经济效益。

3. 加强饲料管理　饲料在采购、运输、贮存、加工中数量和质量上的损失也是不可忽视的，尤其是饲料贮存和加工不当易造成氧化或酸败，降低饲料营养价值，影响貉的生长发育，进而降低貉场经济效益，所以除了制订好饲料计划之外，不能忽视后续的饲料管理环节。

4. 充分利用副产品，做到开源节流　在满足不同生长发育阶段貉正常生长发育的前提下，充分利用各种畜禽、水产等动物的副产品，包括头、蹄、骨架、内脏、乳房和血液等，用量占貉日粮动物性饲料的40％～50％，对种貉的繁殖性能、幼貉生长发育及毛皮质量无不良影响，而且价格较低，可以降低养殖成本，提高养貉效益。所以，制订貉场的饲料计划时，条件允许的情况下，可以将这部分饲料来源考虑进去。

二、养貉场的生产计划

1. 生产计划　主要是计划每个母貉平均育成的幼貉数量及总的商品产量，年终增加的留种数量。

计划每个母貉平均育成幼貉数量时，要考虑基础貉群的水平、上一年度的饲养管理条件、饲养人员业务熟练程度及貉群年龄构成比例等情况。

饲养人员的生产定额应与全场生产计划相一致，应明确下一年度的生产计划指标，固定每个饲养员、饲料加工人员负责的种貉数量、生产貉皮的定额（指种貉和一级皮率）。生产定额应根据本场历年完成指标情况、貉群情况及人员素质条件合理确定，要留有余地，切实执行，并与按劳分配、多劳多得的分配原则结合起来。

2. 生产计划的落实　生产计划经全场职工讨论后，要层层落实，大的场子由生产队长和技术人员领任务，每个饲养员明确自己的定额。全场人员，特别是后勤人员都要为全场总计划的实现而尽职尽责。场长和兽医落实全年防疫工作，以保证貉的正常繁殖和生产目标的实现。因此，要明确各级生产人员的职责。

场长组织全场生产劳动，保证饲料供应，制订劳动定额，签订劳动合同，在生产队长和技术人员协助下完成生产计划、总收入计划、产品质量提高计划。

生产队长监督饲料出库和加工，保证饲料质量，组织现场人员进行貉的繁殖、育种、饲养管理、疾病防治、产品加工及维修等具体工作；根据劳动定额计算饲养人员和饲料加工人员的工作量和效率。

技术人员编制日粮配制技术；制订貉群改良技术等具体技术措施，解决养貉生产中的具体问题，监督和配合场长、队长执行生产计划，管理好技术档案。

饲养员和饲料加工员严格按生产队长和技术人员的要求和规定，努力完成定额和其他劳动任务，发现问题及时报告给队长和技术人员。

3. 加强技术培训，提高专业技术水平 科学技术是生产力。加强对貉场职工的技术培训工作，并结合生产实践提高每个职工的专业技术水平，是提高本场生产力的有力保证。有条件的貉场也可在完成生产任务的同时开展新的科学试验工作，以技术成果促进本场的技术进步，不断壮大自己的技术力量，提高本场技术水平。

第四节　提高经济效益的经营管理措施

生产和经营管理是养貉业生产的重要组成部分，是一门重要的经济和管理学科。养貉场如果生产、经营管理不善，就会导致生产水平低下，经济效益较低甚至严重亏损。由此可见，只有提高经营管理的意识和方法，将人力、物力和财力等有机结合起来，才能获得较大的经济效益。要提高貉场经济效益，必须实施科学的经营管理和饲养管理；降低饲养成本，即以最小的投入换取最大的经济效益；建立适当规模的高质量貉群，灵活掌握貉产业的市场信息和提高经营管理水平。本节从加强养貉场经营管理、生产管理及饲养管理等方面，阐述提高养貉场经济效益的措施。

一、加强养貉场经营管理的措施

在给出具体的经营管理措施之前，首先介绍一下加强养貉场经营管理的意义。

（一）科学高效经营管理的意义

1. 有助于对养貉场实行科学的组织与管理 规模化养貉场，特别是大型养貉场都有一系列复杂的经济活动和生产技术活动。从建场开始到投产，从经营到生产结束，都离不开经营管理，都需要合理的组织和科学管理。

2. 有利于不断提高养貉场技术水平和经济效益 养貉场为了自身的生存和发展，要不断掌握养貉全产业链信息，采用新设备、新工艺、新成果。但此成果能否适合在本貉场应用，就需要科学论证、生产考核和经济评价。如开发的新品种、新技术等一旦被应用得当，销路对口，将会给养貉生产和企业带来巨大的经济效益。

3. 有助于充分调动养貉企业员工的积极性 养貉场的生产活动主要是人与貉、人与物的结合和使用过程。其中人的因素是第一位的，因为任何优良的貉品种都要靠人去培育、饲养，貉产品的加工和销售也要靠人去完成。因此，要想科学、扎实地搞好养貉生产，提高生产效率，其关键是调动貉场员工的积极性。要明确生产责任，制订切实可行的生产技术指标和各种定额。必须建立严格的规章制度和劳动纪律。按劳分配，奖惩分明。只有这样才能使企业得到巩固和发展，也才能在激烈的市场竞争中永执牛耳。

（二）经营管理的基本原则

1. 经营与管理的含义 经营与管理是两个不同的概念，它们是目的与手段的关系。经营的目的就是用最小的投入获得最大的经济效益，而管理就是为了达到经营目的所采取的手段。为此，必须有效地运用经营的三大要素（人、财、物），把握机遇，不懈努力。也就是说要强调人的素质，调动企业各方面的积极性，进一步开发新产品，开拓市场，合理筹措和运用资金，确保经营的顺利进行。

2. 经营管理的基本原则 养貉场在从事经营活动、解决各种经营问题、处理各方面经济关系时，必须使养貉生产与社会发展、貉产业市场需求相适应，使之成为服务于社会的一种经济实体。在日常工作中必须紧紧地围绕经济效益这个中心，以合法盈余为目的，并遵循“少投入、低消耗、高产出、高效益”的原则进行，力争每个人多创效益。

（三）搞好经营管理的前提条件

1. 养貉场的经营着眼点 任何一个生产企业，首先要解决好为谁生产和生产何种品质产品的问题。在现代社会里，人人都是消费者，然而商品流通和消费活动中，某些产品备受青睐，而有些产品则处于被遗忘的角落；今天的抢手好货，明日又可能成为滞销商品。为此，作为养貉场的经营决策者，必须预测并找到自己的经营着眼点。

众所周知，养貉的目的是获得优良种貉和优质皮张。貉皮是制作皮大衣、皮领、皮帽子和皮褥等裘皮制品的优质原料。当然，除了貉皮之外，貉还有许多其他组织或产品可以利用，统称为副产品。比如貉肉不仅是可口的野味食品，而且还可入药，是高级滋补营养品。貉针毛和尾毛是制造高级化妆用毛刷、胡刷和毛笔等的原料。貉油除可食用外，还是制作高级化妆品的原料。貉粪是高效优质的肥料。貉胴体还可以加工成肉骨粉，用作动物性饲料，也是一笔可观的收入。貉副产品相关知识请参阅本书第八章第五节“貉副产品的加工利用”。

2. 做好市场调查　没有调查就没有发言权与决策权。养貉场的经营者，一定要树立薄利多销，增收节支，扩大盈利，提高生产效率与经济效益的经营思想与共识。运用普查与重点调查的方法，有目的、有计划、有系统地收集和分析国际与国内貉产业市场的情况，去粗取精，去伪存真，由表及里，以取得近期的貉产业经济信息，并预测远期的市场需求；了解并掌握市场上貉裘皮的价格、广告等，在科学、综合的市场分析基础上，制订养貉生产计划。

市场调查的具体内容主要包括市场需求调查、消费者调查、产品调查、销售渠道调查、竞争形势调查等。养貉场调查的重点应放在外贸出口部门和国内各大服装厂等。调查方法有询问法、观察法、统计法和试销法等，也可以通过各种展销会、新闻发布会、座谈会、研讨会等形式了解貉产业市场动态，以避免养貉生产的盲目性。当然，在调查研究中也应对国内外的有关报刊及网络系统进行检索，同时做好文字和数字记录。有条件时通过电脑软件来统计、分析，以助于既快又准地做出科学决策。

3. 加强市场预测 市场预测又称为销售预测，是在市场调查的基础上对未来一定时期内产品的市场供求变化趋势的判断。同样，这也是养貉场负责人做出正确经营决策和生产计划的依据。作为市场经济的商品市场，始终处于变化之中，静态是相对的，动态是绝对的。可以说，如何驾驭市场和适应市场，准确地预测和判断是养貉成败的关键。

市场预测的主要内容包括市场需求预测、销售量预测、产品寿命周期预测、市场占有率预测等。要达到预测基本准确，就必须了解国内外貉产业信息。首先要关注原料的价格，如美国的粮食丰歉与价格，因为它将直接影响全球粮价的起伏；我国当年的自然灾害情况，全国粮食的丰歉与价格，据此再预测来年的养貉成本。此外，还要了解国家的有关政策、法律、法规，有关产品的发展情况、新技术、新品种等。

市场预测的方法较多，通常是采用专家意见结合群众意见归纳判断法，也有的采用数学分析预测方法。结合上年度或近几年来的养貉报表、产业发展进展与现状等信息，通过计算或图解，得出预测结果。

（四）经营管理的内容

1. 养貉生产前的决策 这是对养貉场的建设方针、经营方向、经营目标以及实现目标的重大措施等做出的选择和决定。经营决策的正确性，对养貉场的生存与发展、最终的经济效益有决定性的意义。建设养貉场需要根据当前技术发展、市场需求、饲料条件、产品价格和饲养成本等多方面的预测结果，制订短期或长期目标，如3～5年或10年，饲养多大规模，生产多少产品，产品质量达到什么水平，大尺码的毛皮达到百分之几等，都应有明确的目标，既要做到决策慎重，又要行动果断。

2. 经营方向的决策 从事养貉生产，要确定终端产品是什么，然后决定饲养的种类，如乌苏里貉、白貉。并可根据国内外毛皮市场的需求，适时增加饲养其他种类的毛皮动物，如水貂、狐等。另外，是否引进先进的貉皮初加工设备，是否采用人工授精技术等。总之，在经营决策时，必须根据现有条件（资金筹措情况、市场情况、饲料资源、技术力量）、社会需求（国内外市场需求、市场价格、生产成本）及经济效益等情况综合分析后，做出应有的决策。

3. 生产规模的决策 计划养多少貉，办多大规模的养貉场，这首先要看产品销路，要因地、因时、因人制宜，既不能脱离市场搞大、洋、全，也不该丧失难得的市场机遇。貉皮销售目前以出口为主，养貉场不宜搞太大规模，而应在产品加工、质量控制方面多下功夫。

4. 饲养方式的决策 貉饲养方式的选择，应根据当地气候条件、管理水平、资金、饲养目的等而定。养貉场还应制订饲养期内种貉（公、母）、育成期貉的数量、性别比等增减的动态变化情况，它是编制产品计划、饲料计划、能源计划、劳力计划和财务计划等的依据。

二、加强养貉场计划管理的措施

计划管理实质上也是企业经营管理的一部分，与养貉场的经济效益直接相关。计划是指确定短期和长期的目标并选定实现这些目标的手段，是管理的首要功能。计划与决策的内涵相同，企业在制订出合理的决策后，就要强化管理措施，以实现计划目标。

养貉场的建立，从现代企业经营角度看，必须在大量国内外信息调查之后，提出可行性报告，得到主管或有关部门批准，并取得林业野生动物保护部门的驯养许可证，资金落实后才能建场。为了把养貉场办好，制订一个切实可行的计划是非常必要的。

养貉业是一项计划性很强的工作。尤其是貉，繁殖季节性强，因此养貉生产计划要更加重视时间性。由于貉繁殖期集中，所以涉及饲料、笼舍、销售各个环节，更为突出的是流动资金是否充足等，哪一方面出现问题，均影响养貉生产和经济效益。因此，养貉生产要周密计划，才能保证生产的顺利进行。貉场计划管理的内容较多，较为重要的是貉场的经济核算、饲料供应和生产计划。相关内容已在本章第二节、第三节中有论述，在此不再赘述。

三、饲养管理措施

（一）降低饲养成本的措施

1. 合理配制饲料，降低饲料成本 饲料是养貉业中的最大支出项目。合理利用饲料，减少饲料浪费，是降低饲养成本的关键。制定合理的饲养标准，配制的饲料要多样化、营养物质要平衡。按貉的不同生长阶段和用途配制日粮，不能随意提高日粮水平，这样能显著地提高饲料利用率、毛皮质量和繁殖性能，从而降低饲料浪费，提高经济效益。在满足貉正常生长的情况下，充分利用畜禽副产品，包括头、蹄、骨架、内脏和血液等，用量占貉日粮动物性饲料的

40%～50%，对种貉的繁殖性能、幼貉生长发育及毛皮质量无不良影响，而且价格较低，可以降低养貉成本。在貉的繁殖期要合理地利用肉、蛋和奶类饲料，而在非繁殖期，要适当用廉价的海杂鱼、肉副产品，在保证貉营养需要的前提下，尽量使用廉价饲料。但决不能为了降低饲料成本而忽略貉对营养的需要。如在貉冬毛生长期喂给劣质的饲料，会使毛皮质量下降或延长取皮，反而造成更大的经济损失。

2. 减少饲料浪费 饲料在采购、运输、贮存、加工过程中，数量和质量上的损失也是一个不小的数字。在饲料管理工作中，应特别注意饲料的质量管理。养貉生产实践中，常因饲料质量不好，不能用来饲喂貉而造成直接经济损失。勉强使用也会增加加工费用，有时影响貉的健康，进而造成更大的损失。若饲料贮存不当，造成氧化酸败，则既降低营养价值，又常因添加抗氧化剂而使支出增大。同时要科学配置食盆，防止食盆漏料或被貉扒溅，防止鼠、雀类偷食饲料和污染饲料。

3. 应用国内外先进技术

（1）*合理应用褪黑激素* 貉等是季节性换毛动物，褪黑激素是根据这些动物对每天光照时间的季节性变化而引起的内分泌激素变化研制出的一种激素类药物，其功能是明显促进毛皮动物毛绒提前生长和成熟；同时，还具有抗氧化作用和强化免疫应答反应作用。对于非留种、用于取皮的貉，埋植褪黑激素可使其毛皮提前成熟，比正常毛皮成熟提前6周。这样可以减少貉的饲养时间，从而减少饲料消耗，节省饲料费用。

（2）*人工授精技术* 人工授精技术的优点是提高良种貉的利用率，减少种公貉的饲养量，从而降低养貉成本；克服体格大小的差别，充分利用杂种优势；有效控制生殖系统疾病的传播；节省人力、物力、财力，提高经济效益。因此，貉人工授精是进行科学养貉、实现养貉生产现代化、提高养貉效益、降低养貉成本的重要手段之一。

4. 降低间接支出 如尽量减少不必要的后勤管理人员。此外，贯彻“预防为主，防重于治”的方针，杜绝恶性传染病的发生，减少死亡，节约医疗费用等。

（二）增加养貉收入的措施

1. 提高产品的数量和质量 在饲养条件允许的情况下，貉的饲养总数和产品数量越多，每只貉所均摊的直接费用和间接费用越少。因此，要把提高生产水平，增加产品数量，走规模化养貉道路，作为增加养貉收入的主要措施。当然产品质量对增加收入有更直接的影响，例如，甲级毛皮比丙级皮售价高出 1 倍以上，而两种皮的生产成本是一样的。此外，貉群质量水平高的养貉场，出售种貉的数量增加，也就相应增加了收入。所以，养貉场应始终把育种工作作为常年重点任务，不断提高产品的数量和质量。

2. 多种经营，综合利用 养貉场应经营两种或两种以上的毛皮动物，以便合理利用毛皮动物类的饲料。如养貉场同时养狐，这样狐的剩食可以用来饲喂貉，从而减少饲料浪费。另外，小的饲养场也应一养带多养，多种经营，增加收入。如貉场养奶山羊和家兔，羊奶可在貉妊娠期、哺乳期应用，兔屠宰后的副产品可以喂貉，各种动物粪尿又是良好的有机肥料。

3. 掌握貉产业及毛皮市场信息，及时了解市场的供求关系 政府部门要加强貉养殖行业信息预测预警机制，对市场供需状况作出客观判断，对生产形势、行情走势作出合理预测，准确、及时地报道市场动态，为养殖户提供有价值的信息参考。养殖户应通过多种渠道及时掌握市场信息和养殖动态，以便对自己养殖的数量和品种搭配进行调控，化被动为主动，时时抢占市场先机，最大限度地减少损失或增加利润。养貉业主要对所有信息源分析，究其动机，验证真伪，鉴别取舍。无论对哪个品种或项目，都不要盲目上下马，要冷静看市场，稳妥调结构，迎接新机遇。要切记，只有破产的企业，没有破产的行业。

4. 科学饲养管理 科学高效的饲养管理，主要从以下几个方面着手。

（1）充分发挥貉的生长繁殖潜力，提高产仔数和仔貉成活率。

①加强对种貉的饲养管理，提高繁殖成活率，增加貉皮产量。首要的是选好优良种貉，然后在准备配种期、配种期、妊娠期、产仔泌乳期供以新鲜优质的饲料，以丰富全价的营养来换取更多的仔貉。这样虽然一时饲料成本较高，但是可获得较多的群平均育成数，最终获得最佳的养貉经济效益。

②加强对幼貉的饲养管理，促进体型发育，增加大尺码优质貉皮比例。大的貉皮张来源于大体型的貉，而大体型又取决幼貉育成期的饲料及营养水平。幼貉生长期新陈代谢十分旺盛，对各种营养物质特别是对蛋白质和矿物质的需求量较大。尤其幼貉断乳后的前 2 个月是生长发育的关键时间段，必须为其提供优质、充足的饲料营养；否则，一旦营养不足，造成生长发育受阻，即使以后再加强营养，也很难弥补这一损失。另外，随着貉的日龄增长，应不断增加丰富而

全价的饲料营养，以适应貉的体长、体重增加。反之，如果忽视幼貉的营养，仔貉一分窝就“低标准”“粮菜代”，只给低劣而又单调的饲料，致使幼貉发育不良，其结果必然是貉的皮张小、等级低、收入少。

③加强貉换毛期的饲养。为使貉生长出优质毛皮，在貉冬毛成熟期之前或在换毛期间，应在貉的日粮中适当添加可消化的蛋白质，增加脂肪和适量维生素 A、B 族维生素等饲料。有的养貉户以为貉已长成，只待取皮即可，为节约开支，就以粗代精，降低貉的营养标准，往往会导致冬毛成熟期晚、毛峰弯曲、貉毛皮底绒差等不良后果，这是得不偿失的。

（2）做好貉场的免疫计划，并严格落实免疫接种、卫生消毒等措施，增强貉抵御外界不良因素和病原微生物侵袭的能力，保证健康生长，减少疾病和死亡引起的经济损失。

（3）要搞好生产管理、计划管理、财务管理、物资管理、产品库存管理等工作。节约费用从点滴开始，严格各种规章制度，减少一切不必要的开支，杜绝一切浪费现象。

总之，养貉场的生产经营应以市场需求为目标，以生产效益为中心，以产品为龙头，以种貉为基础，以技术为后盾，加强养貉产业的经营管理，只有这样才能不断提高养貉效益。

附录　山东省毛皮动物常用饲料营养成分表

附表 1　山东省毛皮动物常用饲料营养成分表

序号	饲料名称	饲料描述	干物质（DM,%）	代谢能（ME，兆焦/千克）	粗蛋白质（CP,%）	粗脂肪（EE,%）	粗纤维（CF,%）	粗灰分（CA,%）	钙（Ca,%）	总磷（P,%）
一、新鲜鱼类及副产品										
1	鳗鱼	鲜样	32.28	4.69	17.53	5.67		3.95	0.32	0.09
		绝干样	100	14.52	54.32	17.56		12.23	0.99	0.29
2	鲭鱼	鲜样	39.1	7.31	17.68	12.64		4.01	0.29	0.11
		干物质	100	18.70	45.23	32.32		10.25	0.75	0.27
3	鲅鱼	鲜样	37.68	3.50	18.05	2.28		3.21	0.57	0.49
		绝干样	100	9.26	47.71	6.06		8.53	1.52	1.31
4	鳕鱼	鲜样	20.06	2.03	10.24	1.41		1.14	0.47	2.21
		绝干样	100	10.12	51.04	7.05		5.69	2.36	1.04

（续）

序号	饲料名称	饲料描述	干物质（DM,%）	代谢能（ME，兆焦/千克）	粗蛋白质（CP,%）	粗脂肪（EE,%）	粗纤维（CF,%）	粗灰分（CA,%）	钙（Ca,%）	总磷（P,%）
5	海杂鱼	鲜样	36.82	3.42	18.73	1.81		3.71	1.18	0.91
		绝干样	100	9.30	50.86	4.92		10.07	3.21	2.48
6	小黄花鱼	鲜样	22.05	2.88	13.31	2.48		2.00	0.79	0.30
		绝干样	100	13.06	60.38	11.25		9.05	3.58	1.38
7	红娘（头）鱼	鲜样	18.62	2.31	11.91	1.5		3.28	0.4	0.31
		绝干样	100	12.39	63.94	8.06		17.63	2.16	1.66
8	青鱼	鲜样	25.41	3.85	15.28	4.32		2.76		
		绝干样	100	15.17	60.15	16.99		10.87		
9	沙光鱼	鲜样	24.59	3.21	16.76	2.01		1.23	0.33	0.37
		绝干样	100	13.06	68.17	8.19		5.01	1.35	1.52
10	辫子鱼	鲜样	19.39	2.48	14.46	0.97				
		绝干样	100	12.81	74.59	5				
11	小海兔鱼	鲜样	14.75	1.62	9.35	0.67				
		绝干样	100	11.00	63.41	4.55				

（续）

序号	饲料名称	饲料描述	干物质（DM,%）	代谢能（ME，兆焦/千克）	粗蛋白质（CP,%）	粗脂肪（EE,%）	粗纤维（CF,%）	粗灰分（CA,%）	钙（Ca,%）	总磷（P,%）
12	雷鱼（银鱼）	鲜样	18.26	2.76	10.16	3.41		0.69	0.08	0.04
		绝干样	100	15.14	55.64	18.69		3.8	0.42	0.23
13	大马哈鱼排	鲜样	25.52	3.58	10.1	5.63		5.78	1.76	1.15
		绝干样	100	14.03	39.56	22.05		22.65	6.89	4.5
14	鳕鱼（明太鱼）排	鲜样	23.56	2.70	10.8	2.98		5.35	2.05	1.06
		绝干样	100	11.45	45.84	12.66		22.71	8.69	4.51
15	鲽鱼排	鲜样	21.79	2.69	11.61	2.65		5.31	1.89	0.86
		绝干样	100	12.36	53.28	12.16		24.35	8.68	3.95
16	安康鱼头	鲜样	12.92	1.55	7.1	1.36		3.01	1.81	1.1
		绝干样	100	12.00	54.94	10.56		23.27	14.03	8.5
17	鲽鱼头	鲜样	23.53	2.97	13.33	2.72				
		绝干样	100	12.63	56.67	11.55				
18	白鱼	鲜样	24.47	4.00	14.13	5.17		3.51	1.14	0.5
		绝干样	100	16.36	57.74	21.12		14.35	4.65	2.04

（续）

序号	饲料名称	饲料描述	干物质（DM,%）	代谢能（ME，兆焦/千克）	粗蛋白质（CP,%）	粗脂肪（EE,%）	粗纤维（CF,%）	粗灰分（CA,%）	钙（Ca,%）	总磷（P,%）
19	黄姑鱼	鲜样	22.76	3.83	12.93	5.19		3.22	0.72	0.38
		绝干样	100	16.82	56.81	22.72		14.15	3.16	1.67
20	海鲶鱼	鲜样	20.6	2.65	12.49	2.18		3.62	0.84	0.47
		绝干样	100	12.84	60.63	10.58		17.57	4.08	2.28
二、家禽加工副产品										
21	鸡架	鲜样	43.36	5.10	13.08	8.53		7.86	4.4	2.8
		绝干样	100	11.77	30.16	19.67		18.12	10.15	6.45
22	鸡架（带尾）	鲜样	40.16	5.81	15.13	9.61		6.73	3.7	2.21
		绝干样	100	14.46	37.68	23.92		16.75	9.22	5.51
23	鸡小肉	鲜样	35.67	6.31	15.39	10.85		1.23	0.54	0.24
		绝干样	100	17.68	43.14	30.41		3.45	1.51	0.67
24	鸡肉泥	鲜样	24.28	5.15	8.6	10.41		2.39	1.33	0.68
		绝干样	100	21.20	35.42	42.88		9.85	5.46	2.81

（续）

序号	饲料名称	饲料描述	干物质（DM,%）	代谢能（ME，兆焦/千克）	粗蛋白质（CP,%）	粗脂肪（EE,%）	粗纤维（CF,%）	粗灰分（CA,%）	钙（Ca,%）	总磷（P,%）
25	鸡腺胃	鲜样	34.99	7.46	14.31	14.37				
		绝干样	100	21.33	40.91	41.07				
26	鸡仔	鲜样	23.29	4.25	14.93	5.51				
		绝干样	100	18.23	64.09	23.64				
27	鸡头	鲜样	27.16	4.50	10.26	8.01		4.6	2.3	1.24
		绝干样	100	16.56	37.78	29.51		16.93	8.46	4.58
28	鸡肠	鲜样	23.73	4.75	10.42	8.63		0.92	0.12	0.04
		绝干样	100	20.01	43.93	36.35		3.89	0.5	0.18
29	鸡脖	鲜样	24.54	5.35	7.15	11.53				
		绝干样	100	21.82	29.14	47				
30	鸡肝	鲜样	36.01	4.15	15.26	5.13		2.77	0.41	0.12
		绝干样	100	11.54	42.37	14.25		7.69	1.14	0.32
31	鸡皮	鲜样	52.95	11.07	9.57	25.89		1.27	0.22	0.07
		绝干样	100	20.91	18.08	48.9		2.4	0.42	0.14

（续）

序号	饲料名称	饲料描述	干物质（DM,%）	代谢能（ME，兆焦/千克）	粗蛋白质（CP,%）	粗脂肪（EE,%）	粗纤维（CF,%）	粗灰分（CA,%）	钙（Ca,%）	总磷（P,%）
32	鸡蛋	鲜样	27.17	6.10	12.8	11.3		1.00	0.06	0.18
		绝干样	100	22.44	47.11	41.59		3.68	0.22	0.66
33	毛蛋	鲜样	34.82	5.19	14.81	8.08		2.82	1.93	0.48
		绝干样	100	14.91	42.54	23.21		8.11	5.55	1.39
34	熟照蛋	鲜样	27.86	4.82	11.62	8.35				
		绝干样	100	17.30	41.7	29.96				
35	生照蛋	鲜样	29.28	5.14	14.45	8.08				
		绝干样	100	17.54	49.36	27.58				
36	鸭蛋	鲜样	34.04	6.28	11.25	12.41		1.00	0.07	0.22
		绝干样	100	18.45	33.05	36.45		2.94	0.21	0.65
37	鸭肝	鲜样	30.69	3.44	12.8	4.18		0.43	0.22	0.08
		绝干样	100	11.20	41.7	13.61		1.41	0.06	0.26
38	鸭胸皮	鲜样	63.41	18.78	12.8	45.29				
		绝干样	100	29.62	20.18	71.43				

（续）

序号	饲料名称	饲料描述	干物质（DM,%）	代谢能（ME，兆焦/千克）	粗蛋白质（CP,%）	粗脂肪（EE,%）	粗纤维（CF,%）	粗灰分（CA,%）	钙（Ca,%）	总磷（P,%）
39	鸭架	鲜样	36.04	3.27	12.87	3.69		8.43	5.8	2.89
		绝干样	100	9.06	35.7	10.25		23.38	16.1	8.03
40	猪碎肉	鲜样	40.8	9.34	19.64	17.3				
		绝干样	100	22.89	48.14	42.41				
41	猪皮	鲜样	67.25	20.93	12.95	50.98				
		绝干样	100	31.12	19.26	75.81				
三、植物性干粉饲料										
42	膨化玉米	风干样	91.7	10.82	9.08	2.85	2.01	1.32	0.08	0.32
		绝干样	100	11.04	9.9	3.11	2.19	1.44	0.09	0.35
43	膨化小麦	风干样	90.21	10.44	13.85	1.84	1.89	1.92	0.16	0.45
		绝干样	100	10.74	15.35	2.04	2.1	2.13	0.18	0.5
44	小麦麸	风干样	86.85	5.10	15.05	3.05	6.52	4.85	0.1	0.92
		绝干样	100	5.62	17.44	3.51	7.51	5.58	0.12	1.06

（续）

序号	饲料名称	饲料描述	干物质（DM,%）	代谢能（ME，兆焦/千克）	粗蛋白质（CP,%）	粗脂肪（EE,%）	粗纤维（CF,%）	粗灰分（CA,%）	钙（Ca,%）	总磷（P,%）
45	次粉	风干样	87.36	7.44	15.71	2.1	1.9	1.54	0.08	0.48
		绝干样	100	7.89	17.98	2.4	2.17	1.78	0.09	0.55
46	膨化大豆	风干样	89.75	12.36	36.75	17.5	5.21	4.2	0.26	0.58
		绝干样	100	13.73	40.95	19.5	5.96	4.68	0.29	0.65
47	膨化大豆粕	风干样	90.33	7.43	44.56	1.68	4.58	4.82	0.32	0.45
		绝干样	100	8.20	49.33	1.86	5.07	5.34	0.35	0.5
48	豆粕	风干样	89.01	7.65	45.5	1.9	5.92	5.39	0.33	0.62
		绝干样	100	8.56	51.12	2.13	6.65	6.06	0.37	0.7
49	花生粕	风干样	88.8	8.12	48.2	1.4	6.2	5.7	0.27	0.56
		绝干样	100	8.63	51.24	1.58	6.98	6.42	0.3	0.63
50	国产DDGS	风干样	89.8	12.67	27.6	13.7	7.1	5.88	0.45	0.58
		绝干样	100	13.72	30.73	15.26	7.91	6.55	0.5	0.65

（续）

序号	饲料名称	饲料描述	干物质（DM,%）	代谢能（ME，兆焦/千克）	粗蛋白质（CP,%）	粗脂肪（EE,%）	粗纤维（CF,%）	粗灰分（CA,%）	钙（Ca,%）	总磷（P,%）
四、动物性干粉饲料										
51	国产鱼粉	风干样	91.59	12.64	58.95	10.7		15.65	5.04	2.91
		绝干样	100	13.80	64.36	11.68		17.09	5.5	3.18
52	进口鱼粉	风干样	92	13.18	66.05	9.35		12.63	4.65	2.78
		绝干样	100	14.33	71.79	10.16		13.73	5.05	3.02
53	肉骨粉	风干样	92.5	11.10	48.72	10.6		29.88	8.59	4.2
		绝干样	100	12.01	52.67	11.46		32.3	9.29	4.54
54	血浆蛋白粉	风干样	93.49	11.28	68.41	3.33		7.91	1.17	0.65
		绝干样	100	12.06	73.17	3.56		8.46	1.25	0.7
55	猪血球蛋白粉	风干样	92.65	13.87	90.72	1.5		3.79	0.04	0.54
		绝干样	100	14.97	97.92	1.62		4.09	0.04	0.58
56	肠膜蛋白粉	风干样	91.93	11.73	51.3	11.26		13.76	0.44	1.22
		绝干样	100	12.76	55.8	12.24		14.96	0.47	1.33

（续）

序号	饲料名称	饲料描述	干物质（DM,%）	代谢能（ME，兆焦/千克）	粗蛋白质（CP,%）	粗脂肪（EE,%）	粗纤维（CF,%）	粗灰分（CA,%）	钙（Ca,%）	总磷（P,%）
57	羽毛粉	风干样	91.54	13.67	81.63	4.53		3.71	0.32	0.25
		绝干样	100	14.93	89.17	4.95		4.05	0.35	0.27

五、其他类

序号	饲料名称	饲料描述	干物质（DM,%）	代谢能（ME，兆焦/千克）	粗蛋白质（CP,%）	粗脂肪（EE,%）	粗纤维（CF,%）	粗灰分（CA,%）	钙（Ca,%）	总磷（P,%）
58	蛴螬粉	风干样	90.72	12.37	32.8	20.25		22.4	1.21	0.71
		绝干样	100	13.64	36.16	22.32		24.69	1.33	0.78

注：表中空白处为未检指标或不含。

附表 2　山东省毛皮动物常用饲料氨基酸含量（干物质基础，%）

序号	饲料名称	天冬氨酸	苏氨酸	丝氨酸	谷氨酸	甘氨酸	丙氨酸	胱氨酸	缬氨酸	蛋氨酸	异亮氨酸	亮氨酸	酪氨酸	苯丙氨酸	赖氨酸	组氨酸	精氨酸	脯氨酸	氨基酸总和
1	鲅鱼	5.62	2.80	2.47	9.74	4.18	3.91	0.54	2.97	1.80	2.72	4.71	1.89	2.32	3.88	1.31	3.22	2.33	56.43
2	红头鱼	5.46	2.78	2.62	9.50	5.34	4.14	0.54	2.85	1.76	2.39	4.43	1.80	2.25	4.42	1.18	3.36	2.53	57.37
3	黄花鱼	5.36	2.57	2.23	10.42	4.09	3.67	0.48	2.63	1.72	2.37	4.24	1.88	2.17	4.54	0.93	1.26	2.15	52.69
4	鳗鱼	5.88	2.92	2.51	10.78	3.87	4.04	0.59	3.02	1.88	2.86	5.02	2.25	2.70	5.58	1.32	3.25	2.21	60.70
5	鲭鱼	5.36	2.62	2.21	9.41	3.93	3.66	0.47	2.52	1.40	2.16	3.26	1.72	1.88	3.91	1.30	2.39	2.11	50.30
6	鳕鱼排	4.29	2.07	2.28	7.40	5.75	3.60	0.34	1.99	1.33	1.68	3.18	1.26	1.62	3.36	0.83	3.43	2.51	46.92
7	鲽鱼排	4.35	2.03	2.48	7.36	5.77	3.36	0.30	1.90	1.22	1.65	2.89	1.30	1.47	3.26	0.69	3.31	2.53	45.86
8	海杂鱼	5.01	2.53	2.29	9.63	4.31	3.64	0.45	2.63	1.65	2.29	3.99	1.70	2.05	3.75	1.03	1.63	2.19	50.77
9	海杂鱼	3.96	2.00	1.96	6.84	5.32	3.54	0.38	2.00	1.33	1.70	3.13	1.34	1.67	3.17	0.86	2.67	2.56	44.42
10	白鱼		2.66					0.65	2.57	1.72	2.45	4.50		2.29	4.74	1.06	2.62		56.31
11	黄姑鱼		2.46					0.75	2.50	1.14	2.42	4.35		2.42	4.35	0.88	1.98		52.02

（续）

序号	饲料名称	天冬氨酸	苏氨酸	丝氨酸	谷氨酸	甘氨酸	丙氨酸	胱氨酸	缬氨酸	蛋氨酸	异亮氨酸	亮氨酸	酪氨酸	苯丙氨酸	赖氨酸	组氨酸	精氨酸	脯氨酸	氨基酸总和
12	海鲶鱼		2.86					0.63	2.77	1.70	2.57	4.66		2.48	4.85	1.17	2.14		59.17
13	鸡架		1.30					0.46	1.39	0.70	1.16	2.23		1.27	1.77	0.55	2.17		32.61
14	鸭架		1.07					0.37	1.12	0.40	0.92	1.80		1.02	1.47	0.47	1.80		26.39
15	鸡肝		2.51					0.71	2.66	0.94	2.31	4.57		2.42	3.57	1.26	3.28		49.13
16	鸭肝		2.80					0.72	3.26	1.33	2.73	5.24		2.73	3.84	1.54	3.80		56.74
17	鸡头		1.85					0.64	1.85	0.85	1.63	3.20		1.74	2.56	0.75	2.98		46.80
18	鸡肠		1.77					0.49	1.96	0.94	1.81	3.16		1.43	2.60	0.68	2.45		37.60

参 考 文 献

白秀娟，宁方勇，张敏，等，2007. 养貉手册 [M]. 北京：中国农业大学出版社.

陈宗刚，金春光，2012. 貉养殖与繁育实用技术 [M]. 北京：科学技术文献出版社.

戴万恒，2008. 如何提高毛皮产品竞争力 [J]. 农村科学实验 (2)：36-37.

付晶，白秀娟，2008. 貉的消化特性及颗粒饲料饲喂效果的研究进展 [J]. 黑龙江畜牧兽医 (11)：18-19.

葛铭，张瑞莉，2014. 毛皮动物生态养殖技术 [M]. 北京：中国农业出版社.

高文玉，2008. 经济动物学 [M]. 北京：中国农业科学技术出版社.

华树芳，华盛，2010. 我国养貉业的发展历程、现状和展望 [J]. 特种经济动植物 (4)：2-4.

华树芳，柴秀丽，2009. 貉标准化生产技术 [M]. 北京：金盾出版社.

华盛，林喜波，2008. 怎样提高养貉效益 [M]. 北京：金盾出版社.

李光玉，杨艳玲，2015，如何办个赚钱的貉家庭养殖场 [M]. 北京：中国农业科学技术出版社.

刘佰阳，李光玉，2007. 养貉生产成本分析 [J]. 特种经济动植物，10 (8)：5-6.

刘晓颖，李光玉，2011. 貉高效养殖新技术 [M]. 北京：中国农业出版社.

刘晓颖，陈立志，赵靖波，等，2010. 貉的饲养与疾病防治 [M]. 中国农业出版社.

刘云鹏，李华周，2010. 高效新法养貉 [M]. 北京：科学技术文献出版社.
刘云鹏，李华周，闫立新，等，2010. 高效新法养貉 [M]. 北京：科技文献出版社.
刘彦，张旭，郑策，等，2010. 我国毛皮动物养殖现状与发展对策研究 [J]. 中国畜牧杂志，4 (18)：10-13.
马文杰，逄锦颖，王康，等，2018. 银霜狐和乌苏里貉皮下脂肪、肌肉组成成分与特性分析 [J]. 经济动物学报，22 (3)：1-8.
马泽芳，崔凯，高志光，2013. 毛皮动物饲养与疾病防制 [M]. 北京：金盾出版社.
马泽芳，崔凯，2014. 貂狐貉实用养殖技术 [M]. 北京：中国农业出版社.
朴厚坤，张南奎，1986. 毛皮动物的饲养与管理 [M]. 北京：中国农业出版社.
朴厚坤，赵晋，李美荣，等，2007. 毛皮加工及质量鉴定 [M]. 北京：金盾出版社.
朴厚坤，2002. 重视毛皮动物副产品的开发利用 [J]. 特种经济动植物 (8)：4-5.
秦绪伟，李富金，赵远，2013. 貉子阿留申病的诊断 [J]. 北方牧业 (10)：27.
任东波，王艳国，2006. 实用养貉技术大全 [M]. 北京：中国农业出版社.
史密斯，2009. 中国兽类野外手册 [M]. 解焱，译. 长沙：湖南教育出版社.
王春璈，2007. 毛皮动物养殖与疾病防治 [M]. 北京：科学普及出版社.
王宗元，1997. 动物营养代谢病和中毒病学 [M]. 北京：中国农业出版社.
王殿永，秦绪伟，许凌涵，等，2013. 一起狐貉伪狂犬病的诊治 [J]. 山东畜牧兽医 (1)：73.

向前，2015. 貉养殖关键技术［M］. 郑州：中原农民出版社.
熊家军，2018. 特种经济动物生产学［M］. 北京：科学出版社.
许茂思，2016. 利用毛皮动物胴体加工饲料用肉骨粉标准的研究制定［D］. 哈尔滨：东北林业大学.
杨凤，2007. 动物营养学［M］. 2版. 北京：中国农业出版社.
苑洪业，王恩明，杨崇民，1987. 貉的形态结构特点研究［J］. 黑龙江八一农垦大学学报（1）：21-33.
赵喜伦，2006. 养貉致富八讲［M］. 北京：中国农业大学出版社.
张贵祥，甄润良，2016. 不同饲养管理和繁殖技术对乌苏里貉养殖效益研究［J］. 天津农业科学，22（6）：28-32，38.
张亚飞，2015. 狐貉貂屠体加工工艺及品控研究［D］. 秦皇岛：河北科技师范学院.

图书在版编目（CIP）数据

貉高效养殖关键技术 / 李文立主编．—北京：中国农业出版社，2018.12

（特种经济动物养殖致富直通车）

ISBN 978-7-109-24624-9

Ⅰ.①貉…　Ⅱ.①李…　Ⅲ.①貉—饲养管理　Ⅳ.①S865.2

中国版本图书馆CIP数据核字（2018）第215146号

中国农业出版社出版

（北京市朝阳区麦子店街18号楼）

（邮政编码100125）

责任编辑　周锦玉

北京中兴印刷有限公司印刷　　新华书店北京发行所发行

2018年12月第1版　　2018年12月北京第1次印刷

开本：880mm×1230mm 1/32　　印张：9.75　　插页：4

字数：210千字

定价：28.00元

彩图7-1　貉腹泻

彩图7-2　貉鼻镜干燥，流鼻液

彩图7-3　貉眼有脓性分泌物

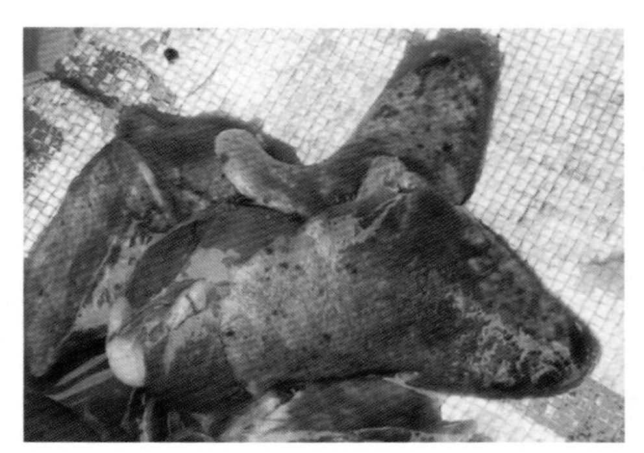

彩图7-4　貉肺出血

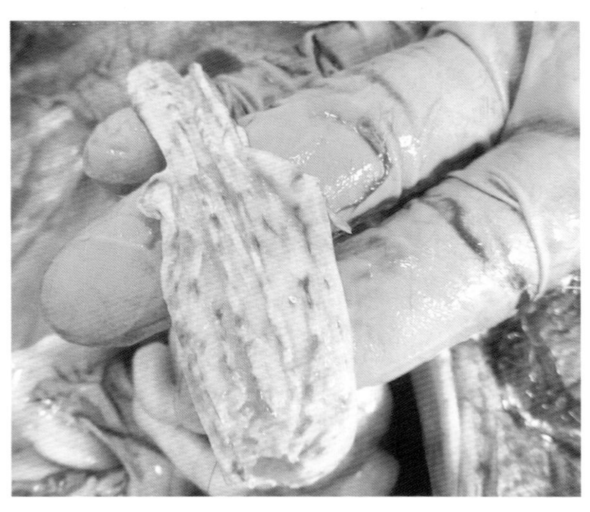

彩图7-5　貉肠黏膜出血

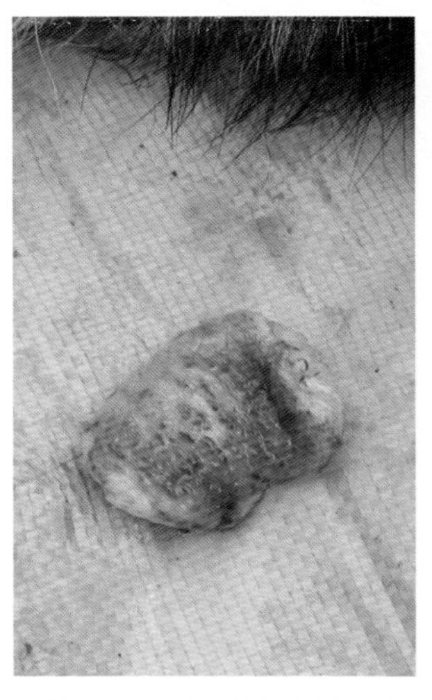

彩图7-6　貉膀胱黏膜出血

彩图7-7　粪便呈白色、绿色

彩图7-8　病貉饮水多

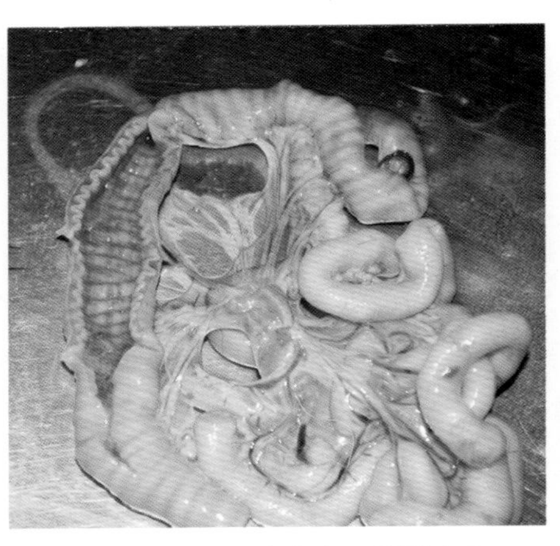

彩图7-9　肠肌肉痉挛，黏膜出血

彩图7-10　角膜变蓝

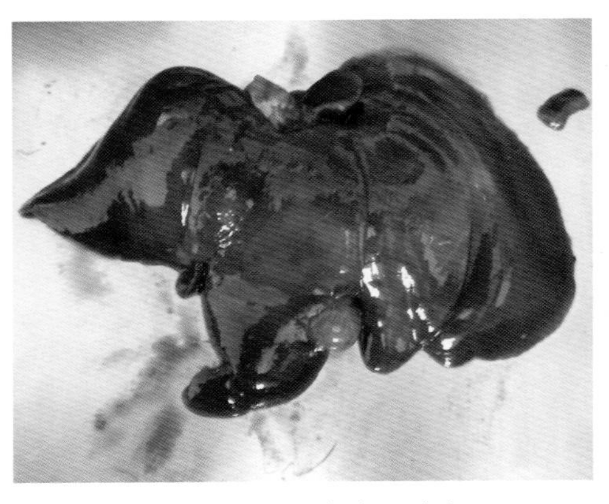

彩图7-11　肝瘀血、肿大

彩图7-12　病貉啃咬皮肤外伤

彩图7-13　鼻头干，可视黏膜苍白

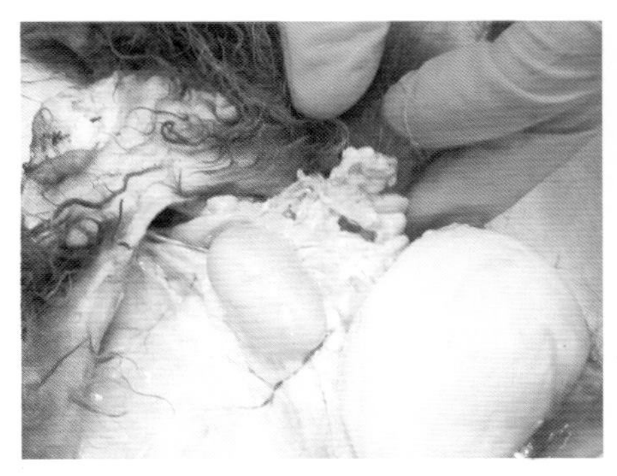

彩图7-14　肾肿大、苍白

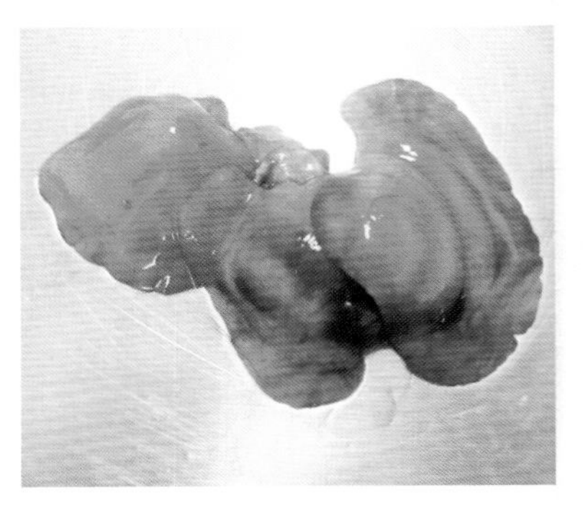

彩图7-15　肝肿大、发黄

彩图7-16　口腔有呕吐物

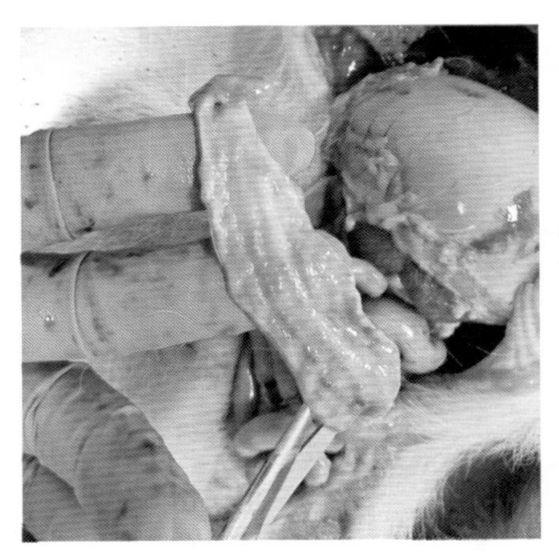

彩图7-17　胃臌胀，肠黏膜脱落、出血

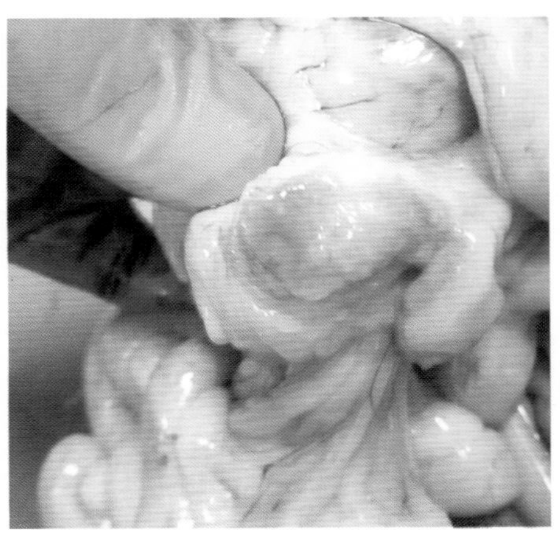

彩图7-18　肠系膜淋巴结水肿、出血

彩图7-19　稀便

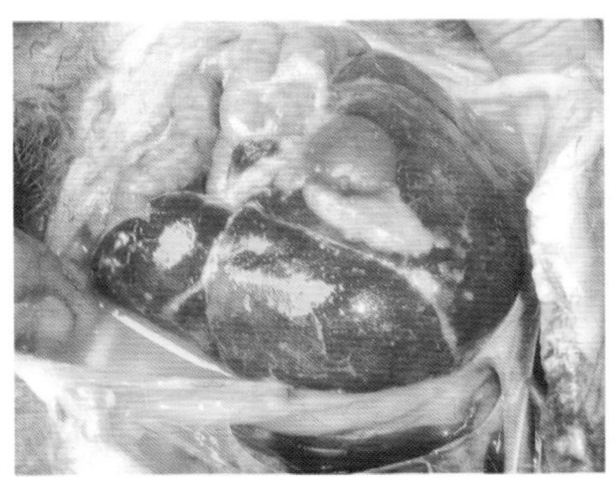
彩图7-20　腹膜炎

彩图7-21　肠道出血，肠系膜淋巴结肿大

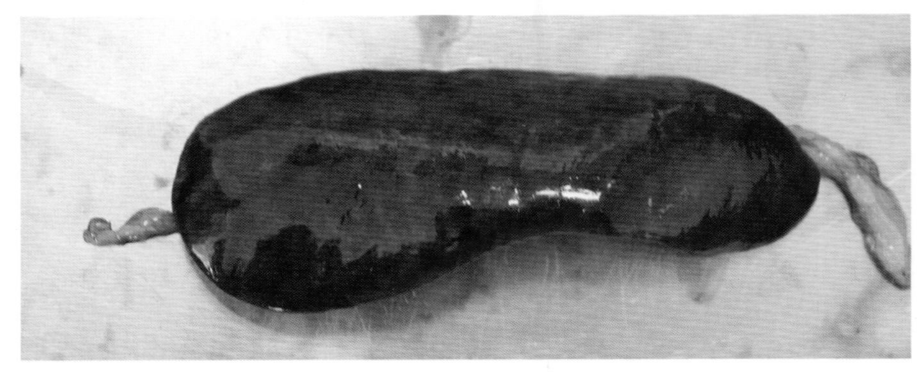
彩图7-22　脾肿大、梗死

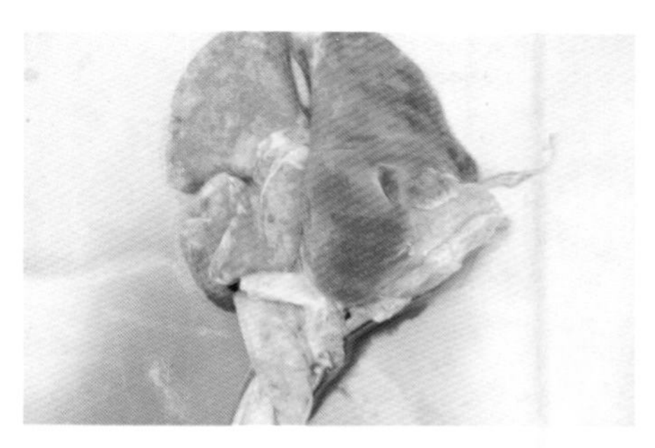

彩图7-23　肺出血

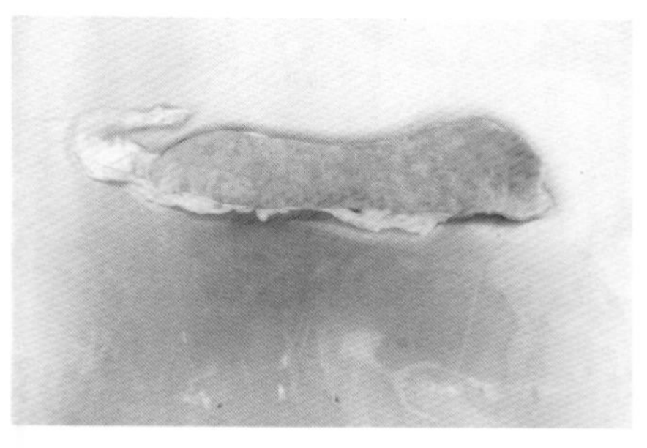

彩图7-24　脾坏死

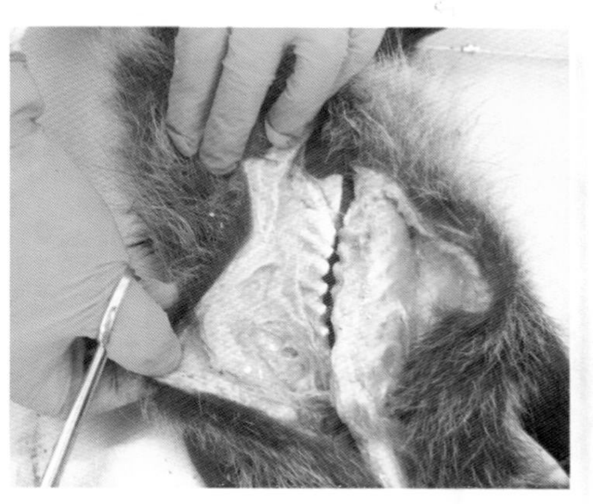

彩图7-25　蜂窝织炎

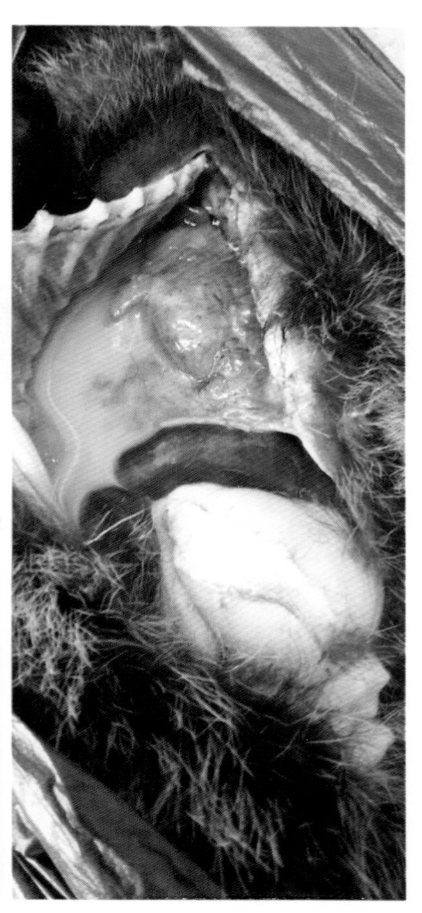

彩图7-26　胸腔内有黏稠脓汁

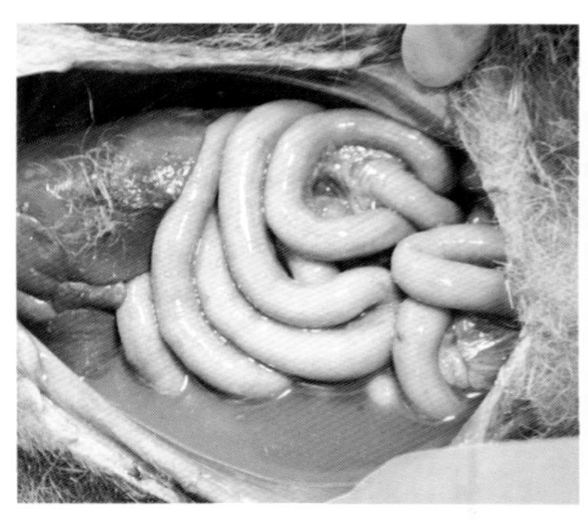

彩图7-27　腹腔内混浊液体

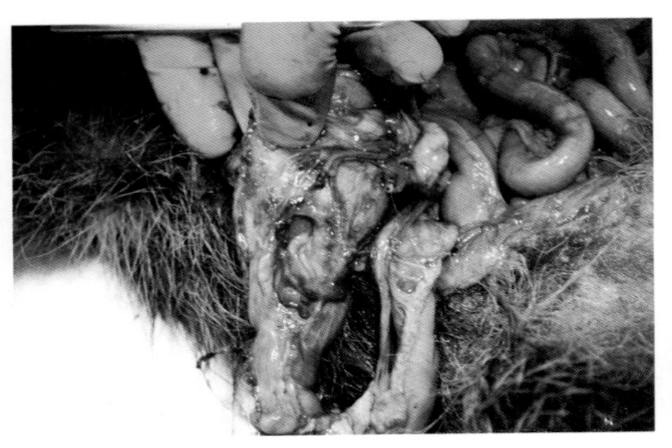

彩图7-28　胃幽门穿孔

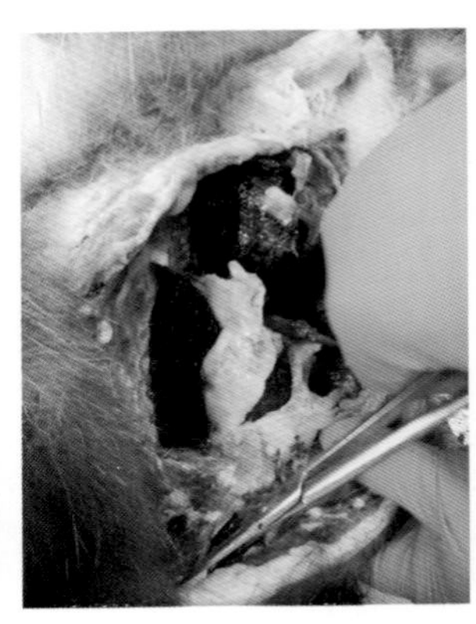

彩图7-29　貉肺出血

彩图7-30　瘫痪

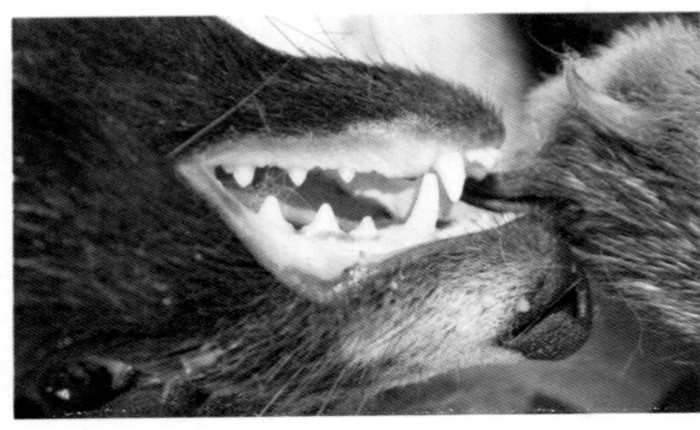

彩图7-31　口腔黏膜苍白

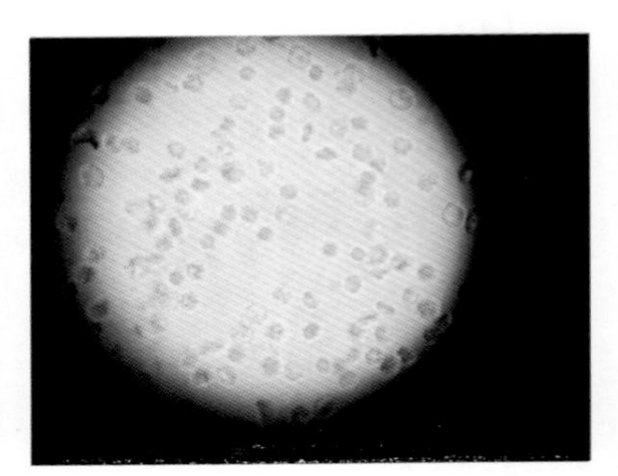

彩图7-32　血检

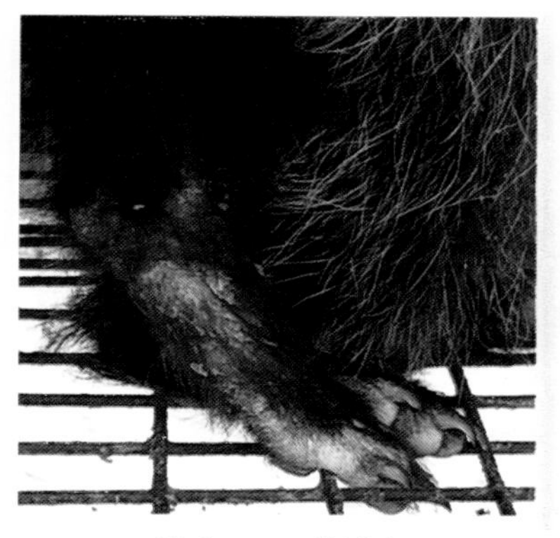

彩图7-33　貉螨虫

彩图7-34　西红柿样血便

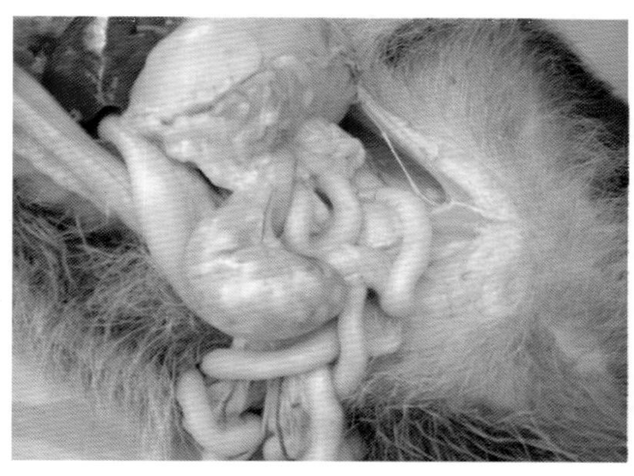

彩图7-35　盲肠黏膜溃疡

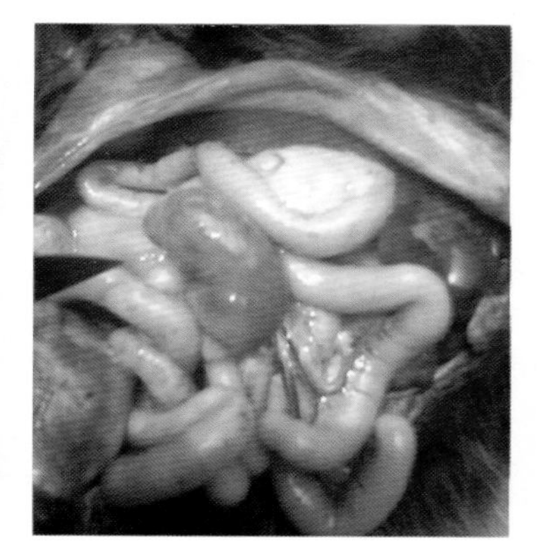

彩图7-36　盲肠出血

彩图7-37　盲肠内充满血样粪便

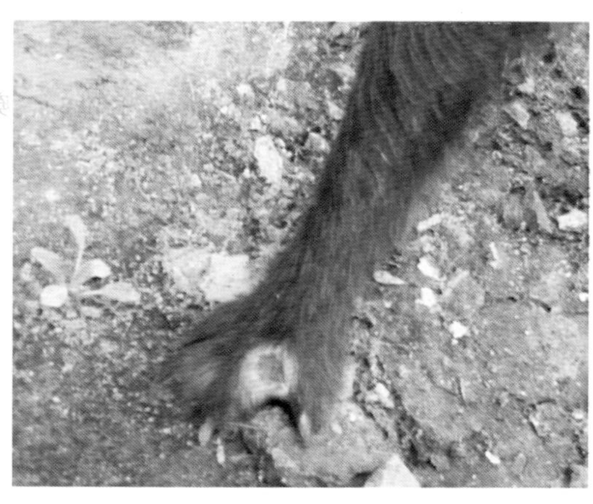

彩图7-38　貉真菌感染、出现癣斑

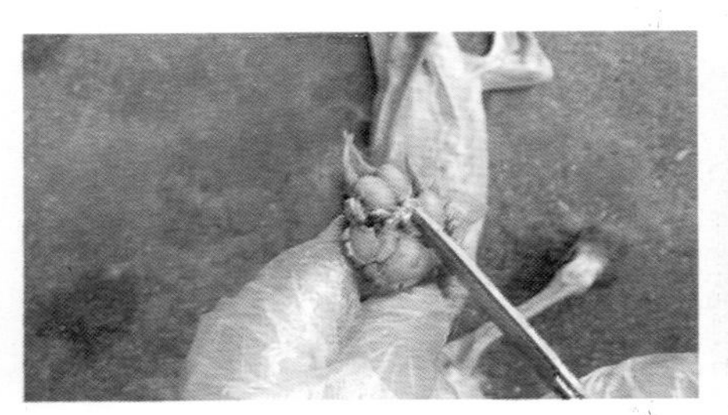

彩图7-39　貉真菌感染

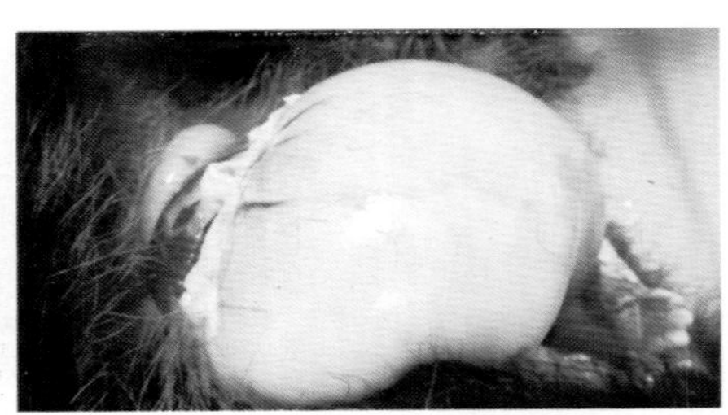

彩图7-40　胃臌胀

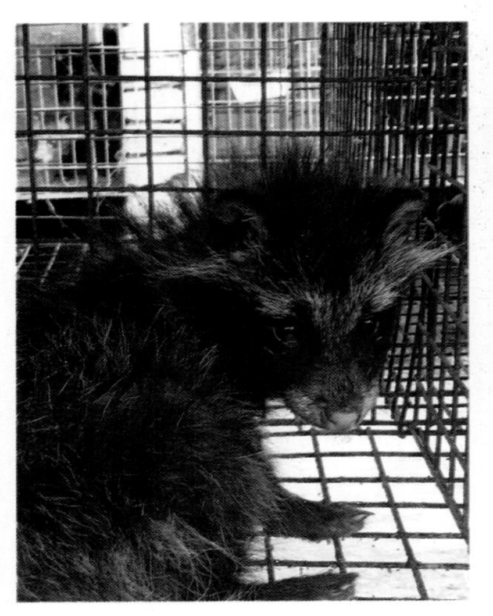

彩图7-41　白鼻头

彩图7-42　病貉消瘦

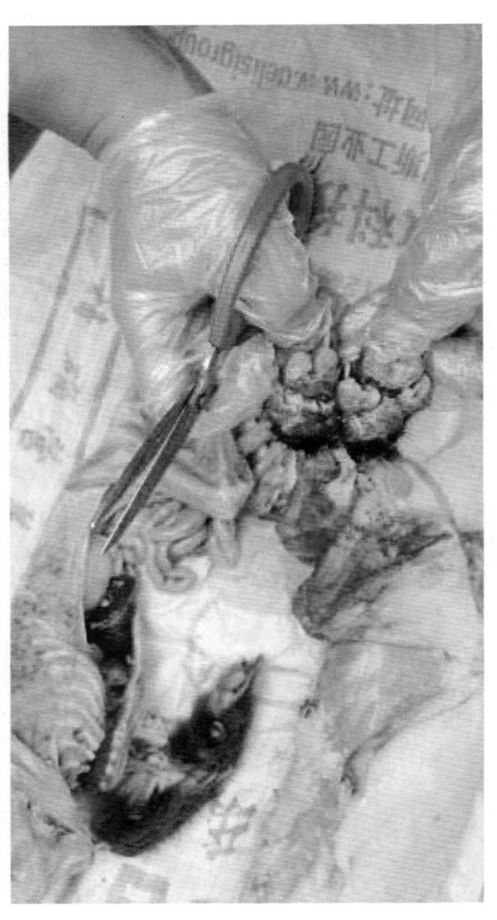

彩图7-43　爪垫发白、变厚